高等工科院校"十二五"规划教材

机械基础简明教程

王秀田　于　冰　杨　枫　主编

马迎亚　王沙沙　田俊峰
刘　营　闫　芳　戚丽丽　参编
陆银梅　姜振华　徐博成

孟庆东　主审

JIXIE JICHU
JIANMING JIAOCHENG

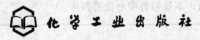
化学工业出版社
·北京·

《机械基础简明教程》是为众多工艺、工程类专业开设的一门综合性技术基础课程。内容包括一般工程技术人员机械方面必需的基础理论和基础知识：工程力学基础、工程材料、机构　机械传动与零件基础、液压与气压传动共四篇。还设计制作了相配套的电子课件，包括电子教案、动画演示、对教材中的复习题给出了参考解答（或提示）等。

《机械基础简明教程》可以作为工艺、工程类专业及其他近机械类专业的本科、专科教学用书。亦适合高职、高专或成人教育使用，也可供工程技术人员参考。

图书在版编目（CIP）数据

机械基础简明教程/王秀田，于冰，杨枫主编. —北京：化学工业出版社，2015.9
高等工科院校"十二五"规划教材
ISBN 978-7-122-24765-0

Ⅰ.①机…　Ⅱ.①王…②于…③杨…　Ⅲ.①机械学-高等学校-教材　Ⅳ.①TH11

中国版本图书馆 CIP 数据核字（2015）第 173516 号

责任编辑：刘俊之　王清颢	文字编辑：吴开亮
责任校对：王素芹	装帧设计：韩　飞

出版发行：化学工业出版社（北京市东城区青年湖南街 13 号　邮政编码 100011）
印　　装：高教社（天津）印务有限公司
787mm×1092mm　1/16　印张 18　字数 466 千字　2015 年 11 月北京第 1 版第 1 次印刷

购书咨询：010-64518888（传真：010-64519686）　　售后服务：010-64518899
网　　址：http://www.cip.com.cn
凡购买本书，如有缺损质量问题，本社销售中心负责调换。

定　　价：35.00 元

前 言

现代工业生产中，广泛地使用着各种机械设备和工程结构。在机械以外的众多工程领域，如纺织、冶金、电力、运输、采矿、石化、高分子材料加工成型工艺、工业电气化、制冷与空调、电子技术应用、工业自动化及仪表、造纸、电子技术应用及土建（可统称为工艺、工程类专业，或非机械类专业）等工程技术人员及管理人员必然要经常接触到工程设备的安装、使用、改造、检修、起重、维护等问题。具备机械方面的基础知识，对工程技术人员来说是必不可少的。由于专业要求不同和学时的限制，机械方面最必要的基础理论和基础知识就通过学习本课程来完成。

可见，"机械基础"是为众多工艺、工程类专业开设的一门综合性技术基础课程。该课程的开设，将改善学生的知识结构，提高学生的技术应用能力，更好地为社会服务，更广泛地适应人才市场的需求。

本教材内容的编写以"必须、够用"为度。精选内容、保证基础、加强实践、重在应用，讲究教学方法为原则。

考虑到学习本课程的学生先修的与之相关的基础课一般较少，并且各校本、专科各专业对这门课的教学要求差异比较大等特点，我们在编写时有针对性地考虑了三条。

1. 内容的选取着眼于加强实践和学以致用。

2. 讲述方法要适应工艺、工程类专业学生的特点，力求做到由浅入深，循序渐进，实例较多，分析步骤较简明，并且有相当部分适合自学。

3. 不同的层次、不同的专业对本课程的深度和广度要求有较大差异，即教学要求有较大的弹性。为了适应这一特点，使学时数在 45～60 学时之间均可使用本教材，所以本书采编内容较广泛，分为基本、基础部分和选学部分，如书中标有*号的章节一般为加深加宽或根据专业不同的要求，供选择使用。

本书内容包括工程力学基础、工程材料、机构 机械传动与零件基础、液压与气压传动基础，共四篇的基础知识。对这四部分，我们在既要尊重它们原学科体系、保证相对的独立性，同时又在分析这几部分内容内在联系的基础上，探讨改变某些传统讲法，力求更贴近实际应用，为使本课程逐步形成自己的课程体系方面作了初步的尝试。

另外还设计制作了相配套的电子课件，内容包括电子教案、动画演示、对教材中的复习题给出了参考解答（或提示）等。受篇幅所限，有些内容如极限与配合、附录 机械零件制造工艺简介也与电子课件放在网上（www. cipedu. com. cn），供选用本教材的教师和读者下载使用。

参加本书编写的人员（以姓氏笔画排序）及分工如下：

于冰（第5～9章）；

马迎亚（附录　机械零件制造工艺简介）；

王秀田（绪论，第12～19章）；

王沙沙、刘营（极限与配合）；

田俊峰（第10章）；

闫芳、徐博成（设计制做了与本教材相配套的电子课件）；

戚丽丽（第11章）；

陆银梅（设计制做本教材的大部分图表）；

杨枫（第1～4章）；

姜振华（附录　型钢表）；

王秀田、于冰负责统稿。

参加本书编写的单位有青岛科技大学、青岛技师学院、烟台南山学院和青岛市职业教育公共实训基地等。

本书聘请青岛科技大学孟庆东教授担任主审，他对全书内容取舍、编写风格等做了具体指导，提出了许多宝贵建议，表示深切的感谢。

本书可以作为工艺、工程类专业及其他近机械类专业的本专科教学用书。亦适合上述专业的高职、高专、函授、夜大等成人教育使用，也可供工程技术人员参考。

本书在编写过程中曾参阅了多本同类教材和习题集，采用了其中部分素材和插图，得到有关院校教学主管部门的协助和支持，在此一并致谢。

因水平所限，书中定有不妥之处，望各位读者不吝赐教。

编者

2015 年 7 月

目　录

绪　论 —————————————————————————————— 1

第一篇　工程力学基础

第一章　力的基本概念和物体的受力分析 ————————— 5

第一节　力学基础的几个基本概念 ……………………………………… 5
　一、力的概念 ………………………………………………………… 5
　二、力的三要素 ……………………………………………………… 5
　三、力对物体作用的两种形式——集中力和载荷集度 …………… 5
　四、平衡的概念 ……………………………………………………… 6
　五、力系、平衡力系、等效力系、合力的概念 …………………… 6
　六、刚体的概念 ……………………………………………………… 6
第二节　力的四个公理 ………………………………………………… 6
第三节　约束和约束反力 ……………………………………………… 8
　一、主动力和约束反力 ……………………………………………… 8
　二、常见的约束形式和确定约束反力的分析 ……………………… 8
　三、物体的受力分析与受力图 ……………………………………… 10
复习题 …………………………………………………………………… 12
习题 ……………………………………………………………………… 13

第二章　平面力系 ————————————————————— 14

第一节　平面汇交力系的简化与平衡 ………………………………… 14
　一、平面汇交力系的概念与实例 …………………………………… 14
　二、平面汇交力系的简化 …………………………………………… 14
　三、平面汇交力系平衡的解析条件和平衡方程 …………………… 17
第二节　力矩和平面力偶系 …………………………………………… 18
　一、力矩 ……………………………………………………………… 18
　二、平面力偶系的简化与平衡 ……………………………………… 20
第三节　平面任意力系 ………………………………………………… 22
　一、力的平移定理 …………………………………………………… 22

二、固定端约束 …………………………………………… 23

三、平面任意力系的简化与平衡的条件 …………………… 24

四、平面任意力系的平衡方程 ……………………………… 25

五、平面任意力系平衡方程式的应用举例 ………………… 25

第四节　物体系统的平衡 …………………………………… 27

第五节　滑动摩擦简介 ……………………………………… 28

一、滑动摩擦力 ……………………………………………… 28

二、考虑滑动摩擦的平衡问题 ……………………………… 29

*三、摩擦角的概念和自锁现象 ……………………………… 31

*第六节　空间平衡力系 ……………………………………… 32

一、空间力系的概念 ………………………………………… 32

二、径向轴承（向心轴承） ………………………………… 32

三、空间平衡力系的平面解法 ……………………………… 32

四、物体的重心和形心 ……………………………………… 34

复习题 ………………………………………………………… 35

习题 …………………………………………………………… 36

第三章　　轴向拉伸与压缩 ————————————39

第一节　轴向拉伸与压缩的概念与实例 …………………… 40

第二节　轴向拉伸或压缩时横截面上的内力 ……………… 41

一、构件内力的概念 ………………………………………… 41

二、截面法、轴力 …………………………………………… 41

三、轴力图 …………………………………………………… 42

第三节　轴向拉伸（压缩）时横截面上的应力 …………… 43

一、应力的概念 ……………………………………………… 43

二、拉（压）杆截面上的应力 ……………………………… 43

第四节　轴向拉伸或压缩时的应变 ………………………… 44

一、变形和应变的概念 ……………………………………… 44

二、胡克定律 ………………………………………………… 45

第五节　应力集中 …………………………………………… 45

一、应力集中现象 …………………………………………… 45

二、理论应力集中系数 ……………………………………… 46

三、应力系中的利弊及其应用 ……………………………… 46

第六节　材料在拉伸或压缩时的力学性质 ………………… 47

一、拉伸时材料的机械性质 ………………………………… 47

二、材料在压缩时的力学性能 ……………………………… 49

第七节　拉伸和压缩的强度计算 …………………………… 49

一、许用应力 ………………………………………………… 49

二、拉伸和压缩时的强度条件 ……………………………… 50

*第八节　圆柱形薄壁容器的计算 …………………………… 51

一、纵截面上的应力 …………………………………………………………… 51
二、横截面上的应力 …………………………………………………………… 52
第九节 压杆稳定的概念及失稳分析 …………………………………………… 52
一、压杆稳定问题的提出 ……………………………………………………… 52
二、失稳分析 …………………………………………………………………… 53
三、构件稳定性的概念 ………………………………………………………… 53
四、提高压杆稳定性的措施 …………………………………………………… 54
复习题 …………………………………………………………………………… 55
习题 ……………………………………………………………………………… 56

第四章　　剪切和挤压　　58

第一节 剪切和挤压的概念 ……………………………………………………… 58
第二节 剪切的实用计算 ………………………………………………………… 59
一、剪力 ………………………………………………………………………… 59
二、切应力 ……………………………………………………………………… 59
三、剪切强度条件 ……………………………………………………………… 59
第三节 挤压实用计算 …………………………………………………………… 60
一、挤压力和挤压应力 ………………………………………………………… 60
二、挤压强度条件 ……………………………………………………………… 61
复习题 …………………………………………………………………………… 64
习题 ……………………………………………………………………………… 64

第五章　　圆轴扭转　　66

第一节 扭转概念·外力偶矩和扭矩的计算 …………………………………… 66
一、扭转概念 …………………………………………………………………… 66
二、外力偶矩和扭矩的计算 …………………………………………………… 66
第二节 圆轴扭转时的应力与强度计算 ………………………………………… 69
一、圆轴扭转时的应力 ………………………………………………………… 69
二、圆轴扭转强度条件 ………………………………………………………… 70
第三节 圆轴扭转变形和刚度条件 ……………………………………………… 72
一、圆轴扭转时的变形计算 …………………………………………………… 72
二、刚度条件 …………………………………………………………………… 72
复习题 …………………………………………………………………………… 73
习题 ……………………………………………………………………………… 74

第六章　　直梁平面弯曲　　75

第一节 弯曲和平面弯曲的概念与实例 ………………………………………… 75
第二节 梁的计算简图及分类 …………………………………………………… 76
第三节 梁横截面上的内力——剪力和弯矩 …………………………………… 76

第四节　剪力图和弯矩图 ……………………………………… 78
　一、剪力图和弯矩图绘制的基本方法 ……………………… 78
　二、弯矩图的查表法与叠加法 ……………………………… 80
第五节　弯曲时的正应力 ……………………………………… 81
　一、纯弯曲时梁横截面上的正应力 ………………………… 82
　二、纯弯曲梁正应力公式的推广 …………………………… 84
第六节　梁弯曲时的强度计算 ………………………………… 84
　一、梁的强度条件 …………………………………………… 84
　二、梁的强度条件计算举例 ………………………………… 84
第七节　梁的弯曲变形计算和刚度校核 ……………………… 85
　一、弯曲变形的概念 ………………………………………… 85
　二、挠度和转角 ……………………………………………… 86
*第八节　简单超静定梁的解法 ………………………………… 87
　一、超静定梁的概念 ………………………………………… 87
　二、用变形比较法解超静定梁 ……………………………… 87
第九节　提高梁的承载能力的措施 …………………………… 88
　一、采用合理的截面形状 …………………………………… 88
　二、合理布置支座位置，降低梁上的最大弯矩值 ………… 89
复习题 …………………………………………………………… 90
习题 ……………………………………………………………… 91

第七章　工程力学的其他常用知识 ————————————— 93
第一节　杆件组合变形的强度计算 …………………………… 93
　一、组合变形的概念 ………………………………………… 93
　二、拉伸（或压缩）与弯曲的组合变形 …………………… 93
　三、圆轴弯曲与扭转的组合变形 …………………………… 95
第二节　交变应力与疲劳破坏的概念 ………………………… 96
　一、交变应力的概念 ………………………………………… 96
　二、疲劳破坏的特点 ………………………………………… 97
　三、疲劳破坏的危害 ………………………………………… 97
*第三节　动荷应力的概念 ……………………………………… 98
复习题 …………………………………………………………… 98
习题 ……………………………………………………………… 99

第二篇　工程材料

第八章　金属材料及其热处理 ————————————————— 103
第一节　金属材料的力学性能和工艺性能 …………………… 103
　一、金属材料的力学性能 …………………………………… 103

　　二、金属材料的工艺性能 ………………………………………………… 105
　第二节　金属材料的种类和用途 ………………………………………… 105
　　一、金属材料综述 ……………………………………………………… 105
　　二、金属材料的分类 …………………………………………………… 107
　　三、黑色金属（铁碳合金）材料 ……………………………………… 107
　第三节　钢铁材料的热处理 ……………………………………………… 109
　　一、热处理的综述 ……………………………………………………… 109
　　二、热处理工艺过程和分类 …………………………………………… 109
　　三、普通热处理 ………………………………………………………… 110
　　四、表面热处理 ………………………………………………………… 111
　第四节　有色金属及其合金 ……………………………………………… 112
　　一、铝及铝合金 ………………………………………………………… 112
　　二、铜及铜合金 ………………………………………………………… 114
　复习题 ……………………………………………………………………… 115

第九章　非金属材料和复合材料 ━━━━━━━━━━━━━━ 116

　第一节　非金属材料 ……………………………………………………… 116
　　一、有机非金属材料 …………………………………………………… 116
　　二、无机非金属材料 …………………………………………………… 120
　第二节　复合材料 ………………………………………………………… 121
　　一、复合材料的组成和分类 …………………………………………… 121
　　二、常用纤维增强复合材料 …………………………………………… 121
　第三节　机械工程材料的选用 …………………………………………… 122
　　一、机械零件的失效形式 ……………………………………………… 122
　　二、选材的基本原则 …………………………………………………… 122
　复习题 ……………………………………………………………………… 123

第三篇　机构　机械传动与零件基础

第十章　常用机构 ━━━━━━━━━━━━━━━━━━━━ 126

　第一节　机构分析基本知识 ……………………………………………… 126
　　一、机器、机构和机械 ………………………………………………… 126
　　二、构件和零件 ………………………………………………………… 126
　第二节　平面机构的组成 ………………………………………………… 127
　　一、平面运动副及其分类 ……………………………………………… 127
　　二、构件的分类 ………………………………………………………… 128
　第三节　平面连杆机构 …………………………………………………… 128
　　一、平面四杆机构的基本形式 ………………………………………… 128
　　二、平面四杆机构的演变形式 ………………………………………… 130

第四节 凸轮机构 ……………………………………………………… 131
一、凸轮机构的应用及特点 ………………………………………… 131
二、凸轮机构的分类 ………………………………………………… 132
三、凸轮轮廓曲线与从动杆运动规律的关系 …………………… 133
四、常用从动件的运动规律 ………………………………………… 133
五、凸轮的材料和热处理 …………………………………………… 134
六、凸轮与轴的固定 ………………………………………………… 134
第五节 间歇运动机构 ……………………………………………… 134
一、棘轮机构 ………………………………………………………… 134
二、槽轮机构 ………………………………………………………… 136
复习题 ………………………………………………………………… 137

第十一章　螺纹连接与螺旋传动机构 ————————— 138

第一节 螺纹的基本知识 …………………………………………… 138
一、螺纹的类型 ……………………………………………………… 138
二、常用螺纹的特点及应用 ………………………………………… 139
第二节 螺纹连接的基本类型和螺纹连接件 …………………… 140
一、螺纹连接的基本类型 …………………………………………… 140
二、螺纹连接的预拧紧和防松 …………………………………… 141
三、标准螺纹连接零件 ……………………………………………… 143
第三节 螺栓连接的强度计算 ……………………………………… 144
一、松螺栓连接 ……………………………………………………… 144
二、紧螺栓连接 ……………………………………………………… 144
三、受横向载荷的配合（铰制孔）螺栓连接 …………………… 145
四、螺纹连接许用应力 ……………………………………………… 146
第四节 螺旋传动机构 ……………………………………………… 147
复习题 ………………………………………………………………… 148
习题 …………………………………………………………………… 149

第十二章　带传动　链传动 ———————————————— 150

第一节 带传动的概述 ……………………………………………… 150
一、带传动的组成及工作原理 …………………………………… 150
二、摩擦式带传动的特点和类型 ………………………………… 150
三、带传动的应用 …………………………………………………… 151
第二节 V带和V带轮 ……………………………………………… 152
一、V带结构和类型 ………………………………………………… 152
二、普通V带轮的材料及结构选择 ……………………………… 153
第三节 带传动的失效、张紧、安装与维护 …………………… 155
一、带传动的失效 …………………………………………………… 155
二、带传动的张紧 …………………………………………………… 155

三、带传动的安装与维护 …………………………………………… 156

第四节　链传动 ……………………………………………………… 157

一、链传动的工作原理、类型、特点及应用 …………………… 157

二、链传动的布置、张紧及润滑 ………………………………… 158

复习题 ………………………………………………………………… 159

第十三章　　齿轮传动 ——————————————————— 161

第一节　齿轮传动的原理、特点、类型、应用及传动比 ………… 161

一、齿轮传动的原理和特点 ……………………………………… 161

二、齿轮传动的类型及应用 ……………………………………… 161

三、齿轮传动的传动比 …………………………………………… 161

第二节　渐开线直齿圆柱齿轮传动 ………………………………… 162

一、标准直齿圆柱齿轮各部分名称及符号 ……………………… 162

二、渐开线直齿圆柱齿轮的主要参数 …………………………… 163

三、标准直齿圆柱齿轮几何尺寸的计算 ………………………… 164

四、直齿圆柱齿轮的正确啮合条件 ……………………………… 164

五、直齿圆柱齿轮的结构 ………………………………………… 164

第三节　斜齿圆柱齿轮传动 ………………………………………… 165

一、斜齿圆柱齿轮的形成 ………………………………………… 165

二、斜齿圆柱齿轮传动的特点 …………………………………… 166

第四节　齿轮传动的失效形式 ……………………………………… 166

第五节　齿轮常用材料及润滑 ……………………………………… 167

一、齿轮常用材料 ………………………………………………… 167

二、齿轮润滑 ……………………………………………………… 168

第六节　蜗杆传动简介 ……………………………………………… 168

一、蜗杆传动组成、原理、传动比 ……………………………… 168

二、蜗杆传动的类型及应用场合 ………………………………… 169

三、蜗杆传动的特点 ……………………………………………… 169

*第七节　轮系与减速器 ……………………………………………… 170

*一、轮系 …………………………………………………………… 170

二、齿轮减速器简介 ……………………………………………… 171

复习题 ………………………………………………………………… 173

第十四章　　轴及轴毂连接 ——————————————— 175

第一节　概　述 ……………………………………………………… 175

一、轴的分类 ……………………………………………………… 175

二、轴的结构 ……………………………………………………… 176

三、轴的设计要求和一般设计步骤 ……………………………… 177

第二节　轴的材料 …………………………………………………… 177

一、碳素钢 ………………………………………………………… 177

二、合金钢 ·· 177
第三节 轴结构的选择设计 ························· 178
*一、确定装配方案 ······························ 178
二、轴上零件的定位和固定 ··················· 179
三、轴上各段的结构尺寸 ····················· 180
第四节 轴的强度计算 ···························· 180
一、传动轴的强度计算 ························· 180
二、心轴的强度计算 ··························· 181
*三、转轴的强度计算 ··························· 182
第五节 轴的刚度校核 ···························· 182
第六节 轴毂连接 ································· 183
一、键连接 ····································· 183
*二、花键连接 ··································· 186
三、销 ··· 187
复习题 ·· 188
习题 ·· 188

第十五章　轴承 ·············· 190

第一节 滑动轴承的类型与构造 ················· 190
一、向心滑动轴承 ······························ 191
二、推力滑动轴承 ······························ 191
第二节 轴瓦的材料与结构 ······················ 192
一、轴瓦的结构 ································· 192
二、轴瓦材料 ··································· 193
第三节 滑动轴承的润滑及润滑装置 ············· 194
一、润滑剂的种类、性能及其选择 ············· 194
二、润滑方式和润滑装置 ····················· 194
第四节 滚动轴承的基本构造和类型 ············· 195
一、滚动轴承的基本构造 ····················· 195
二、常用滚动轴承的类型 ····················· 196
三、滚动轴承的代号 ··························· 197
四、滚动轴承的选用 ··························· 199
五、滚动轴承的润滑、密封与维护 ············· 199
复习题 ·· 201

第十六章　其他常见的零件和部件 ·············· 202

第一节 联轴器 ··································· 202
一、联轴器的功用 ······························ 202
二、联轴器的分类 ······························ 203
三、联轴器的选择 ······························ 205

第二节　离合器 ……………………………………………………………… 207

一、牙嵌式离合器 ………………………………………………………… 207

二、摩擦离合器 …………………………………………………………… 208

第三节　制动器 ……………………………………………………………… 209

一、对制动器的要求 ……………………………………………………… 209

二、几种典型的制动器 …………………………………………………… 209

第四节　联轴器、离合器、制动器的使用和维护 ……………………………… 210

第五节　弹　簧 ……………………………………………………………… 210

复习题 ………………………………………………………………………… 212

习题 …………………………………………………………………………… 213

第四篇　液压与气压传动

第十七章　液压传动基本知识

第十七章　液压传动基本知识 ——————————————————— 216

第一节　液压传动的基本概念 ……………………………………………… 216

一、概述 …………………………………………………………………… 216

二、液压传动的工作过程 ………………………………………………… 216

三、液压传动装置的组成 ………………………………………………… 217

四、液压传动系统的图示方法 …………………………………………… 217

五、液压传动的优缺点 …………………………………………………… 218

第二节　液压油 ……………………………………………………………… 218

一、液压油的物理性质 …………………………………………………… 218

二、对液压油的基本要求及选用 ………………………………………… 220

三、使用液压油的注意事项 ……………………………………………… 221

第三节　液压传动的基本参数及压力损失 ………………………………… 222

一、液压传动中最基本的参数 …………………………………………… 222

二、液流连续性原理 ……………………………………………………… 223

三、压力的建立与压力的传递 …………………………………………… 224

四、压力损失及其与流量的关系 ………………………………………… 226

五、泄漏和流量损失 ……………………………………………………… 226

六、液压传动功率的计算 ………………………………………………… 227

复习题 ………………………………………………………………………… 228

习题 …………………………………………………………………………… 228

第十八章　液压元件 —————————————————————— 230

第一节　液压泵 ……………………………………………………………… 230

一、液压泵的工作原理及必备条件 ……………………………………… 230

二、常用液压泵的种类 …………………………………………………… 231

三、液压泵的选择 ………………………………………………………… 234

四、使用液压泵的注意事项 ……………………………………………… 235

第十八章　液压元件

*五、液压泵的故障分析与排除 ············· 235

第二节　液压缸和液压马达 ············· 235

一、液压缸 ············· 235

二、液压缸的密封、排气和缓冲 ············· 240

三、液压马达 ············· 241

*四、液压缸的故障分析与排除 ············· 243

第三节　液压控制阀 ············· 243

一、方向阀 ············· 243

二、压力阀 ············· 248

第四节　液压辅助装置 ············· 252

一、过滤器 ············· 252

二、蓄能器 ············· 253

三、油管和管接头 ············· 253

四、油箱 ············· 253

第五节　液压系统基本回路 ············· 254

一、几种典型的基本回路 ············· 254

*二、基本回路应用的举例 ············· 256

第六节　液压系统的使用维护和保养 ············· 257

一、使用液压设备应具备的基本知识 ············· 257

二、液压系统的维护保养 ············· 257

复习题 ············· 258

第十九章　气压传动基础 ————— 259

第一节　气压传动概述 ············· 259

一、气压传动的特点 ············· 259

二、气压传动与液压传动的区别 ············· 260

第二节　气压传动系统的工作原理和组成 ············· 260

一、气压传动系统的工作原理 ············· 260

二、气压传动系统的组成 ············· 260

三、气动元件 ············· 261

第三节　气动基本回路 ············· 262

第四节　气动系统的故障分析与排除 ············· 264

一、压缩空气中的杂质引起气动系统的故障 ············· 264

二、气动元件的故障 ············· 265

复习题 ············· 267

附录　型钢表 ————— 268

参考文献 ————— 271

绪　论

　　人类通过长期的生产实践活动，创造了各种劳动工具和机械，增强了同大自然斗争的本领，发展了生产力，推进了社会进步。

　　迄今为止，各行各业以及国防和科学研究中都离不开机械设备。或者说，用机械设备进行生产是现代化生产的主要方式。可靠的，高效能的机械设备是保证生产实施和确保产品质量的必要条件。因此，在生产、科研实际活动中，各行各业的工程技术人员和管理人员不可避免地会遇到许多机械设备方面的问题，如机械设备的选用，安装、调试、使用、维护以至对机械设备进行必要的改造、革新等。要想妥善地解决这些问题，就应了解或掌握必要的机械方面的知识。因此，各类专业技术、管理人员不仅需要掌握足够的专业知识，还必须掌握一定的机械基础知识，才能适应现代化工业生产的要求。

　　作为高等工科院校，责无旁贷地理应培养出上述的适应社会发展需要的人才。但是，由于专业要求不同及学时数的限制，在非机械类专业的教学中，不可能设置有关机械方面的一系列课程。因此，把有关机械方面必要的基础知识和技术理论结合起来，培养学生对机械方面的基本分析能力及进行简单设计和选择设备的初步能力的任务，就由本课程来完成。

　　对机械的研究是以力学理论为基础的，工程材料是制造机械的物质基础，常用的"机构、机械传动与零件"是机械基础的主题部分。另外，液压与气压传动是近几十年来的一类较新的传动方式，在现代化生产中，液、气压装置的应用日益广泛，具备这方面的知识对很多专业也是很必要的。考虑到这些情况，并照顾到有关学科的传统体系和便于组织教学，本书共由四部分内容组成。

　　1. 工程力学：主要介绍物体的受力分析和计算，构件在外力作用下的变形和破坏规律，强度和刚度的计算方法及相关知识。是本书和机械工程计算的理论基础。

　　2. 工程材料：主要介绍工程中常用的金属和非金属材料的性能、特点、应用场合等基础知识。

　　3. 机械基础知识：主要介绍机械中常用的机构、机械传动和通用零件的工作原理、结构特点和简化计算方法，为选择、使用和维护机械设备中常用的机械传动装置提供必要的基础知识。

　　4. 液压传动与气压传动：主要介绍液压传动与气压传动的原理，常用元件的工作原理、特点和应用，基本液压传动与气压回路等基本内容。

　　由以上论述可见，机械基础是一门包含广泛内容的技术基础课，学生不仅要学会必要的机械基础知识，而且还需要受到一定的基础技能（如正确运算、查阅手册、图文表达等）训练，为以后顺利学习专业课和从事技术工作、管理工作奠定基础。

　　应该指出，本书旨在对机械方面的一般知识作一较系统的介绍。并不要求读者通过本书学习能具备复杂设计计算的能力。但是，本书在内容和编排上又具有一定的广度和深度，以便读者掌握必要的基本理论、基本知识和基本方法。

还应指出，本书所介绍的许多设计计算方法是尽可能简化了的。用它们可以解决一些简单的生产实际问题，但对于重要的复杂机械，则应采用更加精确和完善的设计方法。这类方法一般都比较复杂，牵涉因素较多，需要较为深厚的理论作基础和完成较大的计算工作量，因此应参阅有关专著方能解决；本书一般仅提示解决方向，不做具体研究。

关于学习方法，应该注意到本书是属于应用性质的课程，具有综合性和实践性较强的特点。在学习时，不仅要注重理论性内容的学习，通过解题来提高运用基本理论去分析和解决问题的能力；还应注意实践能力的培养，并考虑通过实验以及对生活和生产中的现有机械观察、分析和比较，逐步掌握设计的基本方法。因此，学习时应做到理论与实践并重。

第一篇

工程力学基础

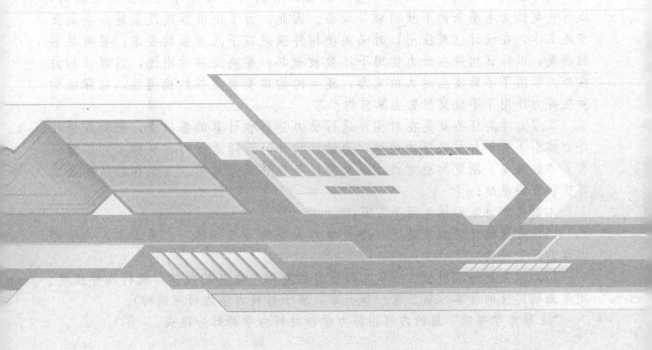

生产中使用的任何机器或设备，都是由许多形状各异的单件所组成的。这些单件通常称为构件，构件是机械设备的最小单元。经验和实验表明，任何机器或设备在工作时都要受到载荷的作用。这样，构件就受到各种各样的外力作用，而引起不同形式的变形。如果构件材料选择不适当或尺寸设计不合理，则在外力的作用下是不安全的：构件可能产生过大的变形，使设备不能正常工作；构件也可能发生破坏，从而毁坏整个设备；有的构件当外力达到某一定值时，也可能突然失去原来的形状而破坏设备。因此，为了使机器或设备能安全而正常地工作，在设计（或应用）时必须使构件满足以下几方面的要求：要有足够的强度，以保证构件在外力作用下不致被破坏；要有足够的刚度，以保证构件在外力作用下不致发生过大的变形；还有的构件要有足够的稳定性，以保证构件在外力作用下不致突然失去原有的形态。

工程力学的任务就是在对构件进行受力分析和计算的基础上，研究构件在外力作用下变形和被破坏的规律，为设计构件时选择适当的材料和尺寸以保证有足够的强度、刚度和稳定性，以及使设备能够满足适用、安全和经济的要求等提供理论基础。

本篇内容可以归纳为两个方面：

（1）研究构件受力的情况，进行受力大小的计算（第一、第二章，属于静力学的研究范畴）。

（2）研究材料的机械性质和构件受力的变形与破坏的规律，进行构件强度、刚度或稳定性的计算（第三章～第七章，属于材料力学的研究范畴）。

"工程力学基础"篇的内容由静力学和材料力学两部分组成。

第 一 章

力的基本概念和物体的受力分析

第一节　力学基础的几个基本概念

一、力的概念

力的概念是人们在生产和生活实践中通过反复观察、实验和分析而逐渐建立起来的。力能够改变物体的机械运动状态（又称外效应）：原来静止的物体，在力的作用下可以由静止开始动起来，如机床的启动、汽车的开动等；行驶的汽车刹车时，靠摩擦力使它停止下来。有时力作用在物体上，并不改变客观存在的运动状态，这是因为作用在物体上的力相互平衡，它们的运动效果被互相抵消的缘故。

力还能使物体产生变形（又称内效应）：弹簧受力会伸长；起重机横梁在起吊重物时会产生弯曲变形。

实践证明，力对物体的效应取决于力的基本要素，即力的大小、方向和作用点。本章首先简介力学理论的几个基本概念和公理，然后介绍工程中常见的约束和约束反力的分析及物体的受力图。本章是工程力学及工程设计的计算基础，是本课程中最重要的章节之一。

二、力的三要素

实践表明，力对物体的作用效果应取决于三个要素，即力的大小、力的方向和力的作用点，因而，力是矢量。可以用一个矢量来表示力的三个要素，如图 1-1 所示。这个矢量的长度（AB）按一定的比例尺表示力的大小；矢量的方向表示力的方向；矢量的始端（点 A）或末端（点 B）表示力的作用点；矢量 AB 沿着的直线（图 1-1 中的虚线）表示力的作用线。在国际单位制中，一般以"N"作为力的单位符号，称作牛［顿］；有时也以"kN"作为力的单位符号，称作千牛［顿］。

力的矢量常用黑体字母表示，而力的大小用白体字母表示。

三、力对物体作用的两种形式——集中力和载荷集度

作用于物体上某一点处的力称为集中力，如图 1-1 所示的力 F。

物体之间相互接触时，其接触处多数情况下并不是一个点，而是一个面。因此，无论是施力物体还是受力物体，其接触处所受的力都是作用在接触面上的，这种分布在一定面积或长度上的力称为分布力，其大小用载荷集度表示。例如，水对容器壁的压力是作用在一定面积上的分布力，其大小用面积集度表示，单位为 N/m^2 或 kN/m^2。而分布在狭长面积或体积上的力可看作线分布力，其集度单位为 N/m 或 kN/m。如图 1-2 所示的是在梁 AB 上沿

长度方向作用着向下的均匀线分布力，其集度为 $q=2\mathrm{kN/m}$。

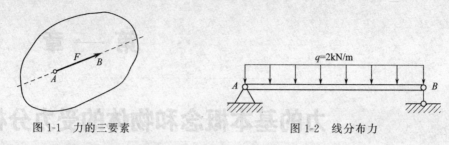

图 1-1　力的三要素　　　　　　　　　　图 1-2　线分布力

四、平衡的概念

在工程中，把物体相对于地面处于静止或做匀速直线运动的状态称作平衡。例如，静止的房屋建筑、桥梁，在直线轨道上等速前进的火车，都是处于平衡状态的。

五、力系、平衡力系、等效力系、合力的概念

作用于一个物体上的若干个力称为力系。如果作用于物体上的力系使物体处于平衡状态，则称该力系为平衡力系。如果作用于物体上的力系可以用另一个力系代替，而不改变原力系对物体所产生的效应，则称两个力系互为等效力系。如果一个力与一个力系等效，则称这个力为该力系的合力，而该力系中的每一个力称为合力的分力。

六、刚体的概念

前面讲过，力对物体的效应，除了使物体的运动状态发生改变外，还能使物体发生变形。在正常情况下，工程上的机械零件和结构构件在力的作用下发生的变形是很微小的，甚至只有用专门的仪器才能测量出来。这种微小的变形在研究力对物体的外效应时影响极小，因此可以略去不计。这时就可以把物体看作是不变形的。把在受力情况下保持形状和大小不变的物体称为刚体。然而，当变形这一因素在所研究的问题中是处于主要地位时，即使变形量很小，也不能把物体看作是刚体。例如，如图 1-3 所示的建筑工地上常见的塔式吊车，为使其具有足够的承载能力，对零部件及整体进行结构设计以确定其几何形状和尺寸时，就必须考虑其变形，不能把它们看作刚体；但是，为确保塔式吊车在各种工作状态下都不发生倾覆，计算所需的配重 W_1 时，整个塔式吊车又可以视为刚体。

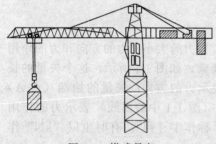

图 1-3　塔式吊车

第二节　力的四个公理

力的性质用力的四个公理描述。实践证明，力具有下述四个公理。

1. 二力平衡公理

作用在刚体上的两个力，使刚体处于平衡状态的必要和充分条件是：这两个力的大小相等，方向相反，且作用在同一直线上。如图 1-4 所示，即

$$F_1 = -F_2 \tag{1-1}$$

二力平衡公理总结了作用在刚体上的最简单的力系平衡所必须满足的条件。它对刚体来说既必要又充分；但对非刚体，却是不充分的。如绳索受两个等值、反向的拉力作用可以平衡，而受两个等值、反向的压力作用就不平衡。

工程上将自重不计、只受两个力作用而处于平衡的物体称为二力杆。工程中二力杆是很常见的，如图 1-5(a) 所示链杆结构中的 BC 杆，不计其自重时，就可视为二力杆（二力构件）。其受力如图 1-5(b) 所示。

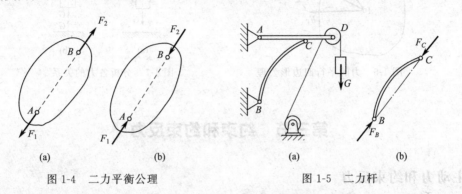

图 1-4　二力平衡公理　　　　　　　　图 1-5　二力杆

2. 力的平行四边形公理

作用在物体上同一点的两个力 F_1 和 F_2 可以合成为一个合力 F_R。合力的作用点不变；合力的大小和方向，由这两个力的力矢为边所构成的平行四边形的对角线矢量 F_R 确定。如图 1-6 所示，如果将原来的两个力 F_1 和 F_2 称为分力，此法则可简述为合力 F_R 等于两分力的矢量和。即

$$F_R = F_1 + F_2 \tag{1-2}$$

这个公理总结了最简单的力系的简化规律，它是其他复杂力系简化的基础。

3. 加、减平衡力系公理

在已知力系上加上或减去任意的平衡力系，并不改变原力系对刚体的作用。

这个性质的正确性也是很明显的，因为平衡力系对于刚体的平衡或运动状态没有影响。这个性质是力系简化的理论根据之一。

必须注意：加、减平衡力系原理也只适用刚体，而不适用于变形体。

4. 作用力和反作用力公理

若将两物体间相互作用力中的一个称为作用力，则另一个就称为反作用力。两物体间的作用力与反作用力必定等值、反向、共线，分别同时作用于两个相互作用的物体上。

本公理阐明了力是物体间的相互作用，其中作用与反作用的称呼是相对的，力总是以作用与反作用的形式存在的，且以作用与反作用的方式进行传递。

这里应该注意两力平衡公理和作用与反作用力公理之间的区别，前者叙述了作用在同一物体上两个力的平衡条件，后者却是描述两物体间相互作用力的关系。请读者试分析如图 1-7 所示的各力之间是什么关系。

有时我们考察的对象是一群物体的组合，可以将之称为物体系统（简称物系）。物系外的物体与物系间的作用力称为系统外力，而物系内部物体间的相互作用力称为系统内力。系统内力总是成对出现且呈等值、反向、共线的特点，所以就物系而言，系统内力的合力总是为零。因此，系统内力不会改变物系的运动状态。

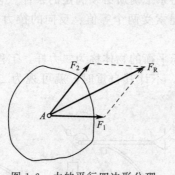

图1-6　力的平行四边形公理

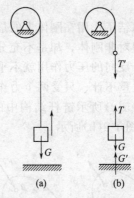

图1-7　分析各力的关系

<h1>第三节　约束和约束反力</h1>

一、主动力和约束反力

在分析物体的受力情况时，将力分为主动力和约束反力。

工程上把能使物体产生某种形式的运动或运动趋势的力称为主动力。通常主动力是已知的，常见的有重力、磁力、流体压力和其他作用于物体上的已知力。

在主动力作用下的物体的运动大多又会受到某些限制。对物体运动起限制作用的其他物体称为约束物，简称为约束。被限制的物体称为被约束物。如吊式电灯被电线限制使电灯不能掉下来，电线就是约束（物），电灯是被约束物。约束作用于被约束物的力称为约束反力，或约束力，简称为反力。如电线作用于吊式电灯的力即为约束反力。显然，约束反力是由于有了主动力的作用才引起的，所以约束反力是被动力。约束（物）是通过约束反力来实现限制被约束物的运动的，所以约束反力的方向总是与约束物所能阻止的运动方向相反。约束反力的大小，则需要通过平衡条件求出。

二、常见的约束形式和确定约束反力的分析

1. 柔性约束

由绳索、链条或传动带等柔性物体构成的约束称为柔性约束。由于柔性物体本身只能受拉、不能受压，因此，柔性约束对物体的约束反力必沿着柔性物体的轴线方向，作用于连接点处，并背离被约束物体。这类约束通常用 F_T 表示。如图1-8（a）所示的是用绳子悬吊一重物（其所受重力为 G），绳子对重物的约束反力为 F_T'。如图1-8（b）所示的是传动带对带轮的约束反力，为 F_{T1}（F_{T1}'）和 F_{T2}（F_{T2}'）。

2. 光滑接触面（线、点）约束

当物体与平面或曲面接触时，如果摩擦力很小而忽略不计，就可以认为接触面是"光滑"的，称为光滑接触面约束。光滑面约束只能阻止物体在接触点处沿公法线方向接触面内部的位移［见图1-9（a）］，不能限制物体沿接触面切线方向的位移。所以，光滑面对物体的约束反力，作用在接触处，方向沿接触面的公法线指向被约束物体，通常用符号 F_N 表示。

如果两物体在一个点或沿一条线相接触，且摩擦力可以略去不计，则称为光滑接触点或光滑接触线约束。如图1-9（b）所示为一以"O"为球心的圆球（或圆柱）放置在光滑圆球

（或圆柱）A 上，则 A 对其就构成了约束。它们的约束反力 F_N 作用在接触点（或接触线），方向沿接触点（或接触线）的公法线指向受力物体。

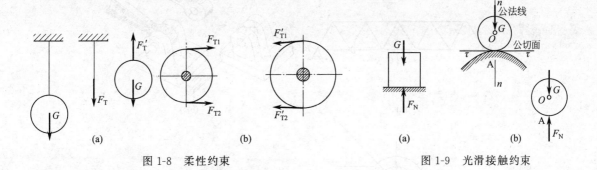

图 1-8　柔性约束　　　　　　　　　　　　　　图 1-9　光滑接触约束

3. 圆柱销铰链约束

将两零件 A、B 的端部钻孔，用圆柱形销钉 C 把它们连接起来，如图 1-10(a)所示。如果销钉和圆孔是光滑的，且销钉与圆孔之间有微小的间隙，那么销钉只限制两零件的相对移动，而不限制两零件的相对转动，如图 1-10(b)所示。具有这种特点的约束称为铰链，其简化图如图 1-10(d)所示。由图可见，销钉与零件 A、B 相接触，实际上是与两个光滑内孔圆柱面相接触。按照光滑面约束的反力特点，以零件 A 为例，销钉给 A 的约束反力 F_R 应沿销钉与圆孔的接触点 K 的公法线，即沿孔的半径方向［见图 1-10(b)］。但因接触点 K 一般不能预先确定，故反力的方向也不能预先确定。在受力分析中常用两个正交分力 F_x、F_y 来表示，如图 1-10(c)所示。同理，若对零件 B 做分析，也可得到同样结果，只不过与上述力的方向相反。读者可自行验证。

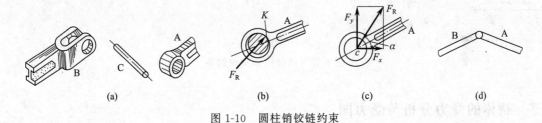

图 1-10　圆柱销铰链约束

4. 圆柱销铰链支座约束

将构件连接在机器的底座上的装置称为支座。用圆柱销钉将构件与底座连接起来，就构成了圆柱销铰链支座约束。如图 1-11(a)所示，钢桥架 A、B 端用铰链支座支撑。根据铰链支座与支撑面的连接方式不同，分成固定铰链支座和活动铰链支座。

（1）固定铰链支座　如图 1-11(a)所示的钢桥架 A 端的铰链支座为固定铰链支座，其结构如图 1-11(b)所示。它可用地脚螺栓将底座与固定支撑面连接起来，如图 1-11(c)所示。其约束反力与铰链约束反力有相同的特征，所以也可用两个通过铰心的大小和方向未知的正交分力 F_x、F_y 来表示。固定铰链支座的简图如图 1-11(d)所示。

（2）活动铰链支座　如果在支座和支撑面之间有辊轴，就称为活动铰链支座，又称辊轴支座。如图 1-12(a)所示的钢桥架的 A 端支座即是。其结构简图如图 1-12(b)所示。这种支座的反力 F_R 垂直于支撑面［见图 1-12(c)］。

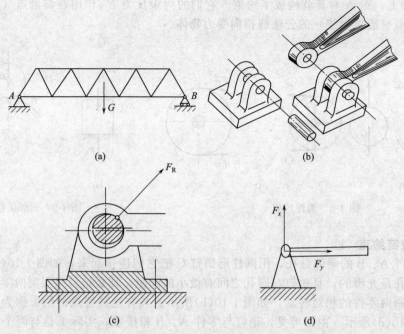

图 1-11　固定铰链支座约束

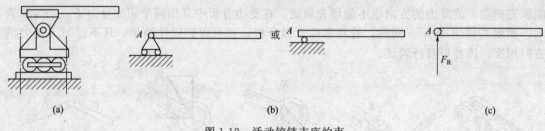

图 1-12　活动铰链支座约束

三、物体的受力分析与受力图

受力分析就是研究某个指定物体所受到的力（包括主动力和约束力），分析这些力的三要素并将这些力全部画在图上。该物体称为研究对象，所画出的这些力的图形称为受力图。所以，受力分析的结果体现在受力图上。画受力图的一般步骤为：

（1）单独画研究对象轮廓　根据所研究的问题首先要确定何者为研究对象。研究对象是受力物，周围的其他一些物体是施力物。受力图上画的力来自施力物。为清楚起见，一般需将研究对象的轮廓单独画出，并在该图上画出它受到的全部外力。

（2）画给定力　给定力常为已知或可测定的，按已知条件画在研究对象上即可。

（3）画约束力　约束力是受力分析的主要内容。研究对象往往同时受到多个约束，为了不漏画约束力，应先判明存在几处约束；为了不画错约束力，应按各约束的特性确定约束力的方向，不要主观臆测。

对物体进行受力分析，恰当地选取分离体并正确地画出受力图，在工程实践中都极为重要。若受力分析错误，则据此所做的进一步计算必将出现错误的结果。因此，必须准确、熟练地画出受力图来。在画受力图时还必须注意以下几点。

（1）分析物系受力时，若物系中有二力杆则应先找出二力杆，然后依次画出与二力杆相连构件的受力图。这样画出的受力图可得到简化。

（2）当分析两物体间相互的作用力时，应遵循作用力与反作用力定律。作用力的方向一旦假定，则反作用力的方向应与之相反。

（3）研究由多个物体组成的物系时，应区分系统外力与内力。物系以外的物体对物系的作用称为系统外力，物系内各部分之间的相互作用力称为系统内力。画物系受力图时系统内力不必画出。

下面举例说明物体受力分析和画受力图的方法。

例 1-1 画出图 1-13(a)中球形物体的受力图。

解 取圆球为研究对象，画出其轮廓简图。首先画主动力 G，再根据约束特性，画约束反力。圆球受到斜面的约束，如不计摩擦，则为光滑面接触，故圆球受斜面的约束反力 F_N 在接触点沿斜面与球面的公法线方向并指向球心；圆球在连接点 B 受到绳索 AB 的约束反力 T 沿绳索轴线而背离圆球。圆球受力图如图 1-13(b)所示。

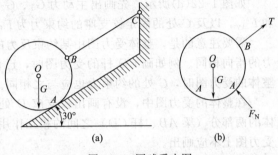

图 1-13　圆球受力图

例 1-2 简支梁 AB 如图 1-14(a)所示。A 端为固定铰链支座，B 端为活动铰链支座，并放在倾角为 α 的支撑斜面上，在 AC 段受到垂直于梁的均布载荷 q 的作用，梁在 D 点又受到与梁成倾角 β 的载荷 F 的作用，梁的自重不计。试画出梁 AB 的受力图。

解 画出梁 AB 的轮廓。

画主动力：有均布载荷 q 和集中载荷 F。

画约束反力：梁在 A 端为固定铰链支座，约束反力可以用 F_{Ax}、F_{Ay} 两个分力来表示；B 端为活动铰链支座，其约束反力 F_N 通过铰心而垂直于斜支承面。梁的受力图如图 1-14(b)所示。

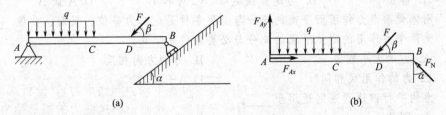

图 1-14　梁的受力图

例 1-3 如图 1-15(a)所示，水平梁 AB 用斜杆 CD 支承，A、C、D 三处均为光滑铰链连接。均质梁 AB 重为 G_1，其上放置一重为 G_2 的电动机。不计 CD 杆的自重。试分别画出横梁 AB（包括电动机）、斜杆 CD 及整体的受力图。

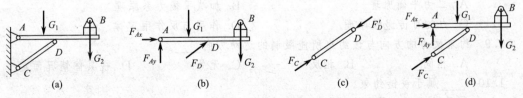

图 1-15　例 1-3 图

解 （1）确定研究对象，分别以水平梁 AB、斜杆 CD 为研究对象并画出受力图。

水平梁 AB 受的主动力为 G_1、G_2；A 处为固定铰支座，约束反力过铰链 A 的中心，方向未知，可用两个正交分力 F_{Ax} 和 F_{Ay} 表示。D 处为圆柱铰链，CD 杆为二力杆（设为受压的二力杆），给梁 AB 在 D 点一个斜支反力 F_D，如图 1-15(b)所示。斜杆 CD 是二力杆，作用于点 C、D 的二力 F_C、F'_D 大小等值、方向相反，作用线在一条直线上。CD 杆受力如图 1-15(c)所示。

（2）取整体为研究对象，并画其受力图。

如图 1-22(d)所示，先画出主动力 G_1、G_2，再画出 A 处固定铰链支座的约束反力 F_{Ax} 和 F_{Ay}，以及 C 处的固定铰支座的约束力为 F_C。

需要注意的是，整体受力图中某约束反力的指向，应与局部受力图中（单件）同一约束力的指向相同。例如画 CD 杆的受力图时，已假定固定铰支座 C 的约束反力为压力，在画整体的受力图时，C 处的约束力也应与之相同。

在整体的受力图中，没有画出铰支座 D 处的约束力（F_D 和 F'_D），这一对约束力是整体的两部分（梁 AB、杆 CD）之间的相互作用力，对整体而言，属于内力。因此在整体的受力图上不应画出。

复习题

1.1 力使物体运动状态发生改变的效应称为____。

    A. 外效应   B. 内效应   C. A 和 B   D. 都不是

1.2 力使物体发生变形的效应称为____。

    A. 外效应   B. 内效应   C. A 和 B   D. 都不是

1.3 物体处于平衡态，是指物体对于周围物体保持____。

    A. 静止   B. 匀速直线运动   C. A 和 B   D. A 或 B

1.4 刚体受两个力作用而平衡的充分与必要条件是此二力等值、反向、共线____。

1.5 受两个力作用的刚体平衡的充分与必要条件是____。

    A. 力的大小相等   B. 力的方向相反

    C. 力的作用线相同   D. A＋B＋C

1.6 力的平行四边形法则适用于____。

    A. 刚体   B. 变形体

    C. 刚体和变形体   D. A 与 B 均不适用

1.7 二力平衡原理适用于____。

    A. 刚体   B. 变形体   C. 刚体和变形体   D. 任意物体

1.8 力的作用点可沿其作用线在同一刚体内任意移动并不改变其作用效果。这是____。

    A. 二力平衡原理   B. 加减平衡力系原理

    C. 力的可传递性原理   D. 作用与反作用定律

1.9 约束反力的方向与该约束所能限制的运动方向____。

    A. 相同   B. 相反   C. 无关   D. 视具体情况而定

1.10 ____属于铰链约束。

    ①柔性约束；②固定铰链约束；③活动铰链约束；④中间铰链。

    A. ①②   B. ②③   C. ③④   D. ②③④

1.11　作用与反作用定律适用于____。

　　A. 刚体　　　　　　B. 变形体　　　　　C. 刚体和变形体　D. A 与 B 均不适用

1.12　下列____是作用在刚体上的力的等效条件。

　　①力的大小相等；②力的方向相反；③力的作用线相同；④力的分布相同。

　　A. ①②③　　　　　B. ②③④　　　　　C. ①②④　　　　　D. ①②③④

 习题

1-1　根据题 1-1 图所示各物体单件所受约束的特点，分析约束并画出它们的受力图。设各接触面均为光滑面，未画重力的物体表示重力不计。

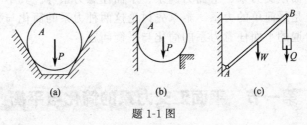

题 1-1 图

1-2　画出题 1-2 图所示各物体系统的单件及整体受力图。设各接触面均为光滑面，未画重力的物体表示重量不计。

1-3　如题 1-3 图所示梯子的两个部分 AB 和 AC 在点 A 处铰接，又在 D、E 两点处用水平绳连接。梯子放在光滑水平面上，若其自重不计，但在 AB 的中点 H 处作用一铅直载荷 F。试分别画出绳子 DE 和梯子的 AB、AC 部分以及整个系统的受力图。

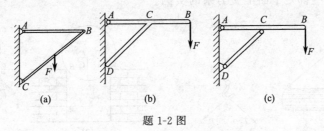

题 1-2 图

1-4　如题 1-4 图所示机构由 OD、AB、BCE 三杆组成。在 OD 的 D 点处作用一载荷 F。试分别画出三杆和机构整个系统的受力图。

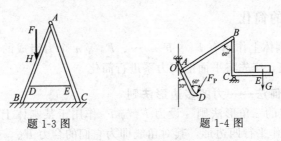

题 1-3 图　　　　　　　　　　　题 1-4 图

第 二 章

平面力系

　　刚体平面力系是指作用于刚体物体上的各力的作用线在同一平面内。根据各力作用线的分布的特点又分为平面汇交力系、平面力偶系、平面任意力系等。其中平面汇交力系和平面力偶系是最基本、也是最简单的力系。本章先讨论这两种力系的简化与平衡问题，然后再研究较复杂、也是最普遍的平面任意力系的简化与平衡问题。

第一节　平面汇交力系的简化与平衡

一、平面汇交力系的概念与实例

　　作用于刚体上的各力的作用线在同一平面内，且汇交于一点，这样的力系称为平面汇交力系。如图 2-1 所示，起重机挂钩受 T_1、T_2 和 T_3 三个力的作用，三力的作用线在同一平面内且汇交于一点。再如图 2-2(a)所示的自重为 G 的锅炉搁置在砖墩 A、B 上时，受力图如图 2-2(b)所示。这些都是平面汇交力系的实例。

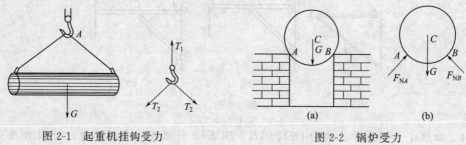

图 2-1　起重机挂钩受力　　　　　　　图 2-2　锅炉受力

二、平面汇交力系的简化

　　如图 2-4(a)所示刚体上作用有 F_1、F_2、…、F_n 等 n 个力组成的平面汇交力系（见图）比较复杂。为便于研究，应先将平面汇交力系进行简化。

1. 汇交力系简化的几何法——力的多边形法则

　　(1) 两汇交力合成的三角形法则　设力 F_1 与 F_2 作用于某刚体上的 A 点，则由前述可知，以 F_1、F_2 为邻边作平行四边形，其对角线即为它们的合力 F_R，并记作 $F_R = F_1 + F_2$，如图 2-3(a)所示。

　　为简便起见，作图时可省略 AC 与 DC，直接将 F_2 连在 F_1 末端，通过三角形 ABD 即可求得合力 F_R，如图 2-3(b)所示。此法就称为求两汇交力合成的三角形法则。按一定比例

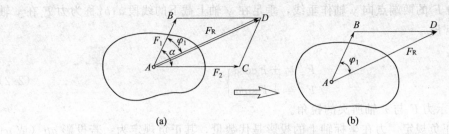

图 2-3 三角形法则

作图，可直接量得合力 F_R 的近似值，亦可按三角形的边角关系求出合力 F_R 之大小和方位角 f_1。

（2）多个汇交力合成——力的多边形法则 如果刚体上作用有 F_1、F_2、$\cdots$、F_n 等 n 个力组成的平面汇交力系［为简单起见，图 2-4（a）中只画出了三个力］欲求此力系的合力，也可使用力的三角形法则。先从任一点 A 起，画出力 F_1 和 F_2 的力三角形 ABC，求出它们的合力 F_{R1}，再画出 F_{R1} 和 F_3 的力三角形 ACD，求出 F_{R1} 和 F_3 这两力的合力 F_{R2}，就是整个平面汇交力系的合力 F_R（$F_R = F_{R2}$），如图 2-4（b）所示。由图 2-4（b）的作图过程略加分析可知，若我们的目的只是求合力 F_R 的大小和方向，中间合力（图中力矢 AC）可不必画出，而只需将力矢由 F_1 开始，沿同一环绕方向，首尾相接地顺次画出各力 F_1、F_2、F_3 的力矢 AB、BC 和 CD，形成一个由 F_1、F_2、F_3 组成的不封闭的多边形，最后自第一个力的始端引向最后一个力的末端作一力矢 F_{R2} 封闭该多边形，此"封闭边"就是该平面汇交力系的合力 F_R（$F_R = F_{R2}$）。这种用力多边形求汇交力系合力的方法，通常称为力的多边形法则。这种利用几何作图的方法将汇交力系简化的方法，称为几何法。

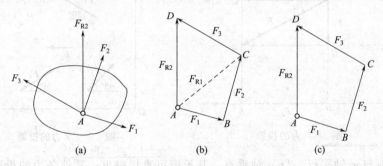

图 2-4 多个汇交力合成

若采用矢量加法的定义，则可简写为

$$F_R = F_1 + F_2 + \cdots + F_n = \sum F \tag{2-1}$$

应用几何法解题时，必须恰当地选择力的比例尺，即取单位长度代表若干牛顿的力，并把比例尺注在图旁。

2. 平面汇交力系简化的解析法

解析法的基础是力在坐标轴上的投影，它是利用平面汇交力系在直角坐标轴上的投影来求力系合力的一种方法。

（1）力在平面直角坐标轴上的投影。

① 投影的概念 如图 2-5 所示，设已知力 F 作用于物体平面内的 A 点，方向由 A 点指向 B 点，且与水平线夹角为 α。相对于平面直角坐标轴 xy，过力 F 的两端点 A、点 B 向 x 轴作垂线，垂足 a、b 在轴上截下的线段 ab 就称为力 F 在 x 轴上的投影，记作 F_x。

同理，过力 F 的两端点向 y 轴作垂线，垂足在 y 轴上截下的线段 a_1b_1 称为力 F 在 y 轴上的投影，记作 F_y。

$$\left.\begin{array}{l} F_x = \pm F\cos\alpha \\ F_y = \pm F\sin\alpha \end{array}\right\} \qquad (2\text{-}2)$$

式中，α 表示力 F 与 x 轴所夹的锐角。

② 投影的正负规定 力在坐标轴上的投影是代数量，其正负规定为：若投影 ab（或 a_1b_1）的指向与坐标轴正方向一致，则力在该轴上的投影为正，反之为负。故如图 2-5 所示的力 F 在 x 轴上的投影为正，y 轴的投影为负。

可见，力在坐标轴的投影是代数量。

力在坐标轴上的投影有两种特殊情况：当力与坐标轴垂直时，力在该坐标轴上的投影等于零；当力与坐标轴平行时，力在该坐标轴上的投影的绝对值等于力的大小。

（2）已知力在坐标轴上的投影求作用力 由已知力求投影的方法可推知，若已知一个力的两个正交投影 F_x、F_y，则这个力 F 的大小和方向为

$$F = \sqrt{F_x^2 + F_y^2}, \quad \tan\alpha = \left|\frac{F_y}{F_x}\right| \qquad (2\text{-}3)$$

例 2-1 试分别求出如图 2-6 所示的各力在 x 轴和 y 轴上的投影。已知 $F_1 = 150\text{N}$，$F_2 = 200\text{N}$，$F_3 = 100\text{N}$，$F_4 = 500\text{N}$，各力的方向如图所示。

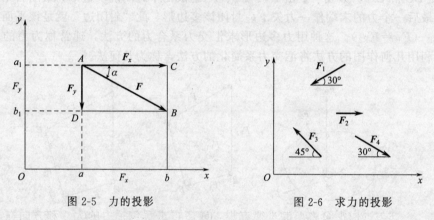

图 2-5 力的投影   图 2-6 求力的投影

解 力 F_2 与 x 轴平行，与 y 轴垂直，其投影可直接得出；其他各力的投影可由式（2-2）计算求得。故各力在 x、y 轴上的投影为

$$F_{1x} = -F_1 \times \cos30° = -129.9\text{N}$$
$$F_{1y} = -F_1 \times \sin30° = -75\text{N}$$
$$F_{2x} = F_2 = 200\text{N}$$
$$F_{2y} = 0$$
$$F_{3x} = -F_3 \times \cos45° = -70.7\text{N}$$
$$F_{3y} = F_3 \times \sin45° = 70.7\text{N}$$
$$F_{4x} = F_4 \times \cos30° = 433\text{N}$$
$$F_{4y} = -F_4 \times \sin30° = -250\text{N}$$

3. 合力投影定理

由力的平行四边形法则可知，作用于物体平面内一点的两个力可以合成一个力，其合力符合矢量加法法则。如图 2-7 所示，作用于物体平面内 A 点的力 F_1、F_2，其合力 F_R 等于

力 F_1 和 F_2 的矢量和，即

$$F_R = F_1 + F_2$$

在力作用平面建立平面直角坐标系 Oxy，合力 F_R 和分力 F_1、F_2 在 x 轴的投影分别为 $F_{Rx} = ad$，$F_{1x} = ab$，$F_{2x} = ac$。由图2-7可见，$ac = bd$，$ad = ab + bd$。

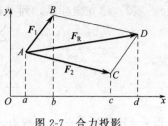

图 2-7 合力投影

所以 $F_{Rx} = ad = ab + bd = F_{1x} + F_{2x}$

同理 $F_{Ry} = F_{1y} + F_{2y}$

若物体平面上一点作用着 n 个力 F_1、F_2、…、F_n，则按力的多边形法则，力系的合力等于各分力矢量的矢量和，即

$$F_R = F_1 + F_2 + \cdots + F_n = \sum_{i=1}^{n} F_i$$

则合力的投影

$$\left. \begin{array}{l} F_{Rx} = F_{1x} + F_{2x} + \cdots + F_{nx} = \sum F_x \\ F_{Ry} = F_{1y} + F_{2y} + \cdots + F_{ny} = \sum F_y \end{array} \right\} \tag{2-4}$$

4. 平面汇交力系的合成

若刚体平面内作用力 F_1、F_2、…、F_n 的作用线交于一点，得到作用于一点的汇交力系。由前述可知，平面汇交力系总可以合成为一个合力，其合力在坐标轴上的投影等于各分力投影的代数和。即 $F_{Rx} = \sum F_x$，$F_{Ry} = \sum F_y$。则其合力 F_R 的大小和方向分别为

$$F_R = \sqrt{(\sum F_x)^2 + (\sum F_y)^2}, \quad tan\alpha = \left| \frac{\sum F_y}{\sum F_x} \right| \tag{2-5}$$

式中，α 为合力 F_R 与 x 轴所夹的锐角。

三、平面汇交力系平衡的解析条件和平衡方程

平面汇交力系合成的结果是一个合力，若合力等于零，则物体处于平衡状态。反之，若物体在平面汇交力系作用下处于平衡，则该力系的合力一定为零。因此，平面汇交力系平衡的必要和充分条件是力系的合力等于零。

$$\left. \begin{array}{l} F_{Rx} = \sum F_{ix} = 0 \\ F_{Ry} = \sum F_{iy} = 0 \end{array} \right\} \tag{2-6}$$

式（2-6）称为平面汇交力系的平衡方程，最多可求解包括力的大小和方向在内的两个未知量。

应用平衡方程时，由于坐标轴是可以任意选取的，因而可列出无数个平衡方程，但是其独立的平衡方程只有两个。因此对于一个平面汇交力系，只能求解出两个未知量。

例 2-2 如图 2-8(a) 所示的支架由杆 AB、BC 组成，A、B、C 处均为圆柱销铰链，在铰链 B 上悬挂一重物（$G = 5kN$），杆件自重不计，试求杆件 AB、BC 所受的力。

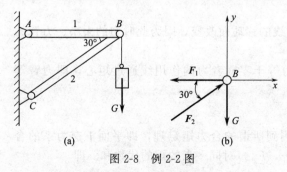

(a)   (b)

图 2-8 例 2-2 图

解 （1）受力分析 由于杆件 AB、BC 的自重不计，且杆两端均为铰链约束，故均为二力杆件，杆件两端受力必沿杆件的轴线。根据作用与反作用关系，两杆的 B 端对于销 B 有反作用力 F_1、F_2，销 B 同时受重物重力 G 的作用。

（2）确定研究对象 以销 B 为研究对象，取分离体画受力图[见图 2-8(b)]。

（3）建立坐标系，列平衡方程求解

$$\sum F_y = 0 \qquad F_2 \sin 30° - G = 0$$
$$F_2 = 2G = 10 \text{kN}$$
$$\sum F_x = 0 \qquad -F_1 + F_2 \cos 30° = 0$$
$$F_1 = F_2 \cos 30° = 8.66 \text{KN}$$

即：AB 杆所受的力为拉力，$F_1 = 8.66 \text{kN}$；BC 杆所受的力为压力，$F_1 = 10 \text{kN}$

第二节　力矩和平面力偶系

本节讨论力对物体作用产生转动效果的度量——力矩和平面力偶系的简化与平衡。

一、力矩

1. 力对点的矩的概念

实践经验表明，力作用在刚体上时不仅可以使刚体移动，而且还可以使刚体转动。转动效应可用力对点的矩来度量。

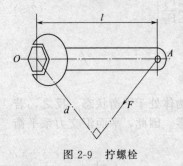

图 2-9　拧螺栓

人们用扳手拧螺栓时，使螺栓产生转动效应，如图 2-9 所示。由经验可知，加在扳手上的力离螺栓中心越远，拧动螺栓就越省力；反之则越费力。这就是说，作用在扳手上的力 F 使扳手绕支点 O 的转动效应不仅与力的大小 F 成正比，而且与支点 O 到力的作用线的垂直距离 d 成正比。因此，规定 F 与 d 的乘积作为力 F 使物体绕支点 O 转动效应的量度，称为力 F 对 O 点的矩（简称力矩），用符号 $M_O(F)$ 表示。

$$M_O(F) = \pm Fd \qquad (2-7)$$

O 点称为矩心。力 F 的作用线到矩心 O 的垂直距离 d 称为力臂。力 F 使扳手绕矩心 O 有两种不同的转向，产生两种不同的作用效果——或者拧紧，或者松开。通常规定逆时针转向的力矩为正，顺时针转向的力矩为负。力矩的单位在国际单位制中用牛顿·米（N·m）或千牛·米（kN·m）表示。

综上所述，平面内的力对点的矩可定义为力对点的矩是一个代数量，它的绝对值等于力的大小与力臂的乘积。力使物体绕矩心沿逆时针转动时为正，反之为负。

2. 力矩的性质

（1）力对点的矩不仅与力的大小有关，而且与矩心的位置有关。同一个力，因矩心的位置不同，其力矩的大小和正负都可能不同。

（2）力对点的矩不因力的作用点沿其作用线的移动而改变，因为此时力的大小、力臂的长短和绕矩心的转向都未改变。

（3）力对点的矩在下列情况下等于零：力等于零或者力的作用线通过矩心，即力臂等于零。

3. 合力矩定理

在计算力系的合力对某点 O 的矩时，常用到所谓的合力矩定理，即平面汇交力系的合力 F_R 对某点 O 的矩等于各分力（F_1、F_2、…、F_n）对同一点的矩的代数和。即

$$M_O(F_R) = M_O(F_1) + M_O(F_2) + \cdots + M_O(F_n) = SM_O(F_i)$$

$$M_O(F_R) = \sum_{i}^{n} M_O(F_i) \tag{2-8}$$

式（2-8）即为合力矩定理：力系合力对所在平面内任意点的矩等于力系中各力对同一点之矩的代数和。合力矩定理建立了合力对点的矩与分力对同一点的矩的关系。该定理也可运用于有合力的其他力系。

由此可知，求平面力对某点的力矩，一般采用以下两种方法。

（1）用力和力臂的乘积求力矩 这种方法的关键是确定力臂 d。需要注意的是，力臂 d 是矩心到力作用线的垂直距离，即力臂一定要垂直力的作用线。

（2）用合力矩定理求力矩 工程实际中，当力臂 d 的几何关系较复杂，不易确定时，可将作用力正交分解为两个分力，然后应用合力矩定理求原力对矩心的力矩。

例 2-3 大小为 $F = 150N$ 的力按图 2-10（a）、（b）和（c）三种情况作用在扳手的一端，试分别求三种情况下力 F 对 O 点的矩。

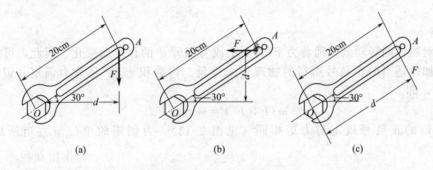

图 2-10 例 2-3 图

解 由式（2-7）分别计算三种情况下力 F 对 O 点的矩如下：

(a) $M_O(F) = -Fd = -150 \times 0.20 \times \cos 30° = -25.98 \text{N} \cdot \text{m}$

(b) $M_O(F) = Fd = 150 \times 0.20 \times \sin 30° = 15 \text{N} \cdot \text{m}$

(c) $M_O(F) = -Fd = -150 \times 0.20 = -30 \text{N} \cdot \text{m}$

比较上述三种情形，同样大小的力，同一个作用点，力臂长者力矩大。显然，情形（c）的力矩最大，力 F 使扳手转动的效应也最大。

例 2-4 力 F 作用于托架上点 C（见图 2-11），试求出这个力对点 A 的矩。已知 $F = 50N$，方向如图所示。

解 本题若直接根据力矩的定义式求力 F 对 A 点的矩时，显然其力臂的计算很麻烦。但若利用合力矩定理求解却十分便捷。

取坐标系 Axy，力 F 作用点 C 的坐标是 $x = 10\text{cm} = 0.1\text{m}$，$y = 20\text{cm} = 0.2\text{m}$。力 F 在坐标轴上的分力为

$$F_x = 50 \times \frac{1}{\sqrt{1^2 + 3^2}} \text{N} = 5\sqrt{10} \text{N}$$

$$F_y = 50 \times \frac{3}{\sqrt{1^2 + 3^2}} \text{N} = 15\sqrt{10} \text{N}$$

由合力矩定理求得

$$M_A(F) = M_A(F_x) + M_A(F_y)$$

$$= 0.1 \times 15\sqrt{10} \text{N} \cdot \text{m} - 0.2 \times 5\sqrt{10} \text{N} \cdot \text{m} = 1.58 \text{N} \cdot \text{m}$$

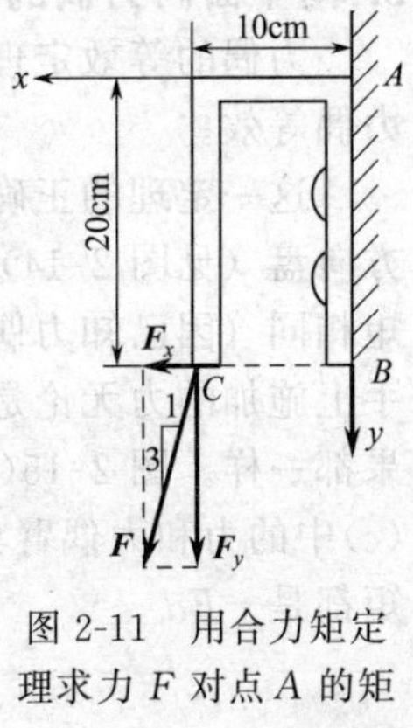

图 2-11 用合力矩定理求力 F 对点 A 的矩

19

二、平面力偶系的简化与平衡

1. 力偶

　　在实际生活和生产实践中，人们总是用两个手指旋转钥匙开门，用两个手指拧水龙头放水和关水；汽车司机用双手转动方向盘驾驶汽车［见图 2-12(a)］；钳工用两只手转动丝锥铰柄在工件上攻螺纹［见图 2-12(b)］。显然，这是在钥匙、水龙头、丝锥铰柄和方向盘等物体上，作用了一对等值反向的平行力，它们使物体产生了转动效应。这种由大小相等、方向相反（非共线）的平行力组成的力系称为力偶，记作 $(F，F')$，如图 2-13 所示。力偶中两力之间的垂直距离称为力偶臂，一般用 d 或 h 表示，力偶所在的平面称为力偶的作用面。可见，力偶是一对特殊的力，力偶对物体作用仅产生转动效应。

　　力偶不能合成为一个力，也不能用一个力来等效替换，显然力偶也不能用一个力来平衡，而且力偶与力对物体产生的作用效果也不同。因此，力和力偶是力学中的两个基本量。

2. 力偶矩

　　力偶对物体的转动效应随着力 F 的大小或力偶臂 d 的长短而变化。因此，可以用二者的乘积并加以适当的正负号所得的物理量来度量。将乘积 $\pm Fd$ 称为力偶矩，记作 $m(F，F')$ 或 m，即

$$m(F，F') = m = \pm Fd \tag{2-9}$$

　　力偶矩的正负号规定与力矩相同（见图 2-13）。力偶矩的单位与力矩所用的单位一样。

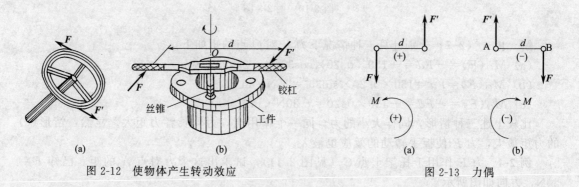

图 2-12　使物体产生转动效应　　　　　　　图 2-13　力偶

3. 同平面内力偶的等效定理及力偶的性质

　　力偶的等效定理：在同平面内的两个力偶，如果力偶矩的大小相等，转向相同，则两个力偶等效。

　　这一定理的正确性是我们在实践中所熟悉的。例如，在需汽车转弯时，司机用双手转动方向盘（见图 2-14），不管两手用力是 F_1、F'_1 或是 F_2、F'_2，只要力的大小不变，则力偶矩相同（因已知力偶臂不变），转动方向盘的效果就是一样的。又如在攻螺纹时，双手在扳手上施加的力无论是如图 2-15(a)所示，还是如图 2-15(b)或图 2-15(c)所示，转动扳手的效果都一样。图 2-15(b)中力偶臂只有图 2-15(a)中的一半，但力的大小增大为两倍；图 2-15(c)中的力和力偶臂与图 2-15(b)中一样，只是力的位置有所不同。在这三种情况中，力偶矩都是 $-Fd$。

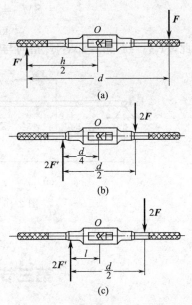

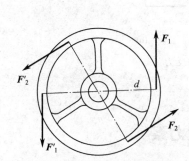

图 2-14　转动方向盘的力偶矩　　　　　图 2-15　转动扳手时的力偶矩

综上所述，可以得出如下性质。

（1）任一力偶可以在它的作用面内任意移动，而不改变它对刚体作用的外效应。或者说力偶对刚体的作用与力偶在其作用面内的位置无关。

（2）只要保持力偶矩的大小和力偶的转向不变，可以同时改变力偶中力的大小和力偶臂的长短，而不改变力偶对刚体的作用。

（3）力偶在任何轴上的投影恒等于零。

由此可见，力偶臂和力的大小都不是力偶的特征量，只有力偶矩才是力偶作用的唯一量度，今后常用如图 2-13 所示的带箭头的弧线来表示力偶及其转向，m 为力偶矩。

4. 平面力偶系的合成和平衡条件

（1）平面力偶系的合成　设在刚体某平面上有 n 个力偶（M_1、M_2、$\cdots$、M_n）的作用，现求其合成的结果。

可以证明，若在刚体上有 n 个力偶作用，则可以合成一个合力偶 M。合力偶矩为各分力偶矩的代数和。

$$M = M_1 + M_2 + \cdots + M_n = \sum M \tag{2-10}$$

（2）平面力偶系的平衡条件　设在刚体某平面上有 n 个力偶组成的平面力偶系作用，若该力偶系的合力偶矩不等于零（$M \neq 0$），则刚体处于转动状态，不平衡。不难理解，若该力偶系的合力偶矩等于零（$M = 0$）则处于平衡状态。由此可见，平面力偶系平衡的必要和充分条件是，所有各个力偶矩的代数和等于零，即

$$SM_i = 0 \tag{2-11}$$

例 2-5　如图 2-16 所示的水平梁 AB，长 $l = 5m$，受一顺时针转向的力偶作用，其力偶矩的大小 $M = 100KN \cdot m$。试求支座 A、B 的反力。

解　梁 AB 受一顺时针转向的主动力偶。在活动铰支座 B 处产生支反力 F_{RB}，其作用线沿铅垂方向，A 处为固定铰支座，产生支反力 F_{RA}，方向尚不确定。但是，根据力偶只能由力偶来平衡，所以 F_{RA} 和 F_{RB} 必组成一约束反力偶来与主动力偶平衡。因此，F_{RA} 的作用线也沿铅垂方向，它们的指向假设如图 2-16(b) 所示，列平衡方程为

$$SM_i = 0 \qquad 5F_{RB} - M = 0$$
$$F_{RB} = M/5 = 20\text{kN}$$

因此，$F_{RA} = F_{RB} = 20\text{kN}$，指向与实际相符。

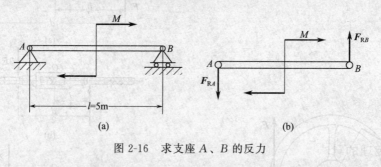

图 2-16　求支座 A、B 的反力

第三节　平面任意力系

　　平面任意力系是指各力的作用线在同一平面内且任意分布的力系。如图 2-17 所示的曲柄连杆机构，受有压力 F_P、力偶 M 以及约束反力 F_{Ax}、F_{Ay} 和 F_N 的作用，这些力构成了平面任意力系。又如起重机受力图（见图 2-18），也受到同一平面内任意力系的作用。有些物体所受的力并不在同一平面内，但只要所受的力对称于某一平面，就可以把这些力简化到对称面内，并作为对称面内的平面任意力系来处理。如图 2-19 所示，沿直线行驶的汽车，它所受到的重力 W、空气阻力 F 和地面对前后轮的约束力的合力 F_{RA}、F_{RB} 都可简化到汽车纵向对称平面内，组成一平面任意力系。由于平面任意力系（又称为平面一般力系）在工程中最为常见，而分析和解决平面任意力系问题的方法又具有普遍性，故在工程计算中占有极为重要的地位。

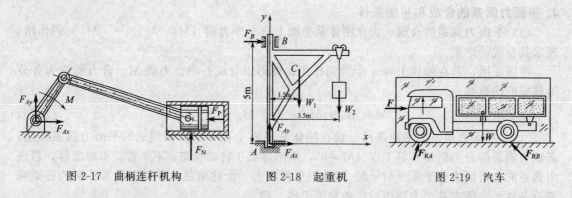

图 2-17　曲柄连杆机构　　　　图 2-18　起重机　　　　图 2-19　汽车

一、力的平移定理

　　在分析或求解力学问题时，有时需要将作用于物体上某些力的作用线，从其原位置平行移到另一新位置而不改变原力在原位置作用时物体的运动效应，为此需研究力的平移定理。

1. 平移定理

　　可以把原作用在刚体上点 A 的力 F 平行移到任一新的点 B，但必须同时附加一个力偶，这个附加力偶的力偶矩等于原来的力 F 对新点 B 的力矩。

[*] **2. 证明**

如图 2-20(a)所示，力 F 作用于刚体上 A 点。在刚体上任取一点 B，并在 B 点加上两个等值、反向的力 F' 和 F''，使它们与力 F 平行，且有 $F'=-F''=F$，如图 2-20(b)所示。显然，三个力 F、F'、F'' 组成的新力系与原来的力 F 等效。但是这三个力组成一个作用在 B 点的力 F' 和一个力偶（F，F''）。于是，原来作用在 A 点的力 F，现在被一个作用在 B 点的力 F' 和一个力偶（F，F''）等效替换。也就是说，可以把作用于点 A 的力 F 平移到 B 点，但必须同时附加一个相应的力偶，这个力偶称为附加力偶，如图 2-20(c)所示。显然，附加力偶的力偶矩为

$$m = Fd$$

3. 力的平移定理的意义

力的平移定理是力系向一点简化的理论依据，而且还可以用于分析和解决许多工程实际问题。如图 2-21 所示的厂房立柱，受到行车传来的力 F 的作用。可以看出，F 力的作用线偏离于立柱轴线，利用力的平移定理将 F 力平移到中心线 O 处，很容易分析出立柱在偏心力 F 的作用下要产生拉伸和弯曲两种变形。

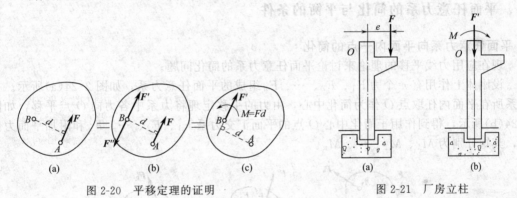

图 2-20　平移定理的证明　　　　　　　图 2-21　厂房立柱

二、固定端约束

固定端是工程中常见的又一种约束。例如，紧固在刀架上的车刀 [见图 2-22(a)]，工件被夹持在卡盘上 [见图 2-22(b)] 和埋入地面的电线杆 [见图 2-22(c)] 以及房屋阳台 [见图 2-22(d)] 等，都受到这种约束。这种约束称为固定端约束。这类物体连接方式的特点是连接处刚性很大。

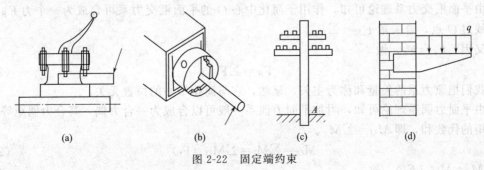

图 2-22　固定端约束

现以图 2-23 为例，说明固定端约束反力所共有的特点。

固定端既限制物体向任何方向移动，又限制向任何方向转动。如图 2-23(a)中 AB 杆的

A 端在墙内固定牢靠，在任意已知力或力偶的作用下，则使 A 端既有移动又有转动的趋势。故 A 端受到墙的杂乱分布的约束力系组成平面任意力系作用［见图 2-23(b)］。应用平面力系简化理论，将这一分布约束力系向固定端 A 点简化得到一个力 F_{RA} 和一个力偶 M_A。一般情况下，这个力的大小和方向均为未知量，可用两个正交的分力来代替。于是，在平面力系情况下，固定端 A 处的约束反力作用可简化为两个约束反力 F_{Ax}、F_{Ay} 和一个力偶矩为 M_A 的约束反力偶，如图 2-23(c)所示。

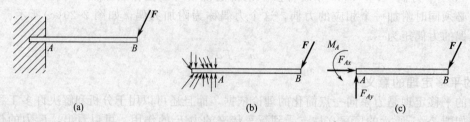

图 2-23　固定端的约束反力

三、平面任意力系的简化与平衡的条件

1. 平面任意力系向平面内一点的简化

现在应用力线平移的理论来讨论平面任意力系的简化问题。

设刚体上作用有 n 个力 F_1、F_2、$\cdots$、F_n 组成的平面任意力系，如图 2-24(a)所示。在力系所在平面内任取点 O 作为简化中心，由力的平移定理将力系中各力向 O 点平移，如图 2-24(b)所示，得到作用于简化中心 O 点的平面汇交力系 F_1'、F_2'、$\cdots$、F_n' 和附加平面力偶系，其矩分别为 M_1、M_2、$\cdots$、M_n。

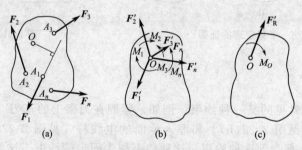

图 2-24　平面任意力系的简化

由平面汇交力系理论可知，作用于简化中心 O 的平面汇交力系可合成为一个力 F_R'，其作用线过 O 点，合矢量 $F_R' = \sum F_i'$。

又因　$F_i = F_i'$，做

$$F_R' = \sum F_i \qquad (2\text{-}12)$$

我们把原力系的矢量和称为主矢，显然，它与简化中心的位置无关。

由平面力偶系理论可知，附加平面力偶系一般可以合成为一合力偶，其合力偶矩等于各力偶矩的代数和，即 $M_O = \sum M_i$。

$$M_O = \sum M_i = \sum M_O (F_i) \qquad (2\text{-}13)$$

又因 $M_i = M_O (F_i)$，故

我们把力系中所有力对简化中心之矩的代数和称为力系对于简化中心的主矩。显然，当简化中心位置改变时，通常主矩也要随之改变。

综上所述可知，平面任意力系向作用面内任一点简化，一般可以得到一个力和一个力偶。这个力作用于简化中心，其大小、方向等于力系的主矢，并与简化中心的位置无关；这个力偶的力偶矩等于原力系对简化中心的主矩，其大小、转向与简化中心的位置有关，如图2-24(c)所示。

2. 平面任意力系简化的结果

有四种可能：

① 主矢等于零、主矩不等于零。

② 主矢不等于零、主矩等于零。

③ 主矢、主矩都不等于零。

④ 主矢、主矩都等于零。

3. 平面任意力系的简化与平衡的条件

不难理解，若物体受到平面任意力系的作用，唯有当平面任意力系简化的结果为第四种情况，主矢、主矩都等于零时物体才能处于平衡状态。即

$$\begin{cases} F'_R = \sum F_i = 0 \\ M_O = \sum M_i = 0 \end{cases} \tag{2-14}$$

四、平面任意力系的平衡方程

欲使 $F'_R = \sum F_i = 0$，$M_O = 0$，得到满足平面任意力系的平衡条件的方程式，则必须使 $F_R = 0$：

欲使 $F_R = 0$，必须使 $\sum F_x = 0$ 及 $\sum F_y = 0$，又由式（2-13）得知，欲使 $M_O = 0$，必有 $\sum M_O(F_i) = 0$，因此，得到满足平面任意力系的平衡条件的方程式为

$$\begin{cases} \sum F_x = 0 \\ \sum F_y = 0 \\ \sum M_O(F) = 0 \end{cases} \tag{2-15}$$

① 所有各力在 x 轴上的投影的代数和为零。

② 所有各力在 y 轴上的投影的代数和为零。

③ 所有各力对于平面内的任一点取矩的代数和等于零。

式（2-15）是平面任意力系平衡方程的基本方程。也可以写成其他的形式（略）。

由式（2-15）可以解出平面任意力系中的三个未知量。求解时，一般可按下列步骤进行。

① 确立研究对象，取分离体，作出受力图。

② 建立适当的坐标系。在建立坐标系时，应使坐标轴的方位尽量与较多的力（尤其是未知力）成平行或垂直，以使各力的投影计算简化。在列力矩式时，力矩中心应尽量选在未知力的交点上，以简化力矩的计算。

③ 列出平衡方程式，求解未知量。

五、平面任意力系平衡方程式的应用举例

例 2-6　起重机的水平梁 AB，A 端以铰链固定，B 端用拉杆 BC 拉住，如图 2-25(a)所示。梁重 $G_1 = 4\text{kN}$，载荷重 $G_2 = 10\text{kN}$。梁的尺寸如图示。试求拉杆的拉力和铰链 A 的约束反力。

解　取梁 AB 为研究对象。梁 AB 除受已知力 G_1 和 G_2 外，还受有未知的拉杆 BC 的拉

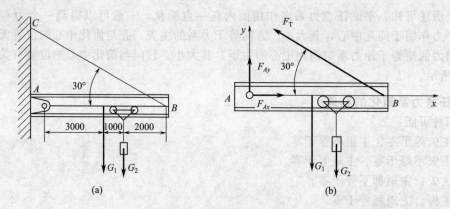

图 2-25　起重机水平梁

力 F_T。因 BC 为二力杆，故拉力 F_T 沿连线 BC。铰链 A 处有约束反力，因方向不确定，故分解为两个分力 F_{Ax} 和 F_{Ay}。

取坐标轴 Axy，如图 2-25(b) 所示，应用平衡方程的基本形式，即式（2-14），有

$$\sum F_x = 0 \quad F_{Ax} - F_T \cos 30° = 0 \tag{1}$$

$$\sum F_y = 0 \quad F_{Ay} + F_T \cdot \sin 30° - G_1 - G_2 = 0 \tag{2}$$

$$\sum M_A(F) = 0 \quad 6F_T \sin 30° - 3G_1 - 4G_2 = 0 \tag{3}$$

由式（3）可得 $F_T = 17.33\text{kN}$，把 F_T 值代入式（1）及式（2），可得 $F_{Ax} = 15.01\text{kN}$，$F_{Ay} = 5.33\text{kN}$。

*例 2-7　如图 2-26(a) 所示的 AB 杆，A 端为固定铰支座，B 端为活动铰支座，这种结构在工程上称为简支梁。若受力及几何尺寸如图所示，试求 A、B 端的约束力。

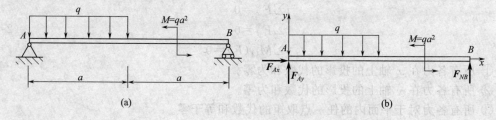

图 2-26　简支梁

解　（1）选梁 AB 为研究对象，作用在它上的主动力有：均布荷载 q（均布荷载即载荷集位是 kN/m 或 N/m，其合力可当作均质杆的重力处理，所以合力的大小等于载荷集度 $q \times$ 分布段长度，合力的作用点在分布段中点，力偶矩为 M；约束力为固定铰支座 A 端的 F_{Ax}、F_{Ay} 两个分力，滚动支座 B 端的铅垂向上的法向力 F_{NB}（方向先假设），受力图如图 2-26(b) 所示。

（2）建立合适坐标系 [见图 2-26(b)]。

（3）列平衡方程　$\sum M_A(F) = 0, \quad F_{NB} \times 2a + M - \dfrac{1}{2}qa^2 = 0 \tag{1}$

$$\sum F_x = 0, \quad F_{Ax} = 0 \tag{2}$$

$$\sum F_y = 0, \quad F_{Ay} + F_{NB} - qa = 0 \tag{3}$$

由式（1）～式（3）解得 A、B 端的约束力为

$$F_{NB} = -\frac{qa}{4}（负号说明原假设方向与实际方向相反）$$

$$F_{Ax} = 0$$

$$F_{Ax} = \frac{5qa}{4}$$

第四节　物体系统的平衡

前面我们讨论的都是单个物体的平衡问题。但工程实际中的机械和结构都是由若干个物体通过适当的约束方式组成的系统，力学上称为物体系统，简称物系。求解物系的平衡问题，往往是不仅需要求物系的外力，而且还要求系统内部各物体之间的相互作用的内力，这工程结构或机械都可抽象为由许多物体用一定方式连接起来的系统，称为物体系统。研究物体系统的平衡问题，不仅要求解整个系统所受的未知力，还需要求出系统内部物体之间的相互作用的未知力。我们把系统外的物体作用在系统上的力称为系统外力，把系统内部各部分之间的相互作用力称为系统内力。因为系统内部与外部是相对而言的，因此系统的内力和外力也是相对的，要根据所选择的研究对象来决定。

在求解静定的物体系统的平衡问题时，要根据具体问题的已知条件、待求未知量及系统结构的形式来恰当地选取两个（或多个）研究对象。一般情况下，可以先选取整体结构为研究对象；也可以先选取受力情况比较简单的某部分系统或某物体为研究对象，求出该部分或该物体所受到的未知量。然后再选取其他部分或整体结构为研究对象，直至求出所有需求的未知量。总原则是：使每一个平衡方程中未知量的数目尽量减少，最好是只含一个未知量，可避免求解联立方程。

例 2-8　如图 2-27(a)所示的 4 字形构架，它由 AB、CD 和 AC 杆用销钉连接而成，B 端插入地面，在 D 端有一铅垂向下的作用力 F。已知 $F = 10\text{kN}$、$l = 1\text{m}$，若各杆重不计，求地面的约束反力、AC 杆的内力及销钉 E 处相互作用的力。

解　这是一物体系统的平衡问题。先取整个构架为研究对象，分析并画整体受力图。在 D 端受有一铅垂向下的力 F，在固定端 B 处受有约束反力 F_{Bx} 及 F_{By} 和一个约束反力偶 M_B（画整体受力图时，A、C、E 处为系统内约束力，不必画出）。这样构架在 F、F_{Bx}、F_{By} 和 M_B 的作用下构成平面任意力系。由于处于平衡状态，故满足平衡方程。

取坐标系 Bxy，如图 2-27(a)所示。列平衡方程

$$SF_x = 0, \quad F_{Bx} = 0$$

$$SF_y = 0, \quad F_{BY} - F = 0, \quad F = 10\text{kN}$$

$$SM_B(F) = 0, \quad M_A - F \cdot l_{ED} = 0, \quad M_A = 10\text{kN} \cdot \text{m}$$

欲求系统的内力，就需要对所求内力的物体解除相互约束，选取恰当的部分作为研究对象，并在解除约束的地方画出所受约束力。这时，在整个系统中不画出的内力，在新的研究对象中就变成了必须画出的外力。本题需要求 AC 杆的内力及销钉 E 处相互作用的力，于是就在 C、E 处解除了杆件之间的相互约束。显然，可取 CD 杆为研究对象，在 CD 杆被解除 C、E 处的约束后，分别画出所受的约束力。因为 AC 杆为二力杆，故在 C 处所受的约束力 F_C 的方向是沿 AC 杆轴线并先假设为拉力；因为 E 处是用销钉连接的，故在 E 处所受的约束力方向不能确定，而用两个分力 F_{Ex}、F_{Ey} 表示，如图 2-27(b)所示。

取坐标系 Exy，列平衡方程，有

$$Sm_E(F) = 0, \quad -1P - 1F_C \sin45° = 0$$

$$F_C = -\sqrt{2}P = -14.14\text{kN}$$

$$SF_x = 0, \quad F_{Ex} + F_C \cdot \cos45° = 0$$

$$SF_y = 0, \quad F_{Ey} - P + F_C \sin45° = 0$$

$$F_{Ex} = -\frac{\sqrt{2}}{2}F_C = -\frac{\sqrt{2}}{2}(-14.14) = 10\text{kN}$$

$F_C = -14.14\text{kN}$，说明在 CD 杆的 C 处，受到 AC 杆约束反力的实际指向与假设相反，因而 AC 杆的内力是压力。而在 CD 杆的 E 处，通过销钉受到 AB 杆的约束反力，F_{Ex}、F_{Ey} 都与实际一致。

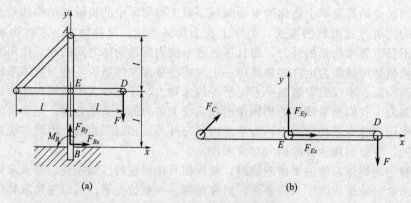

(a)　　　　　　　　　　　　(b)

图 2-27　4 字形构架

第五节　滑动摩擦简介

前几节讨论物体的平衡问题时，把物体的接触表面都看作是绝对光滑的，忽略了物体间的摩擦。这是因为摩擦力对所研究的问题影响很小。但是在许多工程技术问题中，摩擦是一个不容忽视的因素。本节将讨论滑动摩擦的规律以及考虑摩擦时物体的平衡问题。

一、滑动摩擦力

两个相互接触的物体，如果有相对滑动或相对滑动的趋势，在接触面间就产生彼此阻碍滑动的力，这种阻力称为滑动摩擦力，简称摩擦力。如图 2-28 所示的摩擦实验，设重为 F_G 的物体 M 放在一固定的水平台面上 [见图 2-28(a)]，这时物体只受重力 F_G 和法向反力 F_N 的作用处于平衡，如图 2-28(b)所示。现在给物体一个水平拉力 F_p [见图 2-28(c)]，其大小可由弹簧秤读出。

当拉力 F_p 不够大时，物体仅有相对滑动的趋势但并不滑动。这表明台面对物体除 F_p、法向反力 F_N 作用外，还有一个与 F_p 力相反（即沿接触面切向）的阻力 F_f。这种在两个接触面之间有相对滑动趋势时所产生的摩擦力称为静摩擦力。若适当增加拉力 F_p，物体仍可保持相对静止而不滑动[见图 2-28(d)]。因此，静摩擦力 F_f 是随主动力 F_p 的增大而增大的。

进一步的实验表明，静摩擦力并不随主动力的增大而无限制地增大。当拉力 F_p 增大到一定数值时，物体就要开始滑动。物体处于将要滑动而未滑动的临界状态时，静摩擦力达到

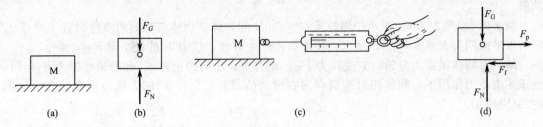

图 2-28　滑动摩擦力

最大值，称为最大静摩擦力，以 F_{fmax} 表示。

大量实验表明，最大静摩擦力的方向与相对滑动趋势方向相反，大小与两物体间的正压力 F_N（即法向反力）的大小成正比，即

$$F_{fmax} = fF_N \tag{2-16}$$

式中，比例系数常称为静滑动摩擦因数，简称静摩擦因数。它的大小与两接触物体的材料以及表面状况有关。由实验测定的钢、铸铁的摩擦因数可参考如表 2-1 所示的数值。

表 2-1　钢铁材料的滑动摩擦因数

材料名称	静摩擦因数 f		动摩擦因数 f'	
	无润滑剂	有润滑剂	无润滑剂	有润滑剂
钢-钢	0.15	0.1～0.12	0.15	0.05～0.10
钢-铸铁	0.30	0.1～0.12	0.18	0.05～0.15

继续上述实验，当静摩擦力已达最大值 F_{fmax} 时，若拉力再增大，物体就要向右滑动，这时存在于接触面之间的摩擦力就是动摩擦力，用 F' 表示。大量实验表明，动摩擦力 F' 的大小也与接触面正压力 F_N 的大小成正比，即

$$F' = f'F_N \tag{2-17}$$

式中，比例系数 f' 称为动滑动摩擦因数，其值也可由实验测定，数值可参考表 2-1。

综上讨论可知，在考虑摩擦时，首先要分清物体处于静止、临界和滑动三种情况中哪一种，然后选用相应的方法来计算摩擦力。

综上所述，滑动摩擦力分以下三种情况。

① 物体相对静止时（只有相对滑动趋势），根据其具体平衡条件计算。

② 物体处于临界平衡状态时（只有相对滑动趋势），$F_s = F_{fmax} = f_s F_N$。

③ 物体有相对滑动时，$F = F_d = f_d F_N$。

在机器中，往往用降低接触表面的粗糙度或加入润滑剂等方法，使动摩擦因数降低，以减小摩擦和磨损。

二、考虑滑动摩擦的平衡问题

考虑具有摩擦时的物体或物系的平衡问题，在解题步骤上与前面讨论的平衡问题基本相同，也是用平衡方程来解决，只是在受力分析中必须考虑摩擦力的存在。

这里要严格区分物体是处于一般的平衡状态还是临界的平衡状态。在一般平衡状态下，摩擦力 F_f 由平衡条件确定。大小应满足 $F_f \leqslant F_{max}$ 的条件，方向与相对滑动趋势的方向相反。

工程中最常遇到是临界平衡状态计算，本书仅讨论临界平衡状态时的平衡计算。此时摩擦力为最大值 F_{fmax}，应该满足 $F = F_{fmax}$ 的关系式。故要补充方程 $F_{fmax} = f_s F_N$ 进行

求解。

例 2-9 如图 2-29(a)所示用绳拉重 $G=500N$ 的物体，物体与地面的摩擦因数 $f_s=0.2$，绳与水平面间的夹角 $\alpha=30°$，试求：要使物体产生滑动，拉力 F 的最小值 F_{Tmin}。

解 对物体做受力分析，它受拉力 F_T、重力 G、法向约束力 F_N 和滑动摩擦力 F_f 作用，由于在主动力作用下，物体相对地面有向右滑动的趋势，所以 F_f 的方向应向左，受力如图 2-29(b)所示。

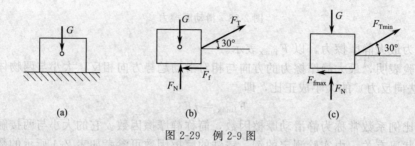

图 2-29 例 2-9 图

要求拉动此物体所需的最小拉力 F_{Tmin}，则考虑物体处于将要滑动但未滑动的临界状态，这时的滑动摩擦力达到最大值。受力分析和前面类似，只需将 F_f 改为 F_{fmax} 即可。受力图如图 2-29(c)所示。列出平衡方程

$$\sum F_x=0, \quad F_{Tmin}\cos\alpha - F_{fmax}=0 \tag{1}$$
$$\sum F_y=0, \quad F_{Tmin}\sin\alpha - G + F_N=0 \tag{2}$$
$$F_{fmax}=f_s F_N \tag{3}$$

联立求解得

$$F_{Tmin}=\frac{f_s G}{\cos\alpha + f_s \sin\alpha}=\frac{0.2\times500}{\cos30°+0.2\sin30°}N=103N$$

*例 2-10 如图 2-30(a)为小型起重机的制动器。已知制动器摩擦块 C 与滑轮表面间的滑动摩擦系数为 f_s，作用在滑轮上力偶的力偶矩为 M，A 和 O 分别是铰链支座和轴承。滑轮半径为 r，求制动滑轮所必需的最小力 F_{min}。

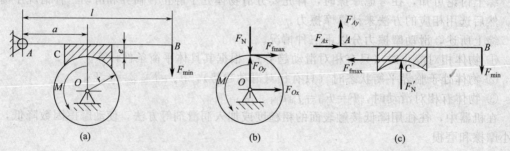

图 2-30 例 2-10 图

解 当滑轮刚刚能停止转动时，F 力的值最小，而制动块与滑轮之间的滑动摩擦力将达到最大值。以滑轮为研究对象。受力分析后计有法向反力 F_N、外力偶 M、摩擦力 F_{fmax} 及轴承 O 处的约束反力 F_{Ox}、F_{Oy}，受力图如图 2-30(b)所示。列出一个力矩平衡方程

$$\sum M_B(F)=0, \quad M - F_{fmax}r=0 \tag{1}$$

由此解得

$$F_{Fmax}=M/r$$

又因为

$$F_{fmax}=f_s F_N$$

故

$$F_N=M/(f_s r)$$

再以制动杆 AB 和摩擦块 C 为研究对象，画出受力图 ［见图 2-30(c)］，列力矩平衡方程

$$\sum M_A(F)=0,\; F'_N a - F'_{Fmax} e - F_{min} l = 0 \tag{2}$$

由于

$$F'_{Fmax} = f_s F'_N \text{ 和 } F_N = F'_N \tag{3}$$

联立求解可得

$$F_{min} = \frac{M(a-f_s e)}{f_s rl}$$

*三、摩擦角的概念和自锁现象

当物体受外力作用而产生相对滑动趋势时，如果我们将物体所受到的法向反力 F_N 与静摩擦力 F_f，合成为一力 F_{Rf}，如图 2-31(a)所示，则力 F_{Rf} 称为全约束反力。

当静摩擦力达到最大值，即 $F_{fmax} = f_s F_N$ 时，此时 F_{fmax} 与 F_N 之间的夹角 φ 达到最大值 φ_m。φ_m 称为摩擦角。如图 2-31(b)所示。

它与静摩擦系数的关系是

$$\tan\varphi_m = \frac{F_{fmax}}{F_N} = \frac{f_s F_N}{F_N} = f_s \tag{2-18}$$

式 (2-18) 表示摩擦角的正切等于静摩擦系数。故摩擦角也是反映物体间摩擦性质的物理量。

摩擦角的概念在工程中具有广泛应用。如果主动力的合力 F_R［见图 2-31(c)］的作用线在摩擦角内，则不论 F_R 的数值为多大，物体总处于平衡状态，这种现象在工程上称为"自锁"。

$$\theta \leqslant \varphi_m \tag{2-19}$$

式中，θ 为合力 F_R 的作用线与法线之间的夹角。

当 $\theta < \varphi_m$ 时，物体处于平衡状态，也就是"自锁"；当 $\theta > \varphi_m$ 时，物体不平衡。工程上经常利用这一原理，设计一些机构和夹具，使它自动卡住；或设计一些机构，保证其不卡住。

应用摩擦角的概念可以来测定静摩擦系数。如图 2-32 所示，物块放在一倾角可以改变的斜面上，当物块平衡时，全约束反力 F_R 应铅垂向上与物块的重力 W 相平衡。此时 F_R 与斜面法线之间的夹角 θ 等于斜面的倾角 θ。如果改变斜角 θ，直至物块处于将动未动的临界状态，此时量出的 θ 角就是物块与斜面间的摩擦角的最大值 φ_m。这样就可按式（2-18）算出静摩擦系数。该装置可用来测定织物的静摩擦系数。

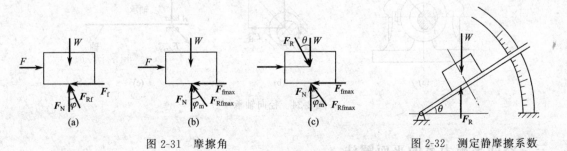

图 2-31　摩擦角　　　　　　　　　　　　　　图 2-32　测定静摩擦系数

*第六节　空间平衡力系

一、空间力系的概念

在工程中，经常遇到物体受空间力系的作用。根据力系中各力作用线的关系，空间力系又有各种形式：各力的作用线汇交于一点的力系称为空间汇交力系，如图 2-33(a)中作用于节点 D 上的力系；各力的作用线彼此平行的力系称为空间平行力系，如图 2-33(b)所示的三轮起重机所受的力系；各力的作用线在空间任意分布的力系称为空间任意力系（亦称空间一般力系），如图 2-33(c)所示的轮轴所受的力系。

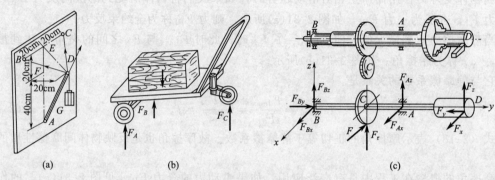

图 2-33　空间力系

一般来说，空间力系较复杂。本书只介绍应用前面已学过的平面平衡方程求解空间任意力系平衡的方法。

二、径向轴承（向心轴承）

轴承约束是工程中常用的支撑形式，图 2-34(a)即为径向轴承约束的示意图。轴可以在孔内任意转动，也可以沿孔的中心线移动；但是，轴承阻碍着轴沿径向向外的位移。忽略摩擦力，当轴和轴承在某点 A 光滑接触时，轴承对轴的约束反力 F_A 作用在接触点 A 上，且沿公法线指向轴心，如图 2-34(b)、(c)所示。可见，径向轴承约束反力为 F_{Ax}、F_{Ay}；若为角接触球轴承，则尚有沿轴 z 方向的推力 F_{Az}（图中未画出）。

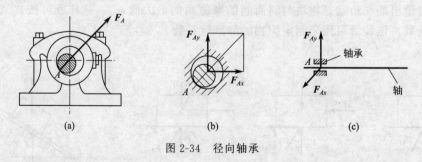

图 2-34　径向轴承

三、空间平衡力系的平面解法

空间平衡力系的平面解法的步骤如下。

① 确定研究对象，画受力图并选取坐标轴。

② 将所有外力（包括主动力和约束力）投影在 Oxz 平面内，按平面力系的平衡问题进行计算。

③ 将所有外力投影在 Oxy 平面内，按平面力系的平衡问题进行计算。

④ 将所有外力投影在 Oyz 平面内，按平面力系的平衡问题进行计算。

现举例说明将空间任意力系的平衡问题转化为平面问题的具体解法。

例 2-11　如图 2-35(a)所示，已知在齿轮轴右端端面上传递的力偶矩 $M=20\text{N}\cdot\text{m}$，齿轮的压力角 $\alpha=20°$，齿轮与齿轮轴的各部分尺寸为：$r=80\text{mm}$，$a=300\text{mm}$，$b=250\text{mm}$，$c=60\text{mm}$。试求齿轮轴在平衡时齿轮受到的力 F 和轴承 A、B 的约束力。

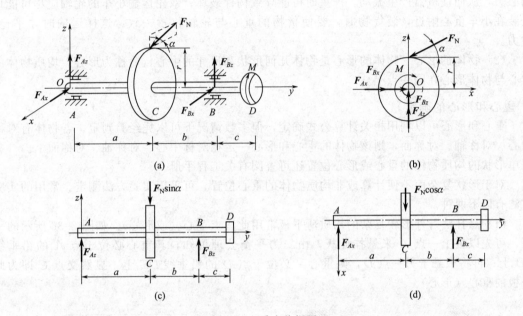

图 2-35　受力分析图

解　取齿轮为研究对象，画受力图如图 2-35(a)所示，选直角坐标系 $Oxyz$，将齿轮轴所受外力投影到坐标平面 Oxz 上，如图 2-35(b)所示，得一平面任意力系，列平衡方程

$$\sum M_A(F)=0 \quad F_N r\cos\alpha - M = 0$$

解上述方程，得

$$F_N = \frac{M}{r\cos\alpha} = \frac{20}{80\times10^{-3}\times\cos20°}\text{N} = 266.04\text{N}$$

平衡方程

$$\sum M_A(F)=0 \quad F_{Bz}\,(a+b)\,-aF_N\sin\alpha = 0$$
$$\sum F_z = 0 \quad F_{Az} - F_N\sin\alpha + F_{Bz} = 0$$

解上述方程，得轴承 A、B 的约束力沿轴 x 方向的分量为

$$F_{Bz} = \frac{aF_N\sin\alpha}{a+b} = \frac{300\times10^{-3}\times266.04\times\sin20°}{(300+250)\times10^{-3}}\text{N} = 49.63\text{N}$$

$$F_{Az} = F_N\sin\alpha - F_{Bz} = (266.04\times\sin20° - 49.63)\text{N} = 41.36\text{N}$$

四、物体的重心和形心

1. 物体重心和形心的概念

（1）物体的重心　物体的重力是指地球对物体的吸引力。重力作用线总是通过一个确定的点，这个点称为物体的重心。重心在工程实际中有着重要的意义，它与物体的平衡和稳定性有关。

如起重机、飞机和汽车等，它们的重心都必须在一个确定的范围内，否则就会失去平衡或失去稳定性；机器中的转动零部件的重心若不位于其轴线上（偏心），则在转动时会产生离心力，从而使机器产生振动，严重时可能导致构件破坏；双轮运输小车的轮轴应尽可能地安装在小车重心附近，装货物时，要使货物的重心与轮轴位置一致，这样运输时才平稳、省力。

（2）物体的形心　物体的形心是物体几何形状和尺寸的中心，简称为形心。均质物体的重心与物体形心在同一点上。

2. 重心和形心的确定

重心和形心可以利用相关计算公式确定，但多数情况下可以凭经验判定。若物体有对称中心、对称轴、对称面，则该物体的重心和形心一定在对称中心、对称轴、对称面上。一些简单形状的均质物体的重心或形心位置还可查阅有关工程手册。

对于形状复杂而不便计算或非均质物体的重心位置，可采用实验方法测定。常用的实验方法有以下两种。

（1）悬挂法　外形较复杂的均质薄平板常用此法求重心（或形心）。如图 2-36 所示的平板，可先以板上一点 A 来悬挂此板，由二力平衡公理可知，其重心必位于点 A 的铅垂线 AB 上；再将板悬于另一点 D，则重心又必位于点 D 的铅垂线 DE 上。显然交点 C 即为此平板的重心（形心）。

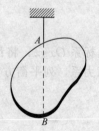
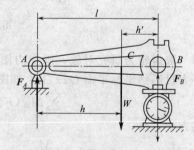

图 2-36　悬挂法　　　　　　　　　　　图 2-37　称重法

（2）称重法　欲确定如图 2-37 所示形状较复杂的连杆重心，可用称重法。

先用磅秤称出物体的重量 W，然后将物体的一端支于固定点 A，另一端支于秤上，量出两支点间的水平距离 l，并读出磅秤上的读数 F_B。由于力 W 和 F_B 对 A 点力矩的代数和应等于零，因此物体的重心 C 至 A 支点的水平距离为

$$x_C = (F_B/W)l \tag{2-20}$$

再如图 2-38(a) 所示的外形复杂的小汽车，为确定汽车的重心，可分别按图示用磅秤称得 F_1、F_2 和 F_3 大小，先用地磅秤称得小卧车重为 G、轴距 l_1、轮距 l_2、后轮抬高高度 h。则汽车重心 C 距后轮、右轮的距离 a、b 和高度 c，可由下列的平衡方程求出。

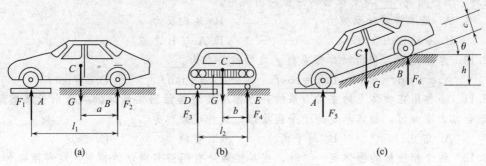

图 2-38 小汽车的重心

$$\sum M_B = 0 \quad a = \frac{F_1}{G}l_1$$

$$\sum M_E = 0 \quad b = \frac{F_3}{G}l_2$$

$$\sum M_l = 0 - F_5 l_1 \cos\theta + G\cos \cdot a + G\sin\theta \cdot c = 0$$

$$c\frac{1}{G}(F_5 l_1 - Ga)\ \cot\theta = \frac{1}{Gh}(F_5 l_1 - Ga)\ \sqrt{l_1^2 - h^2}$$

 **复习题**

2.1 在力系中所有力的作用线既不汇交于一点也不全部相互平行，则该力系称为____。

    A. 平衡力系　　　　B. 等效力系　　　　C. 平行力系　　　　D. 一般力系

2.2 ____是平面一般力系简化的基础。

    A. 二力平衡公理　　　　　　　　B. 力的可传性定理

    C. 作用和反作用公理　　　　　　D. 力的平移定理

2.3 作用在刚体上的力可以等效地向任意点平移，但需附加一力偶，其力偶矩的数值等于原力大小乘上力平移点的距离。这是____。

    A. 力的等效定理　　　　　　　　B. 力的可传性定理

    C. 附加力偶矩定理　　　　　　　D. 力的平移定理

2.4 一般情况下，固定端的约束反力可用____来表示。

    A. 一对相互垂直的力　　　　　　B. 一个力偶

    C. A+B　　　　　　　　　　　　D. 都不对

2.5 平面一般力系有____个独立的平衡方程，可解____个未知量。

    A. 3/3　　　　　B. 3/2　　　　　C. 2/2　　　　　D. 2/3

2.6 在力系中所有力的作用线均相互平行，则该力系称为____。

    A. 平衡力系　　　　B. 等效力系　　　　C. 平行力系　　　　D. 一般力系

2.7 平面平行力系有____个独立的平衡方程，可解____个未知量。

    A. 3/3　　　　　B. 3/2　　　　　C. 2/2　　　　　D. 2/3

2.8 两个相接触的物体有____时，在其接触处有阻碍其滑动的作用，这种阻碍作用称为静滑动摩擦力。

    A. 相对滑动　　　　B. 滑动趋势　　　　C. A和B　　　　D. A或B

2.9　摩擦角是____与支撑面的法线间的夹角。

　　A. 最本静滑动摩擦力　　　　　　　　B. 法向反力

　　C. A 与 B 的合力　　　　　　　　　　D. A 与 B 之差

2.10　摩擦角 φ 与静滑动摩擦系数 f 之间的关系为____。

　　A. $\varphi = \sin f$　　　B. $\varphi = \cos f$　　　C. $\varphi = \tan f$　　　D. $\varphi = \cot f$

2.11　当作用在物体上的主动力系的合力作用线与接触面法线间的夹角小于摩擦角时，不论该合力大小如何，物体总是处于平衡状态，这种现象称为____。

　　A. 静止　　　　　B. 超平衡　　　　　C. 自锁　　　　　D. 静定

2.12　两个相接触的物体有____时，在其接触处有阻碍其滑动的作用，这种阻碍作用称为动滑动摩擦力。

　　A. 相对滑动　　　B. 滑动趋势　　　C. A 和 B　　　　D. A 或 B

2.13　动滑动摩擦力的大小总是与法向反力成____，方向与物体滑动方向____。

　　A. 正比/相同　　　B. 反比/相同　　　C. 正比/相反　　　D. 反比/相反

习题

2-1　试求题 2-1 图中所示各力在直角坐标轴上的投影。

2-2　如题 2-2 图所示，化工厂起吊反应器时，为了不致破坏栏杆，施加水平力 F，使反应器与栏杆相离开。已知此时牵引绳与铅垂线的夹角 30°，反应器重量 G 为 30kN。试求水平力 F 的大小和绳子的拉力 F_T。

2-3　如题 2-3 图所示，重为 G 的球体放在倾角为 30°的光滑斜面上，并用绳 AB 系住，AB 与斜面平行，试求绳 AB 的拉力 F，及球体对斜面的压力 F_N。

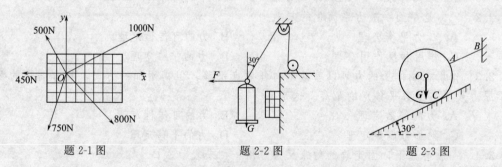

题 2-1 图　　　　　　　　　题 2-2 图　　　　　　　　　题 2-3 图

2-4　如题 2-4 图所示，起重机架可借绕过滑轮 B 的绳索将重 $G = 20$kN 的物体吊起，滑轮用不计自重的杆 AB 和支座 C 支撑。不计滑轮的尺寸及其中的摩擦，当物体处于平衡状态时，试求拉杆 AB 和支杆 BC 所受的力。

2-5　如题 2-5 图所示，混凝土弯管的重量为 2000N，弯管的重心在 G 点。求为了支撑弯管，绳索 BC 和 BD 的拉力。

2-6　如题 2-6 图所示为一拔桩装置。在木桩的点 A 上系一绳，将绳的另一端固定在点 C，在绳的点 B 系另一绳 BE，将它的另一端固定在点 E。然后在绳的点 D 用力向下拉，并使绳的 BD 段水平，AB 段铅直；DE 段与水平线，CB 段与铅直线间成夹角 $\alpha = 0.1$ 弧度（当 α 很小时，$\tan\alpha \approx \alpha$）。向下拉力 $F = 800$N，求绳 AB 作用于桩上的拉力。

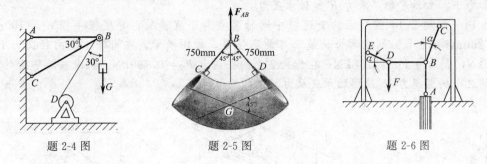

题 2-4 图　　　　　　题 2-5 图　　　　　　题 2-6 图

2-7　试求如题 2-7 图所示各力对 B 点之矩。

2-8　如题 2-8 图所示，用手拔钉子拔不出来。为什么用钉锤就能较省力地拔出来呢？如果在柄上加力为 50N，问拔钉子的力有多大？

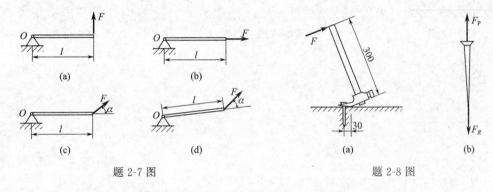

题 2-7 图　　　　　　　　　　题 2-8 图

2-9　如题 2-9 图所示的水平梁，已知载荷集度 $q=2\text{kN/m}$，力偶矩 $M=5\text{kN}\cdot\text{m}$，$AB$ 长 $l=4\text{m}$，求固定端 A 的约束反力。

2-10　一管道支架 ABC 如题 2-10 图所示，A、B、C 处均为理想的圆柱形铰链约束。已知该支架承受的两管道的重量均为 $G=4.5\text{kN}$，尺寸如图示。试求管架中 A 处的约束反力 BC 所受的力。

2-11　如题 2-11 图所示起重机包括三部分，重量分别为 $W_1=14000\text{N}$，$W_2=3600\text{N}$，$W_3=6000\text{N}$，重心分别在 G_1、G_2、G_3 点。忽略起重机臂的重量，试求：(a)如果以恒定的速度提升重量为 3200N 求每个车轮的反力；(b)求起重机臂保持在图示的位置而不发生倾覆可以提升的最大载荷。

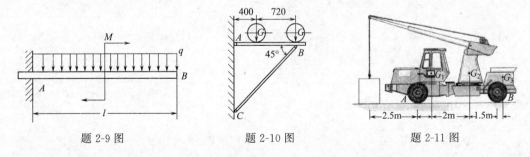

题 2-9 图　　　　　　题 2-10 图　　　　　　题 2-11 图

2-12　如题 2-12 图所示，梯子 AB 重为 $G=200\text{N}$，靠在光滑墙上，已知梯子与地面间的摩擦因数为 $f=0.25$，今有重为 $G=650\text{N}$ 的人沿梯子向上爬，试问人达到最高点 A，而梯子保持平衡的最小角度 α 应多少？

2-13　如题 2-13 图所示的水平轴上装有两个凸轮，凸轮上分别作用有已知力 $P=800\text{N}$

和未知力 F。如轴平衡，求力 F 和轴承反力。

2-14 如题 2-14 图所示的变速箱中间轴装有两个直齿轮，分度圆半径 $r_1=100\text{mm}$，$r_2=72\text{mm}$，啮合点分别在两齿轮最低与最高位置，如图所示。在齿轮 1 上的径向力 $F_1=0.575\text{kN}$，圆周力 $P_1=1.58\text{kN}$；在齿轮 2 上的径向力 $F_2=0.799\text{kN}$。试求当轴平衡时作用于齿轮 2 上的圆周力 P_2 及两轴承支反力。

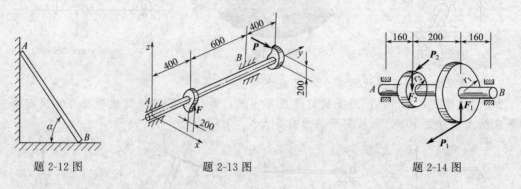

题 2-12 图   题 2-13 图   题 2-14 图

第 三 章

轴向拉伸与压缩

　　从本章（第三章）起至第七章是工程力学研究的另一领域——材料力学。为了研究方便起见，在此先将材料力学概貌以引言形式介绍如下。

　　在前面的静力学研究中，主要是研究力对物体作用的外效应。我们把物体假设成不变形的刚体，并对其进行了外力分析（画受力图）和计算，搞清了作用在物体上所有外力的大小和方向。但在这些外力作用下，构件是否破坏、是否产生大于允许的变形，以及能否保持原有的平衡状态等问题，则需要利用材料力学的理论来解决。本篇我们将进行材料力学的研究。

1. 材料力学的研究对象

　　（1）变形（固）体　机器和工程结构都由构件组成，亦即构件是组成机器和工程结构的最小单元。构件一般是用固体材料制成，当机器或工程结构工作时，构件受到力的作用。任何构件受力后其形状和尺寸都会改变，并在力增加到一定程度时发生破坏。材料力学正是进一步研究构件的变形、破坏与作用在构件上的外力之间的关系。这里，变形是一个重要的研究内容，因此我们在材料力学所研究的问题中，必须把构件如实地看成是"变形固体"，简称为变形体。也正因为如此，"刚体"这一理想模型在材料力学中已不再适用。

　　（2）变形（固）体的两种变形　变形体的变形可分为两种：一种是除去外力后自行消失的变形，称为弹性变形；另一种是除去外力后不能消失的变形，称为塑性变形或永久性变形。例如，将一根弹簧拉长，当拉力不太大时，将拉力除去，弹簧可恢复到原有长度；但若拉力过大，则拉力除去后，弹簧的长度就不能完全恢复到原有长度，这时弹簧就产生了塑性变形。

　　为便于理论分析和简化计算，在材料力学中对变形固体做了一些假设。例如小变形假设：即认为构件受力后所产生的变形与构件的原始尺寸相比小得多。例如，如材力引言图1所示的尺寸和角度的变形量很小，根据小变形的假设，在进行平衡计算时不必考虑这种小变形的影响，仍然用原尺寸和角度。

2. 材料力学的任务

　　构件受力后，为确保能安全正常地工作，构件须满足以下要求。

　　（1）有足够的强度　保证构件在外力作用下不发生破坏。这就要求构件在外力作用下具有一定的抵抗破坏的能力，称为构件的强度。

　　（2）有一定的刚度　保证构件在外力作用下不产生影响其工作的变形。构件抵抗变形的能力即为构件所具有的刚度。

　　（3）有足够的稳定性　有的构件，如某些细长构件在压力达到一定数值时，会失去原有形态的平衡而丧失工作能力，这种现象称为构件丧失了稳定。因此，对这一类构件还要考虑具有一定的维持原有形态平衡的能力，这种能力称为稳定性。

综上所述，为了确保构件正常工作，一般必须满足三方面要求，即构件应具有足够的强度、刚度和稳定性。

在构件设计中，除了上述要求外，还需要满足经济要求。构件的安全与经济即是材料力学要解决的一对主要矛盾。

由上可见，材料力学的任务是：在保证构件既安全又经济的前提下，为构件选择合适的材料，确定合理的截面和尺寸，提供必要的计算方法和实验技术。

3. 材料力学主要研究构件中的杆件问题

生产实践中遇到的构件有各种不同的形状，按构件的几何形状可分为杆、板和壳等。当构件的长度远大于横截面尺寸时，这类构件称为杆件（或简称为杆），如材力引言图 1 所示。

杆的各横截面形心的连线，称为杆的轴线。轴线为直线的杆，称为直杆［见材力引言图 2(a)］。轴线为曲线的杆，称为曲杆［见材力引言图 2(b)］。垂直于杆轴线的截面，称为杆的横截面。根据杆的各横截面相等或不相等分别称为等直杆［见材力引言图 2(a)］和变截面杆［见材力引言图 2(b)］。

4. 杆件变形的基本形式

杆件在外力作用下，将发生各种各样的变形，但基本变形有以下四种形式。

(1) 轴向拉伸及轴向压缩［见材力引言图 3(a)、图 3(b)］。

(2) 剪切［见材力引言图 3(c)］。

(3) 扭转［见材力引言图 3(d)］。

(4) 弯曲［见材力引言图 3(e)］。

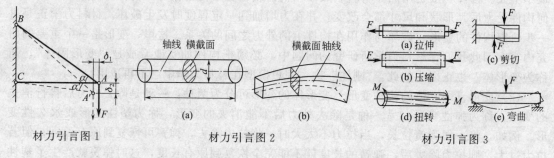

材力引言图 1　　　　　材力引言图 2　　　　　材力引言图 3

说明：从第三章起，为了研究方便起见，力不再用黑体（如 **F**）表达，而改用白体（如 F）。

第一节　轴向拉伸与压缩的概念与实例

工程实际中，经常遇到因外力作用而产生拉伸或压缩变形的杆件。例如，简易起重机（见图 3-1）起吊重物 G 时，钢丝绳受拉力，斜杆 AB、水平杆 BC 受拉力或压力；又如，内燃机的连杆在燃气爆炸冲程中受压（见图 3-2）；再如，紧固的螺栓受拉、千斤顶的螺杆在顶起重物时受到压缩等。这些受拉或受压杆件的结构形式各有差异，加载方式也并不相同，但若将这些杆件的形状和受力情况进行简化，都可得到如图 3-3 所示的受力简图。图中用实线表示受力前杆件的外形，双点画线表示受力变形后的形状。拉伸或压缩杆件的受力特点是：作用在杆件上的外力合力作用线与杆的轴线重合。杆件的变形特点是：杆件产生沿轴线方向的伸长或缩短。这种变形形式称为轴向拉伸［见图 3-3(a)］或轴向压缩［见图 3-3 (b)］，简称为拉伸或压缩。

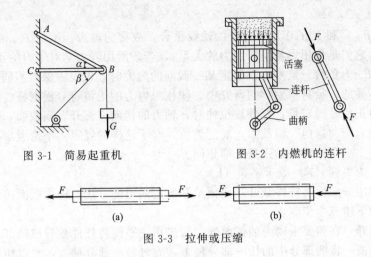

图 3-1　简易起重机　　　　图 3-2　内燃机的连杆

图 3-3　拉伸或压缩

第二节　轴向拉伸或压缩时横截面上的内力

一、构件内力的概念

物体在未受外力作用时，内部各质点之间就已有相互作用的内部力，正因为这种内力的作用，使得各质点之间保持一定的相对位置，物体保持一定的形状和尺寸。当物体受到外力作用后，伴随着物体的变形，其内部各质点之间的相互位置就将发生改变。这时，物体的内力也有变化，即在原有的内力基础上又增添了新的内力，这种由于外力作用后引起的内力改变量（附加内力），称为内力。内力的分析计算是解决杆件的强度和刚度等问题的基础。

二、截面法、轴力

如图 3-4(a) 所示，在杆的两端沿轴线方向受到一对拉力 F 的作用，使杆件产生拉伸变形。为了求得拉杆的任一横截面 m—m 上的内力，可假想将此杆沿该横截面"截开"，分为左、右两部分，将其内力"暴露"出来。由于对变形固体做了连续性假设，所以杆件左、右两段在横截面 m—m 上相互作用的内力是一个分布力系 [见图 3-4(b)、(c)]，其合力为 F_N。在图中用 F_N（F_N'）表示被移去的右（左）段对留下的左（右）段的作用。由于原来的直杆处于平衡状态，所以截开后的各段仍然保持平衡，即作用于横截面 m—m 上的内力的合力（简称内力）应与外力平衡。因此，可根据静力学平衡条件算出横截面 m—m 上的内力。

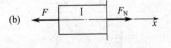

如果考虑左段杆 [见图 3-4(b)]，由该部分的平衡方程 $\sum F = 0$，可得

$$F_N - F = 0$$

即

$$F_N = F$$

如果考虑右段杆 [见图 3-4(c)]，则可由该部分的平衡方程 $\sum F = 0$，得到

$$F - F_N' = 0$$

即

$$F_N' = F$$

由此可见，不论考虑横截面的左侧还是右侧部分，得到的

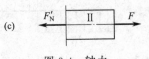

图 3-4　轴力

结果都是一致的。

由于 F_N（F'_N）和 F 的作用线与杆的轴线重合，故称为轴力。不过 F_N 和 F'_N 的符号却是相反的（因为它们是作用力与反作用力的关系），若还沿用静力学对于力的正负号的规定，则 F_N 为正号，F'_N 为负号。显然，在确定某一截面的内力时，仅仅因保留不同的侧面而出现符号的矛盾是不妥的。径材料力学的研究中，往往对内力的正负符号根据杆件变形情况做了人为规定。轴力正负号规定是：杆件被拉伸时，轴力的指向"离开"横截面，规定为正；杆件被压缩时，轴力则"指向"横截面，规定为负。有了这样的规定，不论考虑横截面的哪一侧，同一个截面上求得的轴力的正负号都相同。

轴力的单位为牛顿（N）或千牛顿（kN）。

这种假想地用一截面将杆件截开从而揭示和确定内力的方法，称为截面法。

截面法包括下述三个步骤。

（1）假想截开 在需要求内力的截面处，假想用一平面将杆件截开成两部分。

（2）保留代换 将两部分中的任一部分留下，而将另一部分移去，并以作用在截面上的内力代替移去部分对留下部分的作用。

（3）平衡求解 对留下部分写出静力学平衡方程，即可确定作用在截面上的内力大小和方向。

由以上的讨论可知，用截面法求任一横截面上的内力，实质上与前面用平衡方程求杆件未知约束力的方法是一致的，只不过此处的约束力是内力。

三、轴力图

下面利用截面法分析较为复杂的拉（压）杆的内力。如图 3-5(a) 所示的杆，由于在截面 C 处有外力，因而 AC 段和 CB 段的轴力将不相同，为此应分段分析。

利用截面法，沿 AC 段的任一截面 1—1 将杆切开成两部分，取左段来研究，其受力图如图 3-5(b) 所示，有平衡方程

$$\sum F_x = 0, \quad F_{N1} + 2F = 0$$
$$F_{N1} = -2F$$

结果为负值，表示所设 F_{N1} 的方向与实际受力方向相反，即为压力。

沿 CB 段的任一截面 2—2 将杆截开成两部分，取右段研究，其受力图如图 3-5(c) 所示，

由平衡方程 $\sum F_x = 0, \quad F - F_{N2} = 0$

得 $F_{N2} = F$

结果为正，表示假设 F_{N2} 为拉力是正确的。

由上例分析可见，杆件在受力较为复杂的情况下，各横截面的轴力是不同的。为了更直观、更形象地表示轴力沿杆轴线的变化情况，常采用图线法。作图时以沿杆轴线方向的坐标 z 表示横截面的位置，以垂直于杆轴线的坐标 F_N 表示轴力，这样，轴力沿杆轴的变化情况即可用图线表示，这种图称为轴力图。从该图上即可确定最大轴力的数值及所在截面的位置。习惯上将正值的轴力画在上侧，负值的轴力画在下侧。

上例的轴力图如图 3-5(d) 所示。由图可见，绝对值最大的轴力在 AC 段内，其值为

$$|F_N|_{max} = 2F$$

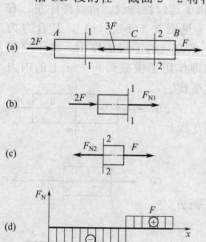

图 3-5 杆的受力分析

由此例可看出，在利用截面法求某截面的轴力或画轴力图时，我们总是在切开的截面上设出的轴力 F_N，称为设正法，然后由 $\sum F_x = 0$ 求出轴力 F_N。如 F_N 得正号说明轴力是正的（拉力），如得负号则说明轴力是负的（压力）。计算各段杆的横截面轴力时，采用设正法不易出现符号上的混淆。

第三节　轴向拉伸（压缩）时横截面上的应力

一、应力的概念

应用截面法仅能求得横截面上分布内力的合力，如拉（压）时，求出轴力 F_N 以后，还不能判断杆件会不会被拉断或被压坏，也就是说还不能断定杆件的强度是否满足要求。因为，对于用同一材料制成的杆件，如果轴力 F_N 虽大，但杆件横截面面积较大，则不一定破坏；反之，如果轴力 F_N 虽不很大，但若杆件很细（即横截面面积很小），也有可能被破坏。这是因为两杆横截面上内力的分布集度并不相同。因此，在研究拉（压）杆的强度问题时，应该同时考虑轴力 F_N 和横截面面积 A 两个因素，这就需要引入应力的概念。

所谓应力就是指作用在截面上各点的内力值，或者简单地说，单位面积上的内力称为应力。应力的大小反映了内力在截面上的集聚程度。应力的基本单位为牛顿/米^2（N/m^2），又称为帕斯卡（简称帕，代号 Pa）。在实际应用中，Pa 这个单位太小，往往取 10^6Pa（即 MPa）；有时也可用 10^9Pa（即 1GPa）表示。

二、拉（压）杆截面上的应力

为了确定杆件拉（压）变形时内力在横截面上的分布，现取一等截面直杆，在其表面画许多与轴线平行的纵线和与轴线垂直的横线［见图 3-6(a)］，在两端施加一对轴向拉力 F 之后，我们发现，所有纵线的伸长都相等，而横线保持为直线，并仍与纵线垂直［图 3-6(b)］。据此现象，如果把杆设想为无数纵向纤维组成，根据各纤维的伸长都相同，可知它们所受的力也相等［图 3-6(c)］。于是，我们可作出如下假设：直杆在轴

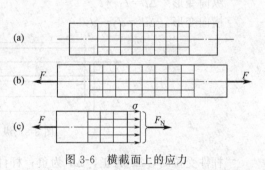

图 3-6　横截面上的应力

向拉（压）时横截面仍保持为平面，通常称为平面假设根据这个"平面假设"可知，内力在横截面上是均匀分布的，若杆轴力为 F_N，横截面面积为 A，则单位面积上的内力为

$$\sigma = F_N/A \tag{3-1}$$

这就是横截面上的应力计算式。

这就是横截面上的应力计算式。

由于轴力是垂直于横截面的，故应力 σ 也必垂直于横截面，这种垂直于横截面的应力称为正应力。其正负号的规定和轴力的符号一样，拉伸正应力为正号，而压缩正应力为负号。

例 3-1　阶梯形钢杆受力如图 3-7(a)所示。已知，$F_1 = 20$kN，$F_2 = 30$kN，$F_3 = 10$kN，AC 段横截面面积为 400mm^2，CD 段横截面面积为 200mm^2。试绘制杆的轴力图，并求各段杆横截面上的应力。

解　（1）绘制轴力图，如图 3-7(b)所示。

（2）计算应力　由于杆件为阶梯形，各段横截面尺寸不同，且从轴力图中又知杆件各段

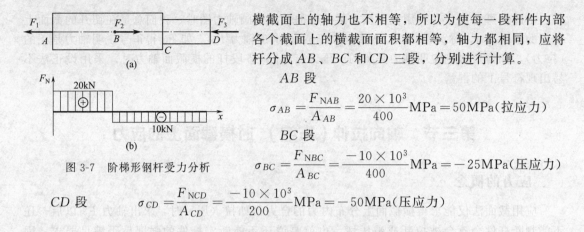

图 3-7　阶梯形钢杆受力分析

横截面上的轴力也不相等，所以为使每一段杆件内部各个截面上的横截面面积都相等，轴力都相同，应将杆分成 AB、BC 和 CD 三段，分别进行计算。

AB 段

$$\sigma_{AB} = \frac{F_{NAB}}{A_{AB}} = \frac{20 \times 10^3}{400} \text{MPa} = 50 \text{MPa（拉应力）}$$

BC 段

$$\sigma_{BC} = \frac{F_{NBC}}{A_{BC}} = \frac{-10 \times 10^3}{400} \text{MPa} = -25 \text{MPa（压应力）}$$

CD 段　　　$$\sigma_{CD} = \frac{F_{NCD}}{A_{CD}} = \frac{-10 \times 10^3}{200} \text{MPa} = -50 \text{MPa（压应力）}$$

第四节　轴向拉伸或压缩时的应变

一、变形和应变的概念

杆件在轴向拉伸和压缩时，所产生的变形是沿轴向伸长或缩短的。与此同时，杆的横截面各尺寸还会有缩小或增大。前者称为纵向变形，后者称为横向变形。这两种变形都是绝对变形。

设杆的原长为 l，直径为 d，受到拉伸后长度为 l_1，直径为 d_1，如图 3-8 所示。则绝对变形为

纵向变形　$\Delta l = l_1 - l$

横向变形　$\Delta d = d_1 - d$

图 3-8　纵向变形与横向变形

杆件受拉时，Δl 为正，Δd 为负；杆件受压时，Δl 为负，Δd 为正。绝对变形的单位是 mm。在相等的轴向拉（压）力作用下，杆件的原始长度不同，其绝对变形的数值也不一样，因此绝对变形不能确切地反映杆件的变形程度。为此需引入相对变形的概念。即将 Δl 除以杆件的原长 l，以消除原始长度的影响，这样得到沿纵向的单位长度上的变形量，即

$$\varepsilon = \frac{\Delta l}{l} \tag{3-2}$$

ε 称为纵向线应变（简称应变），它是一个无量纲的量。

同样，沿横向也有相应的单位长度上的变形量，即

横向应变　　　　　　　　$$\varepsilon' = \frac{\Delta d}{d} \tag{3-3}$$

ε 和 ε' 的符号有正负之分。

二、胡克定律

实验研究表明，在轴向拉伸（压缩）时，当杆件横截面上的正应力不超过某一限度时，杆件的绝对伸长（缩短）Δl 与轴力 F_N 及杆长 l 成正比，而与横截面面积 A 成反比，即

$$\Delta l \propto \frac{F_N l}{EA} \tag{3-4}$$

式（3-4）称为胡克定律。比例常数 E 称为材料的弹性模量。对同一种材料而言，E 为常数。弹性模量具有和应力相同的单位，常用 GPa 表示。E 是表征材料弹性的常数，可由实验测定。

如钢的 $E \approx 210\mathrm{GPa}$，各种材料的弹性模量 E 值可查机械手册。

分母 EA 为杆件的抗拉（压）刚度，它表示杆件抵抗拉伸（或压缩）变形能力的大小。

若将式（3-1）和式（3-2）代入式（3-4），可得

$$\sigma = E\varepsilon \tag{3-5}$$

这是胡克定律的另一种形式。因此，胡克定律又可简述为：若应力不超过某一限度时，应力与应变成正比。

例 3-2 M12 的螺栓（见图 3-9），内径 $d_1 = 10.1\mathrm{mm}$，拧紧时在计算长度 $l = 80\mathrm{mm}$ 上产生的总伸长为 $\Delta l = 0.03\mathrm{mm}$。钢的弹性模量 $E = 210 \times 10^9 \mathrm{N/m^2}$ 试计算螺栓内的应力和螺栓的预紧力。

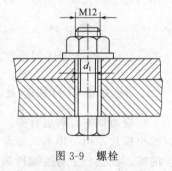

图 3-9 螺栓

解 拧紧后螺栓的应变为

$$\varepsilon = \frac{\Delta l}{l} = \frac{0.03}{80} = 0.00375$$

由胡克定律求出螺栓的拉应力为

$$\sigma = E\varepsilon = 210 \times 10^9 \times 0.000375 \mathrm{N/m^2} = 78.8 \times 10^6 \mathrm{N/m^2}$$

螺栓的预紧力为

$$F = \sigma A = 78.8 \times 10^6 \times \frac{\pi}{4} \times (10.1 \times 10^{-3})^2 \mathrm{kN} = 6.3\mathrm{kN}$$

以上问题求解时，也可先由胡克定律的另一表达式求出预紧力（$\Delta l = \dfrac{F_N l}{EA}$），然后再由 F 计算应力 σ。

第五节 应力集中

一、应力集中现象

由上面计算可知，等截面直杆受轴向拉伸和压缩时，横截面上的应力是均匀分布的。但是工程上由于实际的需要，常在一些构件上钻孔、开槽以及制成阶梯形等，以致截面的形状和尺寸突然发生了较大的改变。由实验和理论研究表明，构件在截面突变处的应力不再是均匀分布的。如图 3-10(a)所示开有圆孔的直杆受到轴向拉伸时，在圆孔附近的局部区域内，应力的数值剧烈增加，而在稍远的地方，应力迅速降低而趋于均匀。又如图 3-10(b)所示具有明显粗细过渡的圆截面拉杆，在靠近粗细过渡处应力很大，在粗细过渡的横截面上，其应力分布如图 3-10(b)所示。

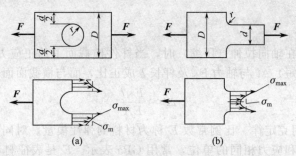

图 3-10　截面形状发生变化时的应力

在力学上，把物体上由于几何形状的局部变化，而引起该局部应力明显增高的现象，称为应力集中。

二、理论应力集中系数

设发生应力集中的截面上的最大应力为 σ_{max}，同一截面上的平均应力为 σ_m，则比值 k 称为理论应力集中系数，即

$$k = \frac{\sigma_{max}}{\sigma_m}$$

$$(3-6)$$

k 是一个大于 1 的系数，它反映了应力集中的程度。

三、应力集中的利弊及其应用

应力集中有利也有弊。例如在生活中，若想打开金属易拉罐装饮料，只需用手拉住罐顶的小拉片，稍一用力，随着"砰"的一声，易拉罐便被打开了，这便是"应力集中"在帮你的忙。注意一下易拉罐顶部，可以看到在小拉片周围，有一小圈细长卵形的刻痕，正是这一圈刻痕，使得我们在打开易拉罐时，轻轻一拉便在刻痕处产生了很大的应力（产生了应力集中）。如果没有这一圈刻痕，要打开易拉罐就不容易了。

现在许多食品都用塑料袋包装，在这些塑料袋离封口不远处的边上，常会看到一个三角形的缺口或一条很短的切缝，在这些缺口和切缝处撕塑料袋时，因在缺口和切缝的根部会产生很大的应力，因此稍一用力就可以把塑料袋沿缺口或切缝撕开。

再介绍应力集中有弊的方面。在生产中，圆轴是我们几乎处处能见到的一种构件，如汽车的变速箱里便有许多根轴。一根轴通常在某一段较粗，在某一段较细，若在粗细段的过渡处有明显的台阶，如图 3-11(a) 所示，则在台阶的根部会产生比较大的应力集中，根部越尖锐，应力集中系数愈大，轴的强度越低。

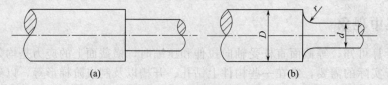

图 3-11　圆轴应力

在轴的设计时，为避免几何形状的突然变化，应尽可能做到光滑、逐渐过渡。所以在轴的粗、细过渡台阶处，常做成光滑的圆弧过渡，如图 3-11(b) 所示，这样可明显降低应力集中系数，提高轴的使用寿命。再如构件中若有开孔，可对孔边进行加强（例如增加孔边的厚

度），开孔、开槽尽可能做到对称等，都可以有效地降低应力集中。但由于材料中的缺陷（夹杂、微裂纹等）不可避免，应力集中也总是存在，对构件进行定时检测或跟踪检测，特别是对构件中应力集中的部位进行检测，对发现的裂纹部位进行及时加强修理，消灭隐患于未然，在工程中十分重要。

总之，应力集中是一把双刃剑，利用它可以为我们的生活、生产带来方便；避免它或降低它，可使我们制造的构件、用具为我们服务的时间更长。扬应力集中之"善"，抑应力集中之"恶"，是我们不懈的追求。

第六节　材料在拉伸或压缩时的力学性质

为了进行构件的强度计算，必须了解材料的机械性质。所谓材料的机械性质就是材料在受力过程中，在强度和变形方面所表现出的特性，也称为力学性质。机械性质是通过试验得出的，这里主要介绍材料在常温（就是指室温）、静载（就是指加载速度缓慢平稳）情况下的拉伸和压缩试验所获得机械性质。

一、拉伸时材料的机械性质

拉伸试验一般是在万能试验机上进行的。试验时采用标准件，如图 3-12(a)所示。通常将圆截面标准件的工作长度（也称标距）l 与其截面直径 d 的比例规定为 $l=5d$（短试件）或 $l=10d$（长试件）。

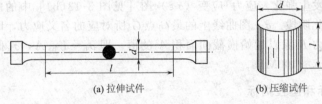

(a) 拉伸试件　　　　　　　　(b) 压缩试件

图 3-12　标准件

1. 低碳钢拉伸试验

（1）低碳钢拉伸试验的拉伸曲线图和应力—应变曲线　低碳钢是指含碳量在 0.3% 以下的碳素结构钢。这类钢材在工程中使用较广，同时在拉伸试验中表现出的力学性能也最为典型。

低碳钢试件在拉伸试验过程中，标距范围内的伸长 Δl 与试件抗力（常称为"荷载"）之间的关系曲线如图 3-13(a)所示，该图习惯上称为拉伸图。

拉伸图的横坐标和纵坐标均与试件的几何尺寸有关，用同一材料做成的尺寸不同的试件，由拉伸试验所得到的拉伸图存在着量的差别。若将拉伸图的纵坐标为了消除试件尺寸的影响，把拉力 F 除以试件横截面原始面积 A，得 $\sigma=F/A$；同时，把伸长量 Δl 除以标距的原始长度 l，得 $\varepsilon=\dfrac{\Delta l}{l}$，称此时的 σ 为名义正应力，ε 为名义线应变。经这种变换后，以 σ 为纵坐标，ε 为横坐标的曲线称为应力-应变图或 $\sigma\varepsilon$ 曲线［见图 3-13(b)］。

（2）低碳钢拉伸过程　根据应力应变图表示的试验结果，低碳钢拉伸过程可分成如下三个阶段。

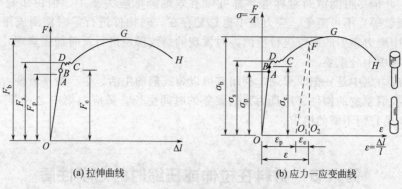

(a) 拉伸曲线　　　　　　　　　(b) 应力—应变曲线

图 3-13　拉伸图，应力与应变图

① 弹性阶段 OB　在这一阶段如果卸去荷载，变形即随之消失。也就是说，在荷载作用下所产生的变形是弹性的。弹性阶段对应的最高应力称为弹性极限，以 σ_e 表示。精密的量测表明，低碳钢在弹性阶段内工作时，只有当应力不超过另一个称为比例极限的 σ_p 值时，应力与应变才呈线性关系〔如图 3-13(b)中的斜直线 OA〕，即材料才服从胡克定律。

② 屈服阶段 DC　应力超过弹性极限后，材料便开始产生不能消除的永久变形（塑性变形），随后在应力—应变图线上便呈现一条大体水平的锯齿形线段 DC，即应力几乎保持不变而应变却大量增长，它标志着材料暂时失去了对变形的抵抗能力，这种现象称为屈服。材料在屈服阶段所产生的变形为不能消失的塑性变形。对应的应力称为屈服极限，以 σ_s 表示。$\sigma_s = F_s/A$。Q235 钢的屈服极限 $\sigma_e \approx 235\text{MPa}$。

③ 强化阶段 CG　在试件内的晶粒滑移终了时，屈服现象便告终止，试件恢复了继续抵抗变形的能力，即发生强化。应力-应变（σ-ε）图〔见图 3-13(b)〕中的曲线线段 CG 所显示的便是材料的强化阶段。σ-ε 图曲线上的最高点 G 所对应的名义应力，即试件在拉伸过程中所产生的最大抗力 F 除以初始横截面面积 A 的值，即 $\sigma_b = F_b/A$，σ_b 称为材料的强度极限。对于 Q235 钢 $\sigma_b \approx 400\text{MPa}$。

2. 主要的强度指标和塑性指标

(1) 主要的强度指标　低碳钢重要的强度指标是屈服极限 σ_s 和强度极限 σ_b。

(2) 主要的塑性指标　为了比较全面地衡量材料的力学性能，除了强度指标，还需要知道材料在拉断前产生塑性变形（永久变形）的能力。

工程上常用的塑性指标有断后伸长率 δ 和断面收缩率 ψ。这里仅介绍 δ。

设标准试件的标距原长为 l，试件拉断后标距拉长为 l_1，则有

$$\delta = \frac{l_1 - l}{l} \times 100\% \tag{3-7}$$

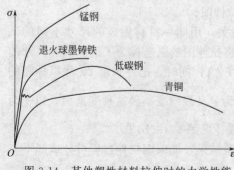

图 3-14　其他塑性材料拉伸时的力学性能

将 δ 称为延伸率。试件的塑性变形越大，δ 也就越大。因此，延伸率是衡量材料塑性的指标。Q235 钢的延伸率约为 26%。

工程材料按延伸率分成两大类：$\delta \geqslant 5\%$ 的材料为塑性材料，如碳钢、黄铜、铝合金等；$\delta < 5\%$ 的材料称为脆性材料，如灰铸铁、陶瓷等。

3. 其他塑性材料拉伸时的力学性能

如图 3-14 所示是锰钢、镍钢和青铜拉伸试验的 σ-ε 曲线。这些材料的最大特点是，在弹性阶段

后，没有明显的屈服阶段，而是由直线部分直接过渡到曲线部分。延伸率 $\delta > 5\%$。

4. 灰铸铁拉伸时的力学性能

灰铸铁是典型的脆性材料，其 $\sigma\text{-}\varepsilon$ 曲线是一段微弯曲线，如图 3-15(a) 所示，没有明显的直线部分，没有屈服和颈缩现象，拉断前的应变很小，延伸率也很小。强度极限 σ_b 是其唯一的强度指标。铸铁等脆性材料的抗拉强度很低，所以不宜作为受拉零件的材料。

在低应力下铸铁可看作近似服从胡克定律。通常取 $\sigma\text{-}\varepsilon$ 曲线的割线代替这段曲线〔如图 3-15(a) 中的虚线所示〕，并以割线的斜率作为弹性模量。

灰铸铁的延伸率 $\delta < 0.1\%$，故是典型的脆性材料。

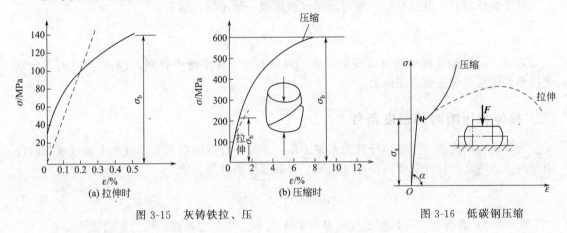

图 3-15　灰铸铁拉、压　　　　　　　　　图 3-16　低碳钢压缩

二、材料在压缩时的力学性能

1. 低碳钢压缩

低碳钢压缩时的 $\sigma\text{-}\varepsilon$ 曲线如图 3-16 所示。试验表明：低碳钢压缩时的弹性模量 E 和屈服极限 σ_s 都与拉伸时大致相同。应力超过屈服阶段以后，试件越压越扁，呈鼓形，横截面面积不断增大，试件抗压能力也继续增高。因而得不到压缩时的强度极限。因此，低碳钢的力学性能一般由拉伸试验确定，通常不必进行压缩试验。

2. 铸铁压缩

如图 3-15(b) 所示的是铸铁压缩时的 $\sigma\text{-}\varepsilon$ 曲线。试件仍然在较小的变形下突然破坏，破坏断面的法线与轴线大致成 $45° \sim 55°$ 的倾角。铸铁的抗压强度极限比它的抗拉强度极限高 $4 \sim 5$ 倍。因此，铸铁广泛用于机床床身、机座等受压零部件。

第七节　拉伸和压缩的强度计算

前一节比例极限 σ_p、屈服点 σ_s 和抗拉强度 σ_b 分别是材料处于弹性比例变形时和塑性变形、断裂前能承受的最大应力，称为极限应力。不同材料的极限应力值可从有关手册中获得（详见后续章节）。

一、许用应力

零件由于变形和破坏而失去正常工作的能力，称为失效。零件在失效前，允许材料承受的最大应力称为许用应力，常用 $[\sigma]$ 表示。为了确保零件的安全可靠，需有一定的强度储备，为此用极限应力除以一个大于 1 的系数（安全系数）所得商作为材料的许用应力 $[\sigma]$。

对于塑性材料，当应力达到屈服点时，零件将发生显著的塑性变形而失效。考虑到其拉压时的屈服点相同，故拉、压许用应力同为 $[\sigma]$，有

$$[\sigma] = \frac{\sigma_s}{n_s} \tag{3-8}$$

式中，n_s 是塑性材料的屈服安全系数。

对于脆性材料，其拉伸与压缩时的强度极限值一般不同，故有

$$[\sigma_1] = \frac{\sigma_{bl}}{n_b} \qquad [\sigma_y] = \frac{\sigma_{by}}{n_b}$$

式中，n_b 是脆性材料的断裂安全系数，可从有关工程手册中查到；$[\sigma_1]$ 和 $[\sigma_y]$ 分别是拉伸许用应力和压缩许用应力。

二、拉伸和压缩时的强度条件

为保证轴向拉伸（压缩）杆件的正常工作，必须使杆件的最大工作应力不超过材料的许用拉应力。因此，杆件受轴向拉伸（压缩）时的强度条件为

$$\sigma_{max} = \frac{F_N}{A} \leqslant [\sigma] \tag{3-9}$$

式（3-9）称为拉（压）杆的强度条件。A 为 σ_{max} 所在的截面，称为危险截面。

利用强度条件，可以解决下列三种强度计算问题。

（1）校核强度　已知杆件的尺寸、所受载荷和材料的许用应力，根据式（3-9）校核杆件是否满足强度条件。

（2）设计截面　已知杆件所承受的载荷及材料的许用应力，由式（3-9）确定杆件所需的最小横截面面积。

（3）确定承载能力　已知杆件的横截面尺寸及材料的许用应力，由式（3-9）确定杆件所能承受的最大轴力，然后由轴力即可求出结构的许用载荷。

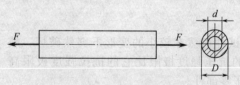

图 3-17　空心圆截面杆

例 3-3　如图 3-17 所示的空心圆截面杆，外径 $D = 20\text{mm}$，内径 $d = 15\text{mm}$，承受轴向载荷 $F = 20\text{kN}$ 的作用，材料的屈服应力 $\sigma_s = 235\text{MPa}$，安全因数 $n = 1.5$。试校杆件的强度。

解　杆件横截面上的正应力为

$$\sigma = \frac{4F}{\pi(D^2 - d^2)} = \frac{4 \times 20 \times 10^3}{\pi \times [20^2 - 15^2]}\text{MPa} = 145\text{MPa}$$

根据式（3-8）可知，材料的许用应力为

$$[\sigma] = \frac{\sigma_s}{n} = \frac{235\text{MPa}}{1.5} = 156\text{MPa}$$

可见，工作应力小于许用应力，说明杆件能够安全工作。

*例 3-4　如图 3-18 所示杆 $ABCD$，$F_1 = 10\text{kN}$，$F_2 = 18\text{kN}$，$F_3 = 20\text{kN}$，$F_4 = 12\text{kN}$，AB 和 CD 段横截面积 $A_1 = 10\text{cm}^2$，BC 段横截面积 $A_2 = 6\text{cm}^2$，许用应力 $[\sigma] = 15\text{MPa}$，校核该杆强度。

解　（1）计算内力

$$F_{N1} = F_1 = 10\text{kN}$$

$$F_{N_2} = F_1 - F_2 = 10kN - 18kN = -8kN$$

轴力图如图 3-18(b)所示。

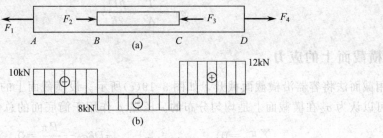

图 3-18　杆 $ABCD$

（2）判定危险面　BC 段因面积最小，有可能是危险面；CD 段轴力最大，也有可能是危险面。故须两段都校核。下面分段进行校核。

BC 段　　　　　　　　$$\sigma = \frac{F_{N_2}}{A_2} = \frac{8 \times 10^3}{6 \times 10^2} = 13.3(MPa) < [\sigma]$$

CD 段　　　　　　　　$$\sigma = \frac{F_{N_3}}{A_1} = \frac{12 \times 10^3}{10 \times 10^2} = 12(MPa) < [\sigma]$$

两段应力都小于许用应力值，故满足强度条件，安全。

*第八节　圆柱形薄壁容器的计算

圆柱形容器的壁厚小于半径的 1/20 时称为薄壁容器。储存气体和液体的容器，如锅炉、水塔、贮气罐、输气（液）管道、油缸等都是圆柱形薄壁容器。本节只简单讨论这种薄壁容器的强度计算方法。

如图 3-19(a)所示为一圆柱形薄壁容器，其内直径为 D、壁厚为 δ、长度为 l。在内压 p（MPa）的作用下，容器的纵截面及横截面上都将产生拉伸应力。

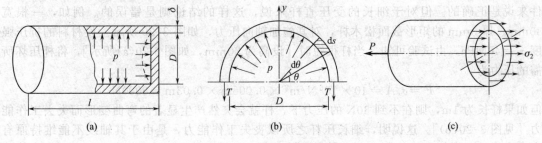

图 3-19　圆柱形薄壁容器

一、纵截面上的应力

用截面法将容器沿纵截面截开，将下部移走，取纵向一个单位长度的单元体，如图 3-19(b)所示。设纵截面上每边的拉力为 T，由平衡方程式

$$\sum F_y = 0, \qquad pD - 2T = 0$$

$$T = \frac{pD}{2}$$

所以 $\qquad\qquad \sigma_1 = \frac{T}{A} = \frac{pD}{2\delta}$ (3-10)

二、横截面上的应力

用截面法将容器沿横截面截开，如图 3-19(c) 所示。设横截面上的应力为 σ_2，因壁厚很小，可以认为 σ_2 在横截面上是均匀分布的。压强 p 作用于筒底面的总作用力设为 P，则

$$\sum F_x = 0, \qquad\qquad \pi D\delta\sigma_2 - \frac{P\pi}{4d^2} = 0$$

$$\sigma_2 = pA_{底面} = \frac{P\pi}{4d^2}$$ (3-11)

由式 (3-10) 和式 (3-11) 可以看出，纵截面上的应力比横截面上的应力大一倍，所以容器的纵截面是危险面，容器总是沿纵截面爆裂。故容器的强度条件为

$$\sigma_1 = \frac{pD}{2\delta} \leqslant [\sigma]$$ (3-12)

例 3-5 某轮船上的主压缩空气瓶，壁厚为 $\delta = 30mm$，气瓶的内直径为 1520mm，材料的许用应力 $[\sigma] = 120MPa$，气瓶的压强为 $3 \times 10^3 kPa$。试校核气瓶的强度。

解 由强度条件式 (3-12)

$\sigma_1 = pD/2\delta = 3 \times 10^3 \times 1.52/2 \times 0.03 kPa = 76 \times 10^3 kPa \leqslant [\sigma] = 120MPa$，所以安全。

第九节　压杆稳定的概念及失稳分析

一、压杆稳定问题的提出

前面几节中，我们对受压缩杆件进行了研究，但只是从强度的观点进行的，即认为只要满足压缩强度条件，就可以保证受压的直杆不会失效、正常工作。这样考虑，对于短粗的杆件来说是正确的。但对于细长的受压直杆来说，这样的结论则是错误的。例如，一根宽 30mm、厚 5mm 的矩形截面松木杆，对其施加轴向压力，如图 3-20 所示。设材料的抗压强度 $\sigma_c = 40MPa$，由试验可知，当杆很短时 [设高为 30mm，如图 3-20(a) 所示]，将杆压坏所需的压力为

$$F = \sigma_c A = 40 \times 10^6 N/m^2 \times 0.005m \times 0.03m = 6000N$$

但如果杆长为 1m，则在不到 30N 的压力下，杆就会突然产生显著的弯曲变形而失去工作能力 [见图 3-20(b)]。这说明，细长压杆之所以丧失工作能力，是由于其轴线不能维持原有直线形状的平衡状态所致，这种现象称为丧失稳定，或简称失稳。由此可见，横截面和材料相同的压杆，由于杆的长度不同，其抵抗外力的性质将发生根本的改变：短粗的压杆是强度问题；而细长的压杆则是稳定问题。工程中有许多细长压杆，如图 3-21(a) 所示螺旋千斤顶的螺杆，以及图 3-21(b) 所示内燃机的连杆。同样，还有桁架结构中的抗压杆、建筑物中的柱，也都是细长压杆，其破坏主要是由于失稳引起的。由于压杆失稳是骤然发生的，往往会造成严重的事故。特别是随着目前高强度钢和超高强度钢的广泛使用，压杆的稳定问题更为突出。因此，稳定计算已成为结构设计中极为重要的一部分，对细长压杆必须进行稳定性计算。

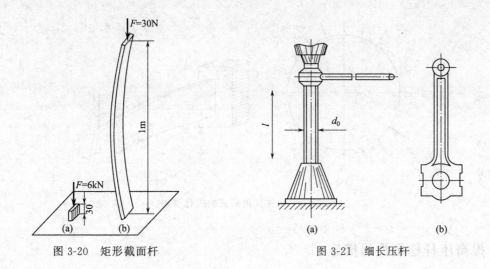

图 3-20 矩形截面杆   图 3-21 细长压杆

二、失稳分析

为了研究细长压杆的失稳过程，现以如图 3-22 所示两端铰支的细长压杆来说明压弯过程。设压力与杆件轴线重合，当压力逐渐增加但小于某一极限值时，杆件一直保持直线形状的平衡，即使用微小的侧向干扰力使它暂时发生轻微弯曲［见图 3-22(a)］，但干扰力解除后，它仍将恢复直线形状［见图 3-22(b)］，这表明压杆直线形状的平衡是稳定的。当压力逐渐增加到某一极限值时，压杆的直线平衡变为不稳定，将转变为曲线形状的平衡。这时如再用微小的侧向干扰力使它发生轻微弯曲，干扰力解除后，它将保持曲线形状的平衡，不能恢复原有的直线形状［见图 3-22(c)］。上述压力的极限值称为临界压力或临界力，记为 F_{cr}。

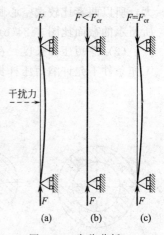

图 3-22 失稳分析

压杆失稳后，压力的微小增加会导致弯曲变形的显著加大，表明压杆已丧失了承载能力，可以引起机器或结构的整体损坏，可见这种形式的失效并非强度不足，而是稳定性不够。

与压杆相似，其他构件也有失稳问题。例如，在内压强作用下的薄壁圆筒，壁内应力为拉应力（圆柱形压容器就是这种情况），这是一个强度问题。但同样的薄壁圆筒如在均匀外压强作用下［见图 3-23(a)］，壁内应力变为压应力，则当外压强达到临界值时，圆筒的圆形平衡就变为不稳定，会突然变成由虚线表示的椭圆形。又如，板条或工字梁在最大抗弯刚度平面内弯曲时［见图 3-23(b)］，会因载荷达到临界值而发生侧向弯曲，并伴随着扭转。这些都是稳定性不足引起的失效。

三、构件稳定性的概念

由以上的失稳分析可见，构件稳定性是指构件保持其原有平衡状态的能力。

关于稳定性计算是一个较重要、又较复杂的问题，限于篇幅，本书不作讨论。需要时可查材料力学的专著（如刘鸿文编《材料力学》、孟庆东编《材料力学简明教程》等）。

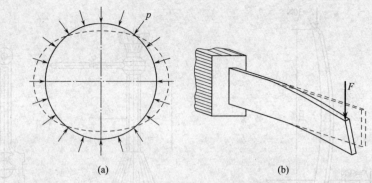

图 3-23　构件其他形式的失稳现象

四、提高压杆稳定性的措施

为了提高压杆的稳定性，可以采取以下一些措施。

（1）选择合理的截面形状　在同样截面面积的情况下，选择惯性矩大的截面。例如，由于图 3-24(a)所示的空心环形截面比图 3-24(b)所示的截面面积相同的实心圆截面的惯性矩大，所以两者比较选空心圆截面好。同样的道理，用两根槽钢做成的受压杆，选图 3-24(d)所所示的截面比图 3-24(c)所示的截面要好。

（2）缩短压杆长度　在可能的情况下，应尽量缩短压杆的长度 l，以提高其稳定性。如工作条件不允许缩短压杆长度时，可以采用增加中间支承的办法，如图 3-25 所示。

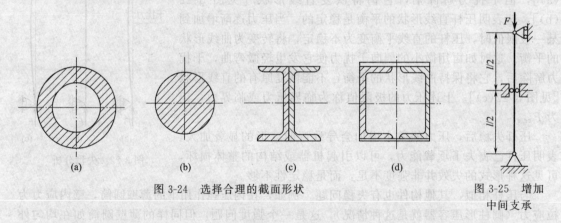

图 3-24　选择合理的截面形状

图 3-25　增加
中间支承

（3）改变压杆的约束条件　压杆两端的支座条件除两端铰支外，还有一端固定一端自由、一端固定一端铰支和两端固定等情况，现将它们的稳定性比较列于表 3-1。

表 3-1　不同约束情况下压杆稳定性对比

序号	压杆的约束条件	稳定性比较	序号	压杆的约束条件	稳定性比较
1	一端固定,另一端自由	最差	3	一端固定,一端铰支	较好
2	两端铰支	差	4	两端固定	好

因此，压杆与其他构件连接时，应尽可能做成刚性连接，或采用较紧密的配合，顺便指出，由于压杆稳定性与材料 E 值有关，而碳钢与合金钢的 E 值非常接近，所以用合金钢制作细长压杆并不能显著提高杆的稳定性，因此工程中大都用普通钢制造细长压杆。

复习题

3.1　为保证构件有足够的抵抗破坏的能力，构件应具有足够的____。

　　A. 刚度　　　　　　B. 硬度　　　　　　C. 强度　　　　　　D. 韧性

3.2　为保证构件有足够的抵抗变形的能力，构件应具有足够的____。

　　A. 刚度　　　　　　B. 硬度　　　　　　C. 强度　　　　　　D. 韧性

3.3　衡量构件承载能力的标准：构件必须具有足够的____、足够的____和足够的____。

　　A. 弹性/塑性/稳性　　　　　　　　　　B. 强度/硬度/刚度

　　C. 强度/刚度/稳定性　　　　　　　　　D. 刚度/硬度/稳定性

3.4　下列说法，正确的是____。

①截面法是分析杆件内力的基本方法；②截面法是分析杆件应力的基本方法；③截面法是分析杆件截面上内力与应力关系的基本方法。

　　A.①②不对　　　B.②③不对　　　C.①③不对　　　D. 都不对

3.5　材料力学的内力是指____。

　　A. 物体不受任何外力时，其各质点之间依然存在着的相互作用力

　　B. 由于物体上加了外力而产生的附加内力

　　C. A 和 B 都对

　　D. A 和 B 都不对

3.6　____能消除尺寸的影响，可作为衡量材料强度的标准。

　　A. 内力　　　　　　B. 外力　　　　　　C. 应力　　　　　　D. 分子力

3.7　在弹性范围内，杆件的纵向变形 ΔL 与杆件截面积 A 成____比，与所加的力 F 成____比。

　　A. 正/正　　　　　B. 反/正　　　　　C. 正/反　　　　　D. 反/反

3.8　胡克定律即 $\sigma = E\varepsilon$ 适用于____。

　　A. 材料受拉未超过弹性极限　　　B. 材料刚被拉断时

　　C. 材料已经发生屈服流动时　　　D. 上述情况均不适用

3.9　在同一种材料的正应变____，正应力____。

　　A. 越大/越大　　B. 越小/越大　　C. 越大/越小　　D. 无法确定

3.10　在正应力相同时，材料的拉压弹性模量____，其正应变____。

　　A. 越大/越大　　B. 越大/越小　　C. 越小/越小　　D. 无法确定

3.11　在正应变相同时，正应力____的材料的拉压弹性模量____。

　　A. 越大/越大　　B. 越大/越小　　C. 越小/越大　　D. 无法确定

3.12　工程上常按____的大小而将材料分为塑性材料和脆性材料。

　　A. 应变　　　　　B. 延伸率　　　　　C. 弹性极限　　　D. 屈服极限

3.13　使用脆性材料时应主要考虑____。

　　A. 应力　　　　　B. 屈服极限　　　　C. 冲击应力　　　D. 强度极限

3.14　塑性材料经过冷作硬化处理后，它的____得到提高。

　　A. 强度极限　　　B. 比例极限　　　　C. 延伸率　　　　D. 截面收缩率

3.15　塑性材料是以____作为极限应力。

　　A. 屈服极限　　　B. 强度极限　　　　C. 比例极限　　　D. 弹性极限

3.16 延伸率____的材料称为脆性材料。

  A. 大于1%   B. 小于1%   C. 大于5%   D. 小于5%

3.17 延伸率____的材料称为塑性材料。

  A. 大于1%   B. 小于1%   C. 大于5%   D. 小于5%

3.18 铸铁压缩时的强度极限____拉伸时的强度极限。

  A. 大于   B. 小于   C. 等于   D. 小于等于

3.19 脆性材料是以____作为极限应力。

  A. 屈服极限   B. 强度极限   C. 比例极限   D. 弹性极限

3.20 一般可以用铸铁制造____。

  A. 梁   B. 轴   C. 螺栓   D. 机床床身

3.21 杆件的正应力强度条件 $\sigma_{max} = F_N/A \leqslant [\sigma]$ 能解决的问题是____。

  A. 剪应力校核   B. 强度校核   C. 刚度校核   D. 变形量校核

3.22 杆件在截面突变处应力数值急剧增大而离开切口较远处应力就明显降相趋于均匀的现象称为____。

  A. 应力集度   B. 应力突变   C. 应力集给   D. 应力集中

3.23 不易造成应力集中的地方是____。

  A. 材料麻点处   B. 截面积急剧变化区

  C. 截面积缓慢变化过渡区   D. 有孔洞的地方

3.24 构件在形状和尺寸变化的过渡区域，尽可能选用较大的圆角连接，其主要目的是____。

  A. 减小变形   B. 增加强度   C. 减小应力集中 D. 增加刚度

3.25 圆柱形薄壁压力容器在破裂时，一般情况下其裂缝方向是____。

  A. 横向   B. 轴向   C. 斜向   D. 不一定

3.26 何谓压杆的失稳？失稳有何危害性？何谓稳定性？

3.27 何谓压杆的临界力？试述进行稳定性计算的思路和关键。

习题

3-1 试求如题 3-1 图示 1—1、2—2、3—3 截面上的轴力。

3-2 试求如题 3-2 图示各杆 1—1、2—2、3—3 截面上的轴力，并作轴力图。

(a)

题 3-1 图

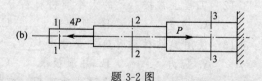

题 3-2 图

3-3 阶梯形钢杆如题 3-3 图所示，AC 段横截面面积 $A_1 = 400 \text{mm}^2$，CD 段横截面面积 $A_2 = 200 \text{mm}^2$，材料的弹性模量 $E = 2 \times 10^5 \text{MPa}$。求该阶梯形钢杆在图示外力作用下的总变形量。

3-4 试求题 3-4 图所示钢杆各段内横截面上的应力和杆的总变形。设杆的横截面面积

等于 $1cm^2$，钢的弹性模量 $E=200\,GN/m^2$。

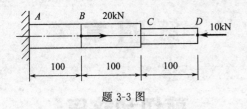

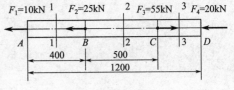

题 3-3 图　　　　　　　　题 3-4 图

3-5　如题 3-5 图所示，滑轮最大起吊重量为 300kN，材料为 20 钢，许用应力 $[\sigma]=44MPa$，求上端螺纹内径 d。

3-6　如题 3-6 图所示，链条由两层钢板组成，每层钢板厚度 $t=4.5mm$，宽度 $H=65mm$，$h=40mm$，钢板材料许用应力 $[\sigma]=80MPa$，若链条的拉力 $P=25kN$，校核它的拉伸强度。

3-7　如题 3-7 图所示结构中，刚性杆 AC 受到均布载荷 $q=20kN/m$ 的作用。若钢制拉杆 AB 的许用应力 $[\sigma]=150MPa$，试求其所需的横截面面积。

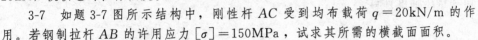

题 3-5 图

3-8　如题 3-8 图所示为一手动压力机，在物体 C 上所加最大压力为 150kN，已知手动压力机的立柱 A 和螺杆 B 所用材料为 Q235 钢，许用应力 $[\sigma]=160MPa$。

（1）试按强度要求设计立柱 A 的直径 D。

（2）若螺杆 B 的内径 $d=40mm$，试校核其强度。

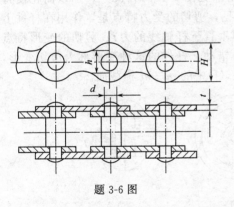

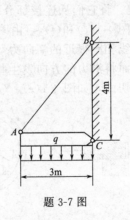

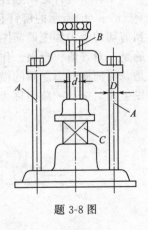

题 3-6 图　　　　　　　题 3-7 图　　　　　　题 3-8 图

3-9　如题 3-9 图所示的三角形构架，杆 AB 和 BC 都是圆截面的，杆 AB 直径 $d_1=20mm$，杆 BC 直径 $d_2=40mm$，两者都由 Q235 钢制成。设重物的重量 $G=20kN$，钢杆的许用应力 $[\sigma]=160MPa$，问此构架是否满足强度条件。

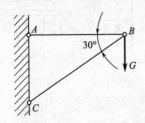

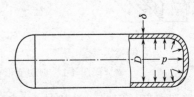

题 3-9 图

第四章

剪切和挤压

本章将介绍剪切挤压构件的受力和变形特点以及可能的破坏形式，并通过铆钉、键等连接件讨论剪切和挤压强度计算。

第一节　剪切和挤压的概念

工程中构件之间起连接作用的构件称为连接件，它们担负着传递力或运动的任务。如图 4-1(a)和(b)所示的铆钉和键。将它们从连接部分取出［见图 4-1(c)和(d)］，加以简化便得到剪切的受力和变形简图［图 4-1(e)和(f)］。由图可见，剪切的受力特点是，作用在杆件上的是一对等值、反向、作用线相距很近的横向力（即垂直于杆轴线的力）；剪切的变形特点是，在两横向力之间的横截面将沿力的方向发生相对错动。杆件的这种变形称为剪切变形，发生相对错动的截面称为剪切面，如图 4-1(c)、(d)、(f)中的 $m—m$ 横截面。

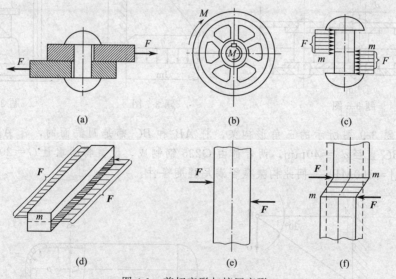

(a)　　　　　　　　(b)　　　　　　　　(c)

(d)　　　　　　　　(e)　　　　　　　　(f)

图 4-1　剪切变形与挤压变形

杆件在发生剪切变形的同时，常伴随有挤压变形。如图 4-1(a)所示的铆钉与钢板接触处，如图 4-1(b)所示的键与轮、键与轴的接触处，很小的面积上需要传递很大的压力，极易造成接触部位的压溃，构件的这种变形称为挤压变形。因此，在进行剪切计算的同时，也须进行挤压计算。

剪切变形或挤压变形只发生于连接构件的某一局部，而且外力也作用在此局部附近，所以其受力和变形都比较复杂，难以从理论上计算它们的真实工作应力。这就需要寻求一种反映剪切或挤压破坏实际情况的近似计算方法，即实用计算法。根据这种方法算出的应力只是一种名义应力。

下面我们通过铆钉连接的应力计算，来说明剪切和挤压实用的强度计算方法。

第二节 剪切的实用计算

产生剪切变形的构件，用实用计算的方法分析问题的程序仍然可以简单地表达为：外力→内力→应力→强度条件。

一、剪力

现以图 4-2(a)所示铆钉连接为例，用截面法分析剪切面上的内力。选铆钉为研究对象，进行受力分析，画受力图，如图 4-2(b)所示。假想将铆钉沿 $m-m$ 截面截开，分为上下两部分，如图 4-3(c)所示，任取一部分为研究对象，由平衡条件可知，在剪切面内必然有与外力 F 大小相等、方向相反的内力存在，这个作用在剪切面内部与剪切面平行的内力称为剪力，用 F_Q 表示。剪力 F_Q 的大小可由平衡方程求得

$$\sum F = 0 \qquad F_Q = F$$

二、切应力

剪切面上内力 F_Q 分布的集度称为切应力，其方向平行于剪切面与 F_Q 相同，用符号 τ 表示，如图 4-2(d)所示。切应力的实际分布规律比较复杂，很难确定，工程上通常采用建立在实验基础上的实用计算法，即假定切应力在剪切面上是均匀分布的。故

$$\tau = \frac{F_Q}{A} \tag{4-1}$$

式中　F_Q——剪切面上的剪力，N；

　　　A——剪切面面积，mm^2。

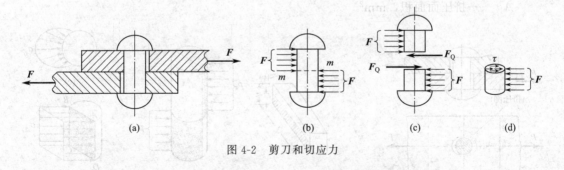

图 4-2　剪刀和切应力

三、剪切强度条件

为了保证构件在工作中不被剪断，必须使构件的工作切应力不超过材料的许用切应力，即

$$\tau = \frac{F_Q}{A} \leqslant [\tau] \tag{4-2}$$

式中　$[\tau]$——材料的许用切应力，其大小等于材料的抗剪强度 τ_b 除以安全系数 n，即

$$[\tau] = \frac{\tau_b}{n} \tag{4-3}$$

式（4-2）称为剪切强度条件。工程中常用材料的许用切应力，可从有关手册中查取，也可按下列经验公式确定。

塑性材料　　　　　　　　　　$[\tau] = (0.6 \sim 0.8)[\sigma] \tag{4-4}$

脆性材料　　　　　　　　　　$[\tau] = (0.8 \sim 1.0)[\sigma] \tag{4-5}$

式中　$[\sigma]$——材料拉伸时的许用应力。

与拉伸（或压缩，强度条件一样，剪切强度条件也可以解决剪切变形的三类强度计算问题：强度校核、设计截面尺寸和确定许可载荷。

第三节　挤压实用计算

一、挤压力和挤压应力

如前所述，构件在产生剪切变形的同时，伴随着产生挤压变形。如图 4-3 所示的铆钉连接中，当钢板受图示外力的作用时，因钢板铆钉孔与铆钉之间相互挤压，若外力过大，构件则发生挤压破坏。作用于接触面上的压力称为挤压力，用 F_{jy} 表示，其数值等于接触面所受外力的大小。

需要说明的是，挤压力是构件之间的相互作用力，是一种外力，它与轴力 F_N 和剪力 F_Q 这些内力在本质上是不同的。

习惯上，称挤压面上的压强称为挤压应力，用 σ_{jy} 表示。挤压应力在挤压面上的分布规律也比较复杂，如图 4-4(c)所示。工程上仍然采用实用计算法，即假定挤压应力在挤压面上是均匀分布的，故

$$\sigma_{jy} = \frac{F_{jy}}{A_{jy}} \tag{4-6}$$

式中　F_{jy}——挤压面上的挤压力，N；
　　　A_{jy}——挤压面面积，mm^2。

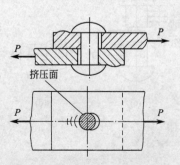

图 4-3　铆钉孔与铆钉之间挤压

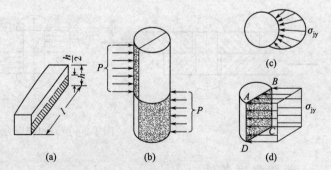

图 4-4　挤压应力在挤压面上的分布规律

挤压面面积的计算要根据接触面的具体情况而定。当挤压面为平面时，例如普通平键连接，挤压面积按实际面积计算［见图 4-4(a)］；当挤压面为曲面时，如螺栓、铆钉和销钉连

接，其挤压面近似为半个圆柱面，挤压面积按圆柱体的正投影计算，如图 4-4(d)所示。即

$$A_{jy} = dt$$

式中　d——圆柱体的直径，mm；

　　　t——挤压面的高度，mm。

二、挤压强度条件

为了保证构件不产生局部挤压塑性变形，必须使构件的工作挤压应力不超过材料的许用挤压应力，即

$$\sigma_{jy} = \frac{F_{jy}}{A_{jy}} \leqslant [\sigma_{jy}] \tag{4-7}$$

式中　$[\sigma_{jy}]$——材料的许用挤压应力，其值由试验测定，设计时可由有关手册中查取。

式 (4-7) 称为挤压强度条件。根据实验积累的数据，一般情况下，许用挤压应力 $[\sigma_{jy}]$ 与许用拉应力 $[\sigma]$ 之间存在下述关系。

塑性材料　　　　　　　　$[\sigma_{jy}] = (1.5 \sim 2.5)[\sigma]$ 　　　　　　　　　(4-8)

脆性材料　　　　　　　　$[\sigma_{jy}] = (0.9 \sim 1.5)[\sigma]$ 　　　　　　　　　(4-9)

当连接件和被连接件材料不同时，应对材料的许用应力低者进行挤压强度计算，这样才能保证构件安全可靠地工作。

应用挤压强度条件仍然可以解决三类问题，即强度校核、设计截面尺寸和确定许可载荷。由于挤压变形总是伴随剪切变形产生的，因此在进行剪切强度计算的同时，也应进行挤压强度计算。只有既满足剪切强度条件又满足挤压强度条件，构件才能正常工作，既不被剪断也不被压溃。

例 4-1　如图 4-5 所示为齿轮和轴的平键连接。已知键和轴的材料为 45 号钢，其 $[\tau] = 60\mathrm{MPa}$，$[\sigma_{jy}] = 100\mathrm{MPa}$，$[\sigma_{jy}] = 53\mathrm{MPa}$ 齿轮材料为铸铁，其轴的直径 $d = 35\mathrm{mm}$，键的尺寸为 $b \times h \times l = 10\mathrm{mm} \times 8\mathrm{mm} \times 60\mathrm{mm}$，传递的力矩 $T = 420\mathrm{N \cdot m}$，试校核键连接的强度。

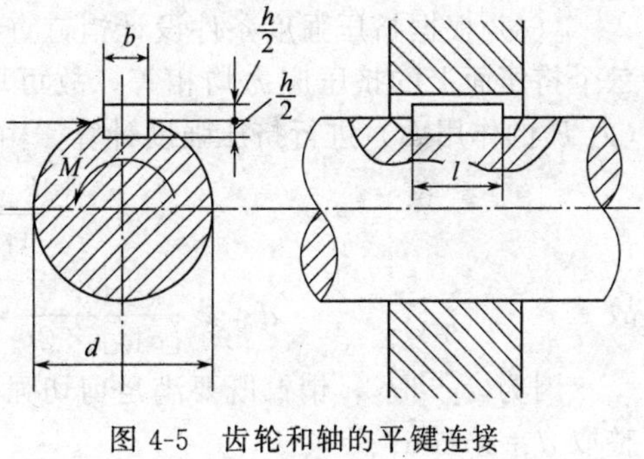

解　(1) 计算键所受的外力 F 取轴和键为研究对象，根据对轴心的力矩平衡方程

图 4-5　齿轮和轴的平键连接

$$\sum M_o(F) = 0 \quad F\frac{d}{2} - T = 0$$

可得　　　　　　$$F = \frac{2T}{d} = \frac{2 \times 420 \times 10^3}{35} = 24000\mathrm{N} = 24\mathrm{kN}$$

(2) 校核键的抗剪强度。

键的剪切面积　　　　$A = bl = 10\mathrm{mm} \times 60\mathrm{mm} = 600\mathrm{mm}^2$

剪力

$$F_Q = F = 24\mathrm{kN}$$

所以

$$\tau = \frac{F_Q}{A} = \frac{24000}{600}\mathrm{MPa} = 40\mathrm{MPa} < [\tau]$$

故剪切强度足够。

(3) 校核键的挤压强度。

键所受的挤压力　　　　　　$F_{jy} = F = 24\mathrm{kN}$

挤压面积

$$A_{jy} = \frac{h}{2}l = \frac{8}{2} \times 60\,\mathrm{mm}^2 = 240\,\mathrm{mm}^2$$

由于齿轮材料的许用挤压应力较低,因此对轮毂进行挤压强度校核。

$$\sigma_{jy} = \frac{F_{jy}}{A_{jy}} = \frac{24000}{240}\,\mathrm{MPa} = 100\,\mathrm{MPa} > [\sigma_{jy}]_1$$

故挤压强度不够,该键连接的强度不够。

例 4-2 汽车与拖车之间用挂钩的销钉连接,如图 4-6(a)所示。已知挂钩的厚度 $t = 8\,\mathrm{mm}$,销钉材料的许用切应力 $[\tau] = 60\,\mathrm{MPa}$,许用挤压应力 $[\sigma_{jy}] = 200\,\mathrm{MPa}$,机车的牵引力 $F = 20\,\mathrm{kN}$。设计销钉的直径。

解 (1)选销钉为研究对象,进行受力分析 受力图如图 4-6(b)所示。由图中可知销钉受双剪。

(2)根据剪切强度条件设计销钉直径 d 如图 4-6(c)所示,用截面法求剪切面上的内力 F_Q,由图中可得两个剪切面上的内力相等,均为

$$F_Q = \frac{F}{2}$$

由剪切强度条件得

$$\tau = \frac{F_Q}{A} = \frac{F/2}{\pi d_1^2/4} \leqslant [\tau]$$

故

$$d_1 \geqslant \sqrt{\frac{2F}{\pi[\tau]}} = \sqrt{\frac{2 \times 20 \times 10^3}{\pi \times 60}}\,\mathrm{mm} = 14.57\,\mathrm{mm}$$

(3)根据挤压强度条件设计销钉直径 d 由图 4-6(b)可见,有三个挤压面,分析可得三个挤压面上的挤压应力均相等,故可取任意一个挤压面进行计算,这里取中间的挤压面(力 F 的作用面)进行挤压强度计算。由挤压强度条件得

$$\sigma_{jy} = \frac{F_{jy}}{A_{jy}} = \frac{F}{d_2 \times 2t} \leqslant [\sigma_{jy}]$$

故

$$d_2 \geqslant \frac{F}{[\sigma_{jy}] \times 2t} = \frac{20 \times 10^3}{200 \times 2 \times 8}\,\mathrm{mm} = 6.25\,\mathrm{mm}$$

因为 $d_1 > d_2$,销钉既要满足剪切强度条件又要满足挤压强度条件,故其直径应取大者,整取 $d = 15\,\mathrm{mm}$。

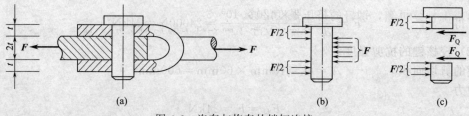

图 4-6 汽车与拖车的销钉连接

在对连接结构的强度计算中,除了要进行剪切、挤压强度计算外,有时还应对被连接件进行拉伸(或压缩)强度计算,因为在连接处被连接件的横截面受到削弱,往往成为危险截面。在受到削弱的截面上存在着应力集中现象,故对这样的截面进行的拉伸(或压缩)强度计算也是必需的。通常也是用实用计算法。

* **例 4-3** 两块厚度为 10mm 的钢板,通过两个直径为 17mm 的铆钉搭接在一起〔见图

4-7(a)]，钢板受拉力 $F=60\text{kN}$ 的作用。已知许用切应力 $[\tau]=140\text{MPa}$，许用挤压应力 $[\sigma_{jy}]=280\text{MPa}$，许用拉应力 $[\sigma]=160\text{MPa}$。试校核该铆接件的强度，并确定该接头的荷载。

解　（1）绘出铆钉的受力图 [见图 4-7(b)]　此结构为搭接接头，根据各个铆钉力相等的假设，该结构中的每个铆钉应承受 $F/2=60/2\text{kN}=30\text{kN}$ 的作用力，其受力图如图 4-7(b)所示。

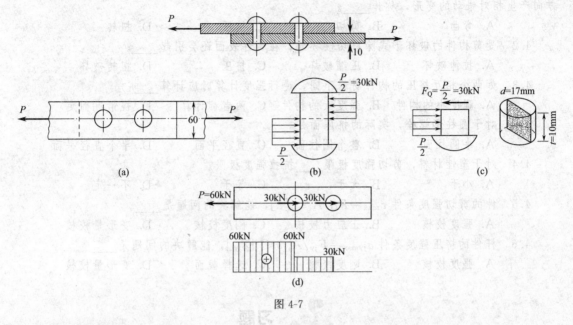

图 4-7

（2）铆钉的剪切强度计算　剪切面上的剪力 $F_Q=30\text{kN}$ [见图 4-8(b)]。

因为　$\tau=F_Q/A=\dfrac{30\times10^3\text{N}}{\dfrac{\pi}{4}\times17^2\times10^{-6}\text{m}^2}=132\times10^6\text{N/m}^2=132\text{MPa}<[\tau]=140\text{MPa}$

所以，铆钉的剪切强度足够。

（3）铆钉的挤压强度计算　设挤压力为 F_{jy}，挤压面积为 A_{jy}，挤压应力为 σ_{jy}，则挤压力 $F_{jy}=F/2=30\text{kN}$；挤压面积 $A_{jy}=dt=17\times10\times10^{-6}\text{m}^2$ [见图 4-7(c)]

挤压应力$\sigma_{jy}=F_{jy}/A_{jy}=\dfrac{30\times10^3}{170\times10^{-6}}=176\times10^6\text{N/m}^2<[\sigma_{jy}]=280\text{MPa}$

由以上计算可知，铆钉的挤压强度足够。

（4）钢板的抗拉强度计算　上钢板的受力图和轴力图如图 4-7(d)所示，对于危险截面，其轴力 $F_N=60\text{kN}$

净面积　$A_j=(b-d)t=(60-17)\times10\times10^{-6}\text{m}^2$
$$=430\times10^{-6}\text{m}^2$$

正应力　　　$\sigma=F_N/A_j=\dfrac{60\times10^3}{430\times10^{-6}}=140\times10^{-6}\text{Pa}=140\text{MPa}$

固钢板许用拉应力 $[\sigma]=160\text{MPa}$，则由上面计算可知，钢板的抗拉强度是足够的。

（5）结论　综合上面的计算结果可知，该结构的强度是足够的。

复习题

4.1 由一对大小相等、方向相反、相距很近的横向力作用，使杆体两截面沿外力作用方向产生相对错动的变形，称作____。

    A. 弯曲   B. 剪切   C. 挤压   D. 扭转

4.2 受剪构件的破坏形式除剪切破坏外，在构件表面还会引起____。

    A. 拉伸破坏   B. 压缩破坏   C. 挤压   D. 扭转破坏

4.3 如两个相互挤压的构件材料不同，逆行强度计算时应计算____。

    A. 强度小的构件   B. 强度大的构件   C. 两者都计算   D. 视情况而定

4.3 对于圆柱形螺栓，实际的挤压面是____。

    A. 半圆柱面   B. 整个圆柱面   C. 直径平面   D. 半个直径平面

4.4 对于塑性材料，剪切强度极限____抗拉强度极限。

    A. 小于   B. 大于   C. 等于   D. 不一定

4.5 件的剪切强度条件 $\tau_{max}=F_Q/A \leqslant [\tau]$，能解决的问题是____。

    A. 强度校核   B. 正应力校核   C. 刚度校核   D. 变形量校核

4.6 杆件的挤压强度条件 $\sigma_{jymax}=F_{jy}/A_{jy}\sigma \leqslant [\sigma_{jy}]$，能解决的问题是____。

    A. 强度校核   B. 刚度校核   C. 选择截面   D. 变形量校核

习题

4-1 如题 4-1 图所示夹剪，销子 C 的直径 $d=5mm$。当用力 $P=200N$ 剪直径与销子直径相同的铜丝时，若 $a=30mm$、$b=150mm$，求铜丝与销子横截面上的平均剪应力各为多少。

4-2 如题 4-2 图所示，2 块钢板用 3 个铆钉连接。已知 $F=50kN$，板厚 $t=6mm$，材料的许用应力为 $[\sigma]=100MPa$，$[\sigma]=280MPa$。试求铆钉直径 d。若利用现有的直径 $d=12mm$ 的铆钉，则铆钉数 n 应该是多少？

4-3 如题 4-3 图所示，一个直径 $d=40mm$ 的拉杆，上端为直径 $D=60mm$、高为 $h=10mm$ 的圆头，受力 $P=100kN$。已知 $[\tau]=50MPa$，$[\sigma_{jy}]=90MPa$，$[\sigma]=80MPa$，试校核拉杆的强度。

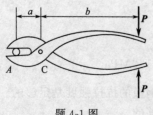
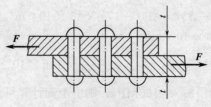
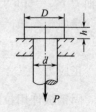

题 4-1 图   题 4-2 图   题 4-3 图

4-4 如题 4-4 图所示，宽 $b=0.1m$ 的两矩形木杆互相连接。若载荷 $P=50kN$，木杆的许用剪应力 $[\tau]=1.5MPa$，许用挤压应力 $[\sigma_{jy}]=12MPa$，试求尺寸 a 和 l。

的   4-5 如题 4-5 图所示，齿轮与轴通过平键连接。已知轴的直径 $d=70$mm，所用平键的寸为：$b=20$mm，$h=12$mm，$t=100$mm。传递的力偶矩 $m=2$kN·m。键材料的许用应力 $[\tau]=80$MPa，$[\sigma_{jy}]=220$MPa。试校核平键的强度。

*4-6 如题 4-6 图所示，一螺栓将拉杆与厚为 8mm 的两块盖板相连接。各零件材料相同，其许用应力为 $[\sigma]=80$MPa，$[\tau]=60$MPa，$[\sigma_{jy}]=160$MPa。若拉杆的厚度 $t=15$mm，拉力 $P=120$kN，试设计螺栓直径 d。及拉杆宽度 b。

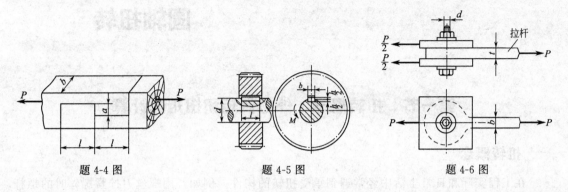

题 4-4 图   题 4-5 图   题 4-6 图

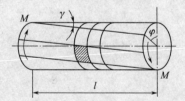

第 五 章

圆轴扭转

第一节 扭转概念·外力偶矩和扭矩的计算

一、扭转概念

在工程实际和日常生活中经常遇到承受扭转的构件。例如，用螺丝刀拧紧螺丝时的螺杆（见图 5-1），汽车方向盘的操纵杆（见图 5-2），产生的变形主要是扭转。

以上实例均说明，在杆件的两端作用两个大小相等、方向相反且作用平面垂直于杆件轴线的力偶矩，致使杆件的任意横截面都发生了绕轴线的相对转动，这种变形称扭转变形。在工程上称以承受扭转变形为主的杆件为轴。并把产生扭转变形的圆形截面的杆件，称为圆轴。

若在圆轴上画两条平行轴线的纵向线和表示横截面的两条圆周线，受到一对力偶作用，纵向线发生倾斜，圆周线发生相对转动，倾斜角 γ 称剪应变，两端相对转过的 φ 角称圆轴的转角，如图 5-3 所示。

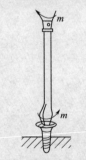

图 5-1 螺丝刀拧紧螺丝

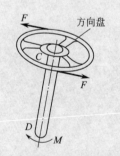

图 5-2 汽车方向盘的操纵杆

图 5-3 圆轴扭转变形

二、外力偶矩和扭矩的计算

研究圆轴扭转时的强度和刚度问题，首先必须计算作用于轴上的外力偶矩 M 及横截面上的内力。

1. 外力偶矩 M 的计算

工程实际中，常常不是直接给出作用于轴上的外力偶矩 M，而给出轴的转速和轴所传递的功率，它们的换算关系为

$$M = 9550 \frac{P}{n}$$

(5-1)

式中　M——外力偶矩，N·m；

　　　P——轴传递的功率，kW；

　　　n——轴的转速，r/min。

在确定外力偶矩的方向时，应注意输入力偶矩为主动力矩，其方向与轴的转向相同；输出力偶矩为阻力矩．其方向与轴的转向相反。

2. 圆轴扭转时的内力——扭矩 T

求出作用于轴上的所有外力偶矩以后，就可运用截面法计算横截面上的内力。

以图 5-4(a) 所示圆轴扭转的力学模型为例，应用截面法，假想地用一截面 m—m 将轴截分为两段。取其左段为研究对象 ［见图 5-4(b)］，由于轴原来处于平衡状态，则其左段也必然是平衡的，m—m 截面上必有一个内力偶矩与左端面上的外力偶矩平衡。列力偶平衡方程可得

$$T - M = 0$$
$$T = M$$

式中　T——m—m 截面的内力偶矩，称为扭矩（扭矩也可用 M_T 或 M_n 表示）。

如果取右段为研究对象 ［见图 5-4(c)］，则求得 m—m 截面上的扭矩 T 将与上述取左段求同一截面扭矩大小相等，但转向相反。为了使取左段或右段所求出的同一截面上的扭矩非但数值相等，而且正负号一致，将扭矩的正负号作如下的规定：采用右手螺旋法则，若以右手的四指沿着扭矩的旋转方向卷曲，当大拇指的指向与该扭矩所作用的横截面的外法线方向一致时，则扭矩为正，反之为负，如图 5-5 所示。按照上述规定，如图 5-4（b）和图 5-4（c）所示的 m—m 横截面上的扭矩 T 均为正号。

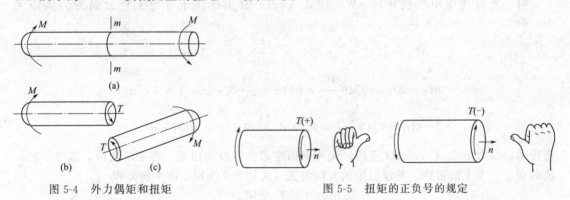

图 5-4　外力偶矩和扭矩　　　　　　　　　图 5-5　扭矩的正负号的规定

3. 扭矩图

从上述截面法求横截面扭矩可知，当圆轴两端作用一对外力偶矩使轴平衡时，圆轴各个横截面上的扭矩都是相同的。若轴上作用三个或三个以上的外力偶矩使轴平衡时，轴上各段横截面的扭矩将是不相同的。如图 5-6(a) 所示的传动轴，受到三个外力偶作用使轴平衡，则应分两段（AB 段、BC 段），分别应用截面法，求出各段横截面的扭矩。

在 AB 段用 1—1 截面将轴分为两段，取左段为研究对象 ［见图 5-6(b)］，设此截面上有正向扭矩 T_1，由力偶平衡求出 AB 段截面的扭矩

$$T_1 = M_1$$

同理，在 BC 段由力偶平衡求出 2—2 截面的扭矩 ［见图 5-6(c)］。同样设此截面上有正向扭矩 T_2，由力偶平衡方程，$T_2 + M_2 - M_1 = 0$，可得 BC 段轴上各截面的扭矩为

$$T_2 = M_1 - M_2 = \frac{2}{3} M_1$$

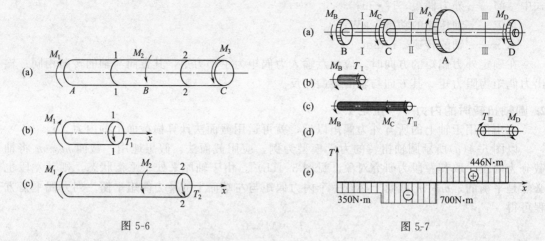

图 5-6   图 5-7

为了能够形象直观地表示出轴上各横截面扭矩的大小，用平行于杆轴线的 x 坐标表示横截面的位置，用垂直于 x 轴的坐标 T 表示横截面扭矩的大小，把各截面扭矩表示在 x-T 坐标系中，描画出截面扭矩随着截面坐标 x 的变化曲线，称为扭矩图。

现举例说明扭矩的计算和扭矩图的画法。

例 5-1 传动轴如图 5-7(a) 所示。已知主动轮 A 输入功率为 $P_A = 36000W$，从动轮 B、C、D 输出功率分别为 $P_C = P_B = 11000W$，$P_D = 14000W$，轴的转速为 $n = 300r/min$。试画出传动轴的扭矩图。

解 先将功率单位换算成 kW，按式（5-1）算出作用于各轮上外力偶的力偶矩大小。有

$$M_A = 9549 \frac{P_A}{n} = 9549 \times \frac{36}{300} N \cdot m = 1146N \cdot m$$

$$M_B = M_C = 9549 \frac{P_B}{n} = 9549 \times \frac{11}{300} N \cdot m = 350N \cdot m$$

$$M_D = 9549 \frac{P_D}{n} = 9549 \times \frac{14}{300} N \cdot m = 446N \cdot m$$

将传动轴分为 BC、CA、AD 三段。先用截面法求出各段的扭矩。在 BC 段内，以 T_I 表示横截面 Ⅰ—Ⅰ 上的扭矩，并设扭矩的方向为正 [见图 5-7(b)]。由平衡方程

$$\sum M_x = 0, \quad T_I + M_B = 0$$

即得

$$T_I = -M_B = -350N \cdot m$$

式中，负号表示扭矩 T_I 的实际方向与假设方向相反。可以看出，在 BC 段内各横截面上的扭矩均为 T_I。在 CA 段内，设截面 Ⅱ—Ⅱ 的扭矩为 T_{II} [见图 5-7(c)]，由平衡方程

$$\sum M_x = 0, \quad T_{II} + M_C + M_B = 0$$

得

$$T_{II} = -M_C - M_B = -700N \cdot m$$

式中，负号表示扭矩 T_{II} 的实际方向与假设方向相反。

在 AD 段内，扭矩 T_{III} 由截面 Ⅲ—Ⅲ 以右的右段的平衡求得 [见图 5-7(d)]，即

$$T_{III} = M_D = 446N \cdot m$$

以横坐标表示横截面的位置，纵坐标表示相应横截面上的扭矩，画出扭矩大小随截面位置变化的图线，即各段的扭矩图，如图 5-7(e) 所示。从图中可以看出，在 CA 段内有最大

扭矩

$$|T|_{\max}=700\text{N}\cdot\text{m}$$

第二节 圆轴扭转时的应力与强度计算

为了研究圆轴扭转横截面上的应力，需要从圆轴扭转时的变形几何关系、材料的应力应变关系（又称物理关系）以及静力平衡关系三个方面进行综合考虑。

为简单起见，本书对圆轴扭转时的应力公式不做详细推导，重点讨论圆轴扭转应力计算与强度计算。

一、圆轴扭转时的应力

为了研究圆轴横截面上应力分布的情况，可进行扭转实验。在圆轴表面画若干垂直于轴线的圆周线和平行于轴线的纵向线〔见图5-8(a)〕，两端施加一对方向相反、力偶矩大小相等的外力偶，使圆轴扭转。当扭转变形很小时，可观察到以下几点。

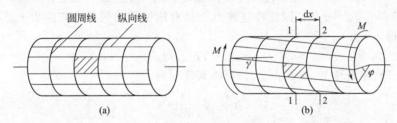

图 5-8　圆轴扭转变形

① 各圆周线的形状、大小及两圆周线的间距均不改变，仅绕轴线作相对转动；各纵向线仍为直线，且倾斜同一角度，使原来的矩形变成平行四边形〔见图5-8(b)〕。

根据观察的现象，可做以下假设：圆轴的各横截面在扭转变形后保持为平面，且形状、大小及间距都不变。这一假设称为圆轴扭转的平面假设。由于圆周线间的距离未发生变化，由此可以得出推论：圆轴扭转变形时横截面上不存在正应力。

② 任意两横截面间发生相互错动的变形时，其半径仍为直线，且长度无任何变化。可视为任意两横截面为刚性平面间产生互相错动的变形，故圆轴扭转时横截面上有切应力 τ。

进一步观察错动变形时横截面各点变形程度，发现变形不均匀：距离中心越远处的点变形越大，距离中心越近处的点变形越小，中心点处没有变形。由此可以推论：各点的切应变与该点至截面形心的距离有关。由剪切胡克定律可知，横截面上各点切应力也与该点至截面形心的距离有关。

理论推导可得，横截面上各点扭转切应力

$$\tau_\rho=\frac{T\rho}{I_p} \tag{5-2}$$

式中　τ_ρ——横截面上任意点扭转切应力；

　　　T——该横截面上扭矩；

　　　ρ——该任意点到转动中心 O 的距离；

　　　I_p——该横截面对转动中心 O 的极惯性矩，是一个仅与截面形状和尺寸有关的几何量，单位为长度4次方，常用 mm^4。

对于直径为 d 的实心圆截面，其 I_p 为

$$I_p = \frac{\pi d^4}{32} \tag{5-3}$$

对于内外径为 d 和 D 的空心圆截面，其 I_p 为

$$I_p = \frac{\pi D^4}{32} - \frac{\pi d^4}{32} = \frac{\pi}{32}(D^4 - d^4) = \frac{\pi D^4}{32}(1 - \alpha^4) \tag{5-4}$$

式中 α——内、外径之比，$\alpha = d/D$。

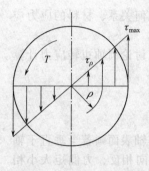

图 5-9　切应力分布规律

由式（5-2）可知，当横截面和该截面上的扭矩确定时，其上任意一点的切应力 τ_ρ 的大小与该点到圆心的距离 ρ 成正比。实心圆截面上的切应力分布规律如图 5-9 所示。

由图可见，扭转切应力在横截面上的分布规律，与定轴转动刚体上速度的分布规律相同，即点到转动中心距离越远，切应力越大；点到转动中心距离越近，切应力越小；点在转动中心处，切应力为零；所有到转动中心距离相等的点，其切应力大小均相等。切应力的方向垂直于该点转动半径的方向，且与横截面上扭矩 T 的转向一致。

对于直径为 d 的圆轴，同一横截面边缘上各点到转动中心 O 的距离最大，即 $\rho = \rho_{max} = d/2$，因此在这些点上具有该横截面的最大切应力 τ_{max}。将 ρ_{max} 代入式（5-2）得

$$\tau_{max} = T\rho_{max}/I_p \tag{5-5}$$

在式（5-5）中若令 $W_p = I_p/\rho_{max}$，可将其改写为

$$\tau_{max} = \frac{|T|}{W_p} \tag{5-6}$$

式中　W_p——该横截面的抗扭截面系数，$W_p = I_p/\rho_{max}$，也是仅与截面的形状和尺寸有关的几何量，单位是长度 3 次方，如 mm^3。

对于直径为 d 的实心圆截面，其 W_p 为

$$W_p = \frac{I_p}{d/2} = \frac{1}{16}\pi d^3 \tag{5-7}$$

对于内外径为 d 和 D 的空心圆截面，其 W_p 为

$$W_p = \frac{\pi D^3}{16}(1 - \alpha^4) \tag{5-8}$$

式（5-5）和式（5-6）均为圆轴产生扭转变形时其任意一横截面上最大切应力的计算公式。

二、圆轴扭转强度条件

对于等截面轴，最大工作应力 τ_{max} 发生在最大扭矩 $|T_{max}|$ 所在截面的边缘上，最大扭矩 $|T_{max}|$ 可由轴的受力情况用截面法或在扭矩图上确定。于是，对于等截面轴可以把强度条件写成

$$\tau_{max} = \frac{T_{max}}{W_p} \leqslant [\tau] \tag{5-9}$$

式中的扭转许用剪应力 $[\tau]$ 是根据扭转试验并考虑适当的安全因数确定的。在静载荷作用下，它与许用拉应力 $[\sigma]$ 之间存在如下关系。

对于塑性材料　　　　　$[\tau] = (0.5 \sim 0.6)[\sigma]$ 　　　　　$(5-10)$

对于脆性材料 $\qquad [\tau]=(0.8\sim1.0)[\sigma]$ (5-11)

需要指出：对于工程中常用的阶梯圆轴，因为 W_p 不是常量，不一定发生于 $|T_{max}|$ 所在的截面上。这就要综合考虑扭矩 $|T_{max}|$ 和抗扭截面模量 W_p 两者的变化情况来确定。

扭转强度条件同样可以用来解决强度校核、截面设计和确定许用载荷三类扭转强度问题。

例 5-2　解放牌汽车主传动轴 AB（见图 5-10），传递的最大扭矩 $T=1930\mathrm{N\cdot m}$，传动轴用外径 $D=89\mathrm{mm}$、壁厚 $\delta=2.5\mathrm{mm}$ 的钢管制成，材料为 20 号钢，其许用剪应力 $[\tau]=70\times10^6\mathrm{N/m^2}$。试校核此轴的强度。

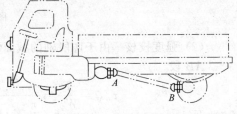

图 5-10　例 5-2 图

解　(1) 计算扭矩截面模量

$$a=\frac{d}{D}=\frac{8.9-2\times0.25}{8.9}=0.945$$

代入式（5-8），得

$$W=\frac{\pi\times8.9^3}{16}(1-0.945^4)\mathrm{cm^3}=28.1\ \mathrm{cm^3}$$

(2) 强度校核　由强度条件式（5-9），得

$$\tau_{max}=\frac{T}{W_p}=\frac{1930}{28.1\times10^{-6}}=68.7\times10^6\ \mathrm{N/m^2}<[\tau]$$

所以 AB 轴满足强度条件。

(3) 讨论　此例中，如果传动轴不用钢管而采用实心圆轴，使其与钢管有同样的强度（即两者的最大应力相同）。试确定其直径，并比较实心轴和空心轴的重量。由

$$\tau_{max}=\frac{T}{W_p}=\frac{T}{\pi d^3/16}=68.7\times10^6\ \mathrm{N/m^2}$$

可得

$$d=\sqrt[3]{\frac{1930\times16}{\pi\times68.7\times10^6}}=0.0523\mathrm{m}$$

实心轴横截面面积为

$$A_{实}=\frac{\pi d^2}{4}=\frac{\pi\times00523^2}{4}=21.5\times10^4\ \mathrm{m^2}$$

空心轴截面面积为

$$A_{空}=\frac{\pi(D^2-d^2)}{4}=\frac{\pi}{4}(89^2-84^2)\times10^{-6}=6.79\times10^4\ \mathrm{m^2}$$

在两轴长度相等，材料相同的情况下，两轴重量之比等于截面面积之比，得

$$\frac{G_{空}}{G_{实}}=\frac{A_{空}}{A_{实}}\frac{6.79}{21.5}=0.316$$

由此可见，在材料相同，载荷相同的条件下，空心轴的重量只有实心轴的 31.6%，其减轻重量节约材料是非常明显的。

* **例 5-3**　如图 5-11(a) 所示为阶梯形圆轴。其中 AB 段为实心部分，直径为 40mm；BD 段为空心部分，外径 $D=55\mathrm{mm}$，内径 $d=45\mathrm{mm}$。轴上 A、D、C 处为带轮，已知主动轮 C 输入的外力偶矩为 $M_C=1.8\mathrm{kN\cdot m}$，从动轮 A、D 传递的外力偶矩分别为 $M_A=0.8\mathrm{N\cdot m}$、$M_D=1\mathrm{kN\cdot m}$，材料的许用切应力 $[\tau]=80\mathrm{MPa}$。试校核该轴的强度。

解　(1) 画扭矩图　用截面法可做出该阶梯形圆轴的扭矩图，如图 5-11(b) 所示。

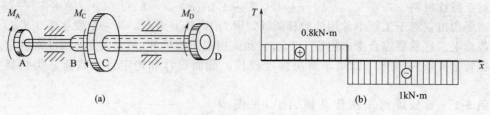

图 5-11 例 5-3 图

（2）强度校核 由于两段轴的截面面积和扭矩值不同，故要分别进行强校核。

AB 段

$$\tau_{max} = \frac{T}{W_p} = \frac{0.8 \times 10^3}{\frac{\pi}{16} \times (40 \times 10^{-3})^3} Pa = 63.7 MPa < [\tau]$$

CD 段轴的内外径之比

$$\alpha = \frac{d}{D} = \frac{45}{55} = 0.818$$

其最大切应力为

$$\tau_{max} = \frac{T}{W_p} = \frac{1 \times 10^3}{\frac{\pi}{16} \times (55 \times 10^{-3})^3 \times (1 - 0.818^4)} Pa = 55.5 MPa < [\tau]$$

由强度条件知 AB 段和 CD 段强度足够，所以此阶梯形圆轴满足强度条件。

第三节 圆轴扭转变形和刚度条件

一、圆轴扭转时的变形计算

圆轴扭转变形可用两个横截面间相对转动的角 φ 来表示，称之为相对扭转角。理论推导可知，若在长为 l 的一段轴内，各横截面上的扭矩 T 数值不变，则对同一种材料的等直圆轴来讲，数值 G、I_p 为常数，则该轴的扭转角可由下式计算，即

$$\varphi = \frac{Tl}{GI_p} \tag{5-12}$$

用式（5-12）计算 φ 的单位为弧度（rad），其转向与扭矩的转向相同，所以扭转角 φ 的正负号随扭矩正负号而定。

式（5-12）表明：扭转角 φ 与扭矩 T、轴长 l 成正比，而与 G、I_p 成反比。当扭矩 T 和轴长 l 为一定值时，GI_p 越大，φ 越小。GI_p 反映了圆轴抵抗扭转变形的能力，称为圆轴的抗扭刚度。

由式（5-12）算出的扭转角 φ 与轴的长度 l 有关，为消除长度的影响，将 φ 除以 l，称为单位扭转角 θ。故

$$\theta = \varphi/l = T/(GI_p) \tag{5-13}$$

用式（5-13）计算得到的 θ，其单位是 rad/m。

二、刚度条件

强度条件仅保证构件不破坏，要保证构件正常工作，有时还要求扭转变形不要过大，即

要求构件必须有足够的刚度。通常规定受扭圆轴的最大单位扭转角 θ（θ_{max}）不得超过规定的许用单位扭转角 $[\theta]$，因此刚度条件可写为

$$\theta = \frac{T}{GI_p} \leqslant [\theta] \qquad (5\text{-}14)$$

式中，θ 的单位是弧度/米（rad/m），而工程上 $[\theta]$ 常用度 $[(°)/m]$ 表示，因此刚度条件也可写为

$$\theta = \frac{T}{GI_p} \times \frac{180°}{\pi} \leqslant [\theta] \qquad (5\text{-}15)$$

圆轴 $[\theta]$ 的数值，可根据轴的工作条件和机器的精度要求，按实际情况从有关手册中查得。这里列举常用的一般数据如下。

精密机械的轴　　　　　$[\theta] = 0.25 \sim 0.5$（°/m）
一般传动轴　　　　　　$[\theta] = 0.5 \sim 1.0$（°/m）
精密较低传动轴　　　　$[\theta] = 2 \sim 4$（°/m）

这里仍需指出，式（5-15）是对等截面轴刚度条件，对于阶梯轴，其 θ_{max} 值还可能发生在较细的轴段上，要加以比较判断。

例 5-4　传动轴受到扭矩 $M_o = 2300\text{N}\cdot\text{m}$ 的作用，若 $[\tau] = 40\text{MN/m}$，传动轴受到扭矩 $T = 2300\text{N}\cdot\text{m}$ 的作用，若 $[\theta] = 0.8°/m$、$G = 80\text{GPa}$，试按强度条件和刚度条件设计轴的直径。

解　根据强度条件

$$d \geqslant \sqrt[3]{\frac{16 \times 2300}{\pi \times 40 \times 10^6}} = 0.0664\text{m} = 66.4\text{mm}$$

根据刚度条件

$$\theta_{max} = \frac{T}{GI_p} \times \frac{180}{\pi} \leqslant [\theta]$$

将 $I_p = \dfrac{\pi d^4}{32}$ 代入，得

$$d \geqslant \sqrt[4]{\frac{32T \times 180}{G\pi^2[\theta]}} = \sqrt[4]{\frac{32 \times 2300 \times 180}{80 \times 10^9 \times \pi^2 \times 0.8}}\text{m} = 0.0677\text{m} = 67.7\text{mm}$$

为了同时满足强度和刚度的要求，应在两个直径中选择较大者，即取轴的直径 $d = 68\text{mm}$。

 复习题

5.1　扭转变形的轴，各截面上的内力为＿＿＿。
　　A. 剪力　　　　　B. 剪应力　　　　C. 弯矩　　　　D. 扭矩
5.2　受扭转变形的轴，各截面上的应力为＿＿＿。
　　A. 拉应力　　　　B. 剪应力　　　　C. 压应力　　　　D. 扭应力
5.3　对扭转轴的校核，要进行＿＿＿校核。
　　A. 强度校核　　　B. 刚度校核　　　C. A 和 B　　　D. 扭矩校核
5.4　抗扭截面模量 W_p 的单位是＿＿＿。
　　A. 米的 4 次方　　B. 米的 3 次方　　C. 帕斯卡　　　D. 牛顿·米
5.5　轴的扭转强度条件能解决的问题是＿＿＿。

    A. 强度校核   B. 刚度校核   C. 选择截面   D. 确定许用载荷

5.6　轴的扭转刚度条件 $\theta_{max} = \dfrac{M_p}{GJ_\rho} \cdot \dfrac{180}{\pi} \leqslant [\theta]$ 能解决的问题是____。

    A. 强度校核   B. 正应力校核 C. 刚度校核 D. 剪应力校核

5.7　传递扭矩的轴，在轴截面材料相同的情况下，为充分利用材料的强度性能，其截面宜做成____。

    A. 实心圆截面轴   B. 空心环形截面轴
    C. 矩形截面轴   D. 工字形截面轴

 习题

5-1　用截面法求如题 5-1 图所示杆在截面 1—1、2—2 上的扭矩，并于截面上表示出该截面上扭矩的转向。

5-2　绘出如题 5-2 图所示各杆的扭矩图。

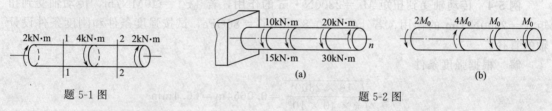

题 5-1 图   题 5-2 图

5-3　一直径为 20mm 的钢轴，若 $[\tau] = 100MPa$，求此轴能承受的扭矩。如转速为 100r/min，求此轴能传递的功率是多少。

5-4　一圆轴以 $n = 300r/min$ 的转速转动，传递的功率 $P = 33.1kW$。如材料为 45 钢，其用切应力 $[\tau] = 40MPa$，许用扭转角 $[\theta] = 0.5°/m$，剪切弹性模量 $G = 80GPa$。求轴的直径。

*5-5　阶梯形圆轴直径 $d_1 = 4cm$，$d_2 = 7cm$。轴上装有三个皮带轮，如题 5-5 图所示。已知由轮 3 输入的功率为 $P_3 = 30000W$，轮 1 输出的功率为 $P_1 = 13000W$，轴作匀速转动，转速 $n = 200r/min$，材料的许用剪应力 $[\tau] = 60MN/m^2$，$G = 80GPa$，许用单位扭转角 $[\theta] = 2°/m$。试校核轴的强度和刚度。

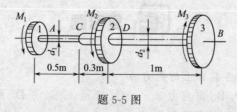

题 5-5 图

第六章

直梁平面弯曲

弯曲是工程实际中最常见的一种基本变形。本章重点研究直梁平面弯曲变形。

第一节 弯曲和平面弯曲的概念与实例

在日常生活和工程实际中，经常遇到发生弯曲变形的构件。桥式起重机的横梁在被吊物体的重力 G 和横梁自重 q 的作用下发生的变形（见图 6-1），火车轮轴在车厢重量作用下发生的变形（见图 6-2），悬臂管道支架在管道重物作用下发生的变形（见图 6-3）等，都是弯曲的实例。这些构件尽管形状各异，加载的方式也不尽相同，但它们所发生的变形却有共同的特点，即所有作用于这些杆件上的外力都垂直于杆的轴线，这种外力称为横向力。在横向

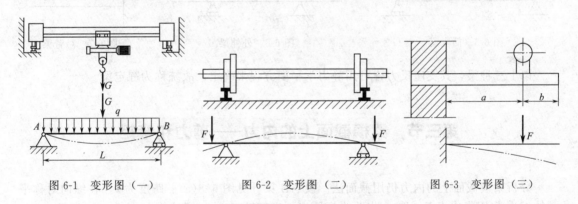

图 6-1 变形图（一）　　　　图 6-2 变形图（二）　　　　图 6-3 变形图（三）

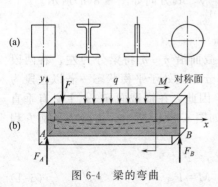

图 6-4 梁的弯曲

力作用下，杆的轴线将弯曲成一条曲线，这种变形形式称为弯曲。凡是以弯曲变形为主的杆件习惯上称为梁。工程中的梁包括结构物中的各种梁，也包括机械中的转轴和齿轮轴等。

工程中的梁一般都具有纵向对称平面［见图 6-4(a)］，当作用于梁上的所有外力（包括支座）都作用在此纵向对称平面［见图 6-4(b)］内时，梁的轴线就在该平面内弯成一平面曲线，这种弯曲称为平面弯曲。平面弯曲是弯曲中较简单的情况。本章只讨论平面弯曲问题。

第二节　梁的计算简图及分类

　　工程上梁的截面形状、载荷及支承情况都比较复杂，为了便于分析和计算必须对梁进行简化（包括梁本身的简化、载荷的简化以及支座的简化等）。

　　不管梁的截面形状有多复杂，都可将其简化为一直杆，并用梁的轴线来表示。如图 6-1～图 6-3 所示。

　　作用于梁上的外力（包括载荷和支座约束力），可以简化为集中力、分布载荷和集中力偶三种形式：若载荷的作用范围较小，则简化为集中力；若载荷连续作用于梁上，则简化为分布载荷；集中力偶可理解为力偶的两力分布在很短的一段梁上。

　　根据支座对梁约束的不同特点，支座可简化为静力学中的三种形式，即活动铰链支座、同定铰链支座和固定端支座，因而简单的梁有以下三种类型。

　　（1）简支梁　梁的一端为固定铰支座，另一端为活动铰支座，如图 6-5 所示。

　　（2）外伸梁　梁有一个固定铰支座和一个活动铰支座，而梁的一端或两端伸出支座之外，如图 6-6 所示。

　　（3）悬臂梁　梁的一端固定，另一端自由，如图 6-7 所示。

　　简支梁或外伸梁的两个铰支座之间的距离称为跨度，用 l 来表示。悬臂梁的跨度是固定端到自由端的距离。

图 6-5　简支梁　　　　　　　　图 6-6　外伸梁　　　　　　　图 6-7　悬臂梁

　　以上三种梁，其支座反力皆可用静力学平衡方程来确定，故统称为静定梁。

第三节　梁横截面上的内力——剪力和弯矩

　　分析梁横截面上的内力仍用截面法。设 AB 梁〔见图 6-8(a)〕跨度为 l，在纵向对称平面的 C 处作用集中力 F。取 A 点为坐标原点，坐标轴 x、y，其方向如图 6-8(a)所示。

　　根据静力平衡方程，求出支座反力

$$F_A = F_p b/l \text{ 和 } F_B = F_p a/l$$

　　为了分析距原点为 x 的横截面 $n—n$ 上的内力，用截面沿 $n—n$ 将梁分为左、右两段〔见图 6-8(b)、(c)〕。由于整个梁是平衡的，它的任一部分也应处于平衡状态。若以左段为研究对象，由于外力有使左段上移和顺时针转动的作用，因此，在横截面 $n—n$ 上必有垂直向下的内力 F_Q 和逆时针转动的内力偶矩 M 与之平衡，如图 6-8(b)所示。由静力平衡方程即可求出 F_Q 与 M 的值

$$\sum F_y = 0, \quad F_A - F_Q = 0 \qquad F_Q = F_A$$

$$\sum M_C(F) = 0, \quad F_A x - M = 0 \qquad M = F_A x \tag{6-1}$$

　　由上面分析可知，AB 梁发生弯曲变形时，横截面上的内力由两部分组成：作用线切于

截面、通过截面形心并在纵向对称面内的力 F_Q 和位于纵向对称面的力偶 M，它们分别称为切力和弯矩。

在计算 n—n 截面上的切力和弯矩时，也可取右段为研究对象。显然，取右段所求的切力和弯矩的大小与取左段求得的切力和弯矩大小相等、方向相反，它们是作用与反作用的关系，如图 6-8(c) 所示。

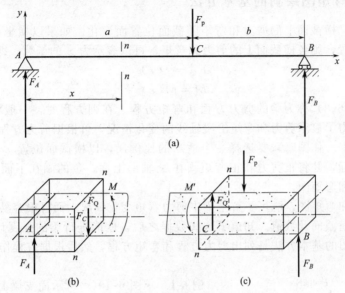

图 6-8　梁截面上的内力

工程中，对于一般的梁（跨度与横截面高度之比 $l/h > 5$），弯矩起着主要的作用，而切力则是次要因素，在强度计算中可以忽略。因此，下面仅讨论有关弯矩作用的一些问题。

为了使同一截面两边的弯矩在正负符号上统一起来，根据梁的变形情况作如下规定：梁变形后，若凹面向上，截面上的弯矩为正；反之，若凹面向下，截面上的弯矩为负。如图 6-9 所示。

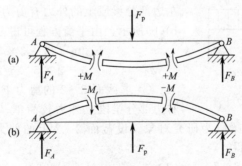

图 6-9　梁弯矩的正负规定

根据上述弯矩正、负号的规定及式（6-1）可以看出，弯矩的计算有以下的规律：若取梁的左段为研究对象，横截面上的弯矩的大小等于此截面左边梁上所有外力（包括力偶）对截面形心力矩的代数和，外力矩为顺时针时，截面上的弯矩为正，反之为负。若取梁的右段为研究对象，横截面上的弯矩的大小等于此截面右边梁上所有外力（包括力偶）对截面形心力矩的代数和，外力矩为逆时针时，截面上的弯矩为正，反之为负。

有了上述规律后，在实际运算中就不必用假想截面将截面截开，再用平衡方程去求弯矩，而可直接利用上述规律求出任意截面上弯矩的值及其转向。

第四节　剪力图和弯矩图

一、剪力图和弯矩图绘制的基本方法

一般情况下，横截面上的剪力和弯矩随截面位置而变化。如果以横坐标 x 表示横截面在梁轴线上的位置，则各横截面上的剪力和弯矩，可以表示为 x 的函数，即

$$F_Q = f(x) \tag{6-2}$$

$$M = M(x) \tag{6-3}$$

式（6-2）和式（6-3）称为梁的剪力方程和弯矩方程。在列方程时，一般将坐标 x 的原点取在梁的左端。为了显示剪力和弯矩沿梁轴线的变化情况，可根据剪力方程和弯矩方程用图线把它们表示出来。作图时，要选择一个适当的比例尺，以横截面位置 x 为横坐标，剪力和弯矩值为纵坐标，并将正剪力和正弯矩画在 x 轴的上面，负的画在下面，这样所得的图线，称为剪力图和弯矩图。

根据剪力图和弯矩图，既可了解全梁中剪力弯矩变化情况，而且很容易找出梁内最大剪力和弯矩所在的横截面及数值。知道了这些数据之后，就能进行梁的强度计算和刚度计算。画剪力图和弯矩图的基本方法是列出剪力方程和弯矩方程，然后根据方程作图。下面用例题来说明。

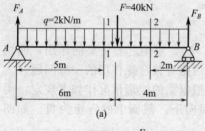

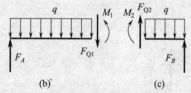

图 6-10　例 6-1 图

例 6-1　求图 6-10(a)所示简支梁截面 1—1 及 2—2 的剪力和弯矩。

解　① 计算梁的支座约束力。由平衡方程

$$\sum M_A = 0 \quad F_B \times 10\text{m} - F \times 6\text{m} - q \times 10\text{m} \times 5\text{m} = 0$$

$$\sum F_y = 0 \quad F_A + F_B - 40\text{kN} - 2\text{kN/m} \times 10\text{m} = 0$$

得　　　　$F_A = 26\text{kN}$　　$F_B = 34\text{kN}$

② 求截面 1—1 的剪力 F_{Q1} 及弯矩 M_1。截面 1—1 左边部分梁段上的外力有剪力 F_{Q1} 和弯矩 M_1，如图 6-10(b)所示，由平衡方程可得

$$F_{Q1} = (26 - 2 \times 5)\text{kN} = 16\text{kN}$$

$$M_1 = (26 \times 5 - 2 \times 5 \times 5/2)\text{kN} \cdot \text{m} = 105\text{kN} \cdot \text{m}$$

③ 求截面 2—2 的剪力 F_{Q2} 及弯矩 M_2。截面 2—2 右边部分梁段上外力较简单，故求截面 2—2 的剪力和弯矩时，取该截面的右边梁段为研究对象。设截面 2—2 上的剪力 F_{Q2} 和弯矩，如图 6-10(c)所示，由平衡方程可得

$$F_{Q2} = (2 \times 2 - 34)\text{kN} = -30\text{kN}$$

$$M_2 = (34 \times 2 - 2 \times 2 \times 1)\text{kN} \cdot \text{m} = 64\text{kN} \cdot \text{m}$$

F_{Q2} 得负值，说明与图示假设方向相反，即为负剪力。

由上面的例子可以总结出计算梁的内力（剪力 F_Q 和弯矩 M）的一般步骤如下。

① 用假想截面从被指定的截面处将梁截为两部分。

② 以其中任意部分为研究对象，在截开的截面上画出来未知的 F_Q 和 M 的方向。

③ 应用平衡方程计算 F_Q 和 M 的值。

④ 根据计算结果，结合题意判断 F_Q 和 M 的方向。

一般来说，弯曲时任一截面上既有剪力又有弯矩，而且不同的截面上确定剪力和弯矩，

情况是比较复杂的。为了了解梁中剪力和弯矩变化情况并获得梁中最大弯矩，一般需画剪力图和弯矩图。下面介绍梁的剪力图和弯矩的绘制方法。

例 6-2　简支梁如图 6-11 所示。在跨度内某一点受集中力的作用，试作此梁的剪力图和弯矩图。

解　（1）列剪力方程和弯矩方程　将梁左端 A 点取作坐标原点。在求此梁距离左端为 x 的任意横截面上的剪力和弯矩时，不必先求出梁支座反力，而可根据截面左侧梁的平衡求得

$$F_Q = -P \qquad (0 < x < 1) \tag{1}$$

$$M = -Px \qquad (0 \leqslant x < 1) \tag{2}$$

式（1）和式（2）就是此梁的剪力方程和弯矩方程，在式后的括号内，表示方程的适用范围。

（2）画剪力图和弯矩图　式（1）表明，剪力 F_Q 与 x 无关，故剪力图是水平线；式（2）表明，弯矩 M 是 x 的一次函数，故弯矩图是一条倾斜直线，需要由图线的两个点来确定这条直线。

以上研究了列剪力方程和弯矩方程、画剪力图和弯矩图的方法。但在实际工程计算中，由于剪力对梁的强度和刚度的影响比弯矩小，一般情况下剪力不必考虑，因而一般也不必画剪力图，只画弯矩图。为简单起见，下面仅对弯矩图作进一步的讨论。

例 6-3　简支梁 AB，在 C 点处受集中力 P 作用，如图 6-12 所示。试作此梁的弯矩图。

解　（1）求支座反力　设支座反力 R_A 和 R_B 均向上，有

$$\sum M_A = 0 \qquad R_B l - Pa = 0, \quad R_B = \frac{a}{l}P$$

$$\sum M_B = 0 \qquad R_A l - Pb = 0, \quad R_A = \frac{b}{l}P$$

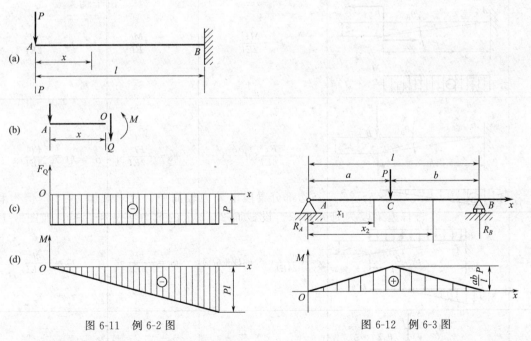

图 6-11　例 6-2 图　　　　　图 6-12　例 6-3 图

（2）建立弯矩方程　因为梁在 C 点处受集中力作用，故 AC 和 BC 两段梁的弯矩方程不同，必须分别列出。

在 AC 和 BC 段内，任取距原点为 x_1 和 x_2 的截面，并皆取截面左段为研究对象，则 AC 段的方程为

$$M_1 = R_A x_1 = \frac{b}{l} P x_1 \qquad (0 \leqslant x_1 \leqslant a)$$

BC 段的方程为

$$M_2 = R_A x_2 = -P(x_2 - a) = \frac{Pa}{l}(l - x_2) \qquad (a \leqslant x_2 \leqslant l)$$

（3）画出弯矩图　因 M_1 和 M_2 都是一次函数，故弯矩图在 AC 段和 BC 段均为一条斜直线，各段内先定出两点即可连出直线。

当 $x_1 = 0$ 时，$M_A = 0$；当 $x_1 = a$ 时，$M_C = \frac{ab}{l}P$

当 $x_2 = a$ 时，$M_C = \frac{ab}{l}P$；$x_2 = l$ 时，$M_B = 0$

由此可画出梁的弯矩图。如图 6-12 所示。

二、弯矩图的查表法与叠加法

1. 弯矩图的查表法

以上各例所作弯矩图都是首先列出弯矩方程，然后按方程画弯矩图。当梁上外力有变化时，还需要分段列出弯矩方程，分段画出剪力图和弯矩图来，有时是比较麻烦的。工程实际计算中常用剪力图和弯矩图的查表法。表 6-1 中列举了几种受单一载荷作用的梁的弯矩图。

表 6-1　几种简单载荷作用下梁的弯矩图、挠度和转角

序号	梁的简图和弯矩图	挠曲线方程	端截面转角	最大挠度
1	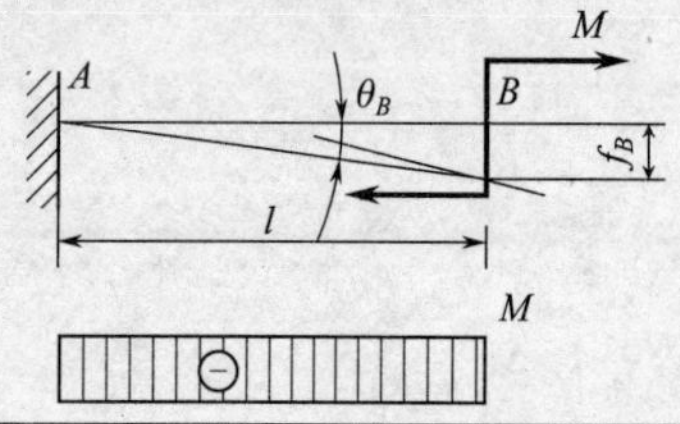	$y = -\dfrac{Mx^2}{2EI}$	$\theta_B = -\dfrac{Ml}{EI}$	$f_B = -\dfrac{Ml^2}{2EI}$
2	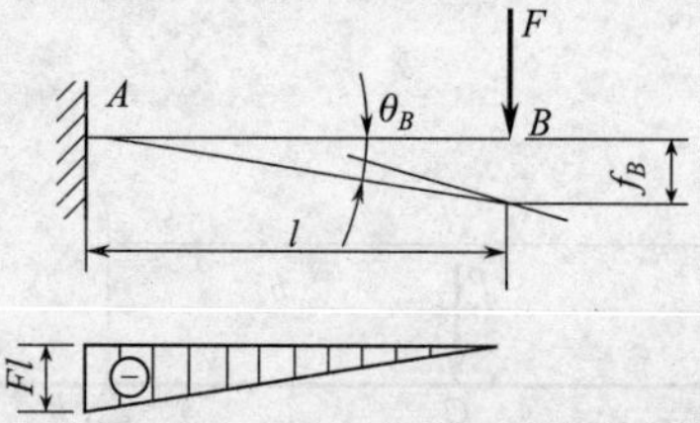	$y = -\dfrac{Fx^2}{6EI}(3l - x)$	$\theta_B = -\dfrac{Fl^2}{2EI}$	$f_B = -\dfrac{Fl^3}{3EI}$
3	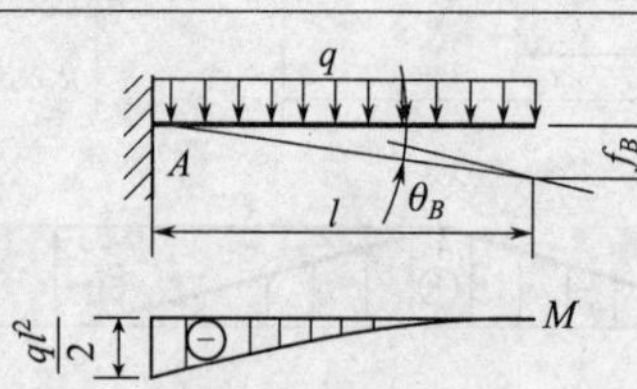	$y = -\dfrac{qx^2}{24EI}(x^2 - 4lx + 6l^2)$	$\theta_B = -\dfrac{ql^3}{6EI}$	$f_B = -\dfrac{ql^4}{8EI}$
4	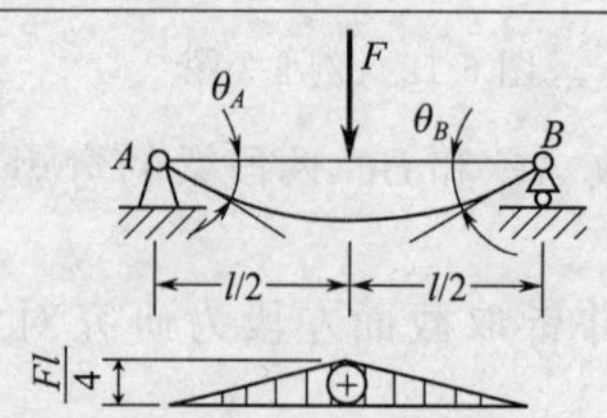	$y = -\dfrac{Fx}{48EI}(3l^2 - 4x^2)$ $0 \leqslant x \leqslant \dfrac{l}{2}$	$\theta_A = \theta_B = -\dfrac{Fl^2}{16EI}$	$f_{max} = -\dfrac{Fl^3}{48EI}$

续表

序号	梁的简图和弯矩图	挠曲线方程	端截面转角	最大挠度
5		$y=\dfrac{Fbx}{6EIl}(l^2-x^2-b^2)$ $0\leqslant x\leqslant a$ $y=\dfrac{Fb}{6EIl}\left[\dfrac{l}{b}(l-a)^3+\right.$ $\left.(l^2-b^2)x-x^3\right]a\leqslant x\leqslant l$	$\theta_A=-\dfrac{Fab(l+b)}{6EIl}$ $\theta_B=\dfrac{Fab(l+a)}{16EI}$	设 $a>b$ 在 $x=\sqrt{\dfrac{l^2-b^2}{3}}$ 处 $f_{max}=-\dfrac{Fb(l^2-b^2)^{3/2}}{9\sqrt{3}\,EIl}$ 在 $x=\dfrac{l}{2}$ 处 $f+=-\dfrac{Fb(3l^2-4b^2)}{48EIl}$
6		$y=-\dfrac{qx^2}{24EI}(l^3-2lx^2+x^3)$	$\theta_A=-\theta_B=-\dfrac{ql^3}{24EI}$	$f_{max}=-\dfrac{5ql^4}{384EI}$

2. 弯矩图的叠加法

例 6-4　试用叠加法作如图 6-13(a)所示悬臂梁的弯矩图。设 $F=3q/8$。

解　查表 6-1，先分别做出梁只有集中载荷和只有分布载荷作用下的弯矩图［见图 6-13(b)和(c)］。两图的弯矩具有不同的符号，为了便于叠加，在叠加时可把它们画在 x 轴的同一侧。例如，同画在坐标的下侧［见图 6-13(d)］。于是，两图共同部分，其正值和负值的纵坐标互相抵消。剩下的图形即代表叠加后的弯矩。如将其改为以水平线为基线的图，即得通常形式的弯矩图［见图 6-13(e)］。最大弯矩值 $|M|_{max}=\dfrac{ql^2}{8}$ 发生在根部截面上。

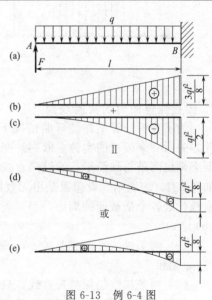

图 6-13　例 6-4 图

第五节　弯曲时的正应力

在前面中已经研究了如何计算梁横截面上的内力。为了进行梁的校核和设计工作，必须进一步研究梁横截面上的应力情况。

梁弯曲时，横截面上一般存在两种内力，即剪力和弯矩，这种弯曲称为剪力弯曲，如图 6-14(a)所示的 AC 和 DB 两段梁发生的变形即为剪力弯曲。在某些情况下，梁的某区段或整个梁内横截面上剪力为零（即无剪力）而弯矩为常量，这种梁的弯曲称为纯弯曲。如图 6-14(a)所示梁的 CD 区段发生的变形即为纯弯曲。由于剪力弯曲梁有两种内力，因此与之相应的应力也有两种。但是，当梁比较细长时，弯矩引起的应力往往是决定梁是否被破坏的主要因素，而剪力引起的应力一般可以不考虑。

一、纯弯曲时梁横截面上的正应力

下面先针对纯弯曲的情况来分析应力。如图 6-15(a)所示，取一梁段，该梁的两端只受到一对外力偶的作用［见图 6-15(b)］，显然该梁段的弯曲为纯弯曲。

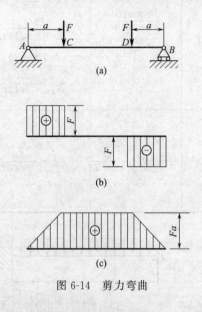

图 6-14 剪力弯曲

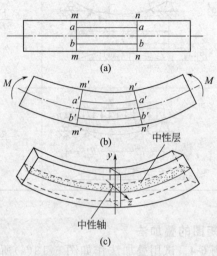

图 6-15 纯弯曲变形现象

1. 梁在纯弯曲时的实验观察

为了分析计算梁在纯弯曲情况下的正应力，必须先研究梁在纯弯曲时的变形现象。为此，先做一个简单的实验。取容易变形的材料（如橡胶）做成一根矩形截面的梁，在梁的表面上画出两条与轴线平行的纵向直线 aa 和 bb，以及与轴线垂直的横向直线 $m—m$ 和 $n—n$，如图 6-15(a)所示。设想梁是由无数层纵向纤维组成的，于是纵向直线代表纵向纤维，横向直线代表各个横截面的周边。当梁发生纯弯曲变形时，可观察到下列一些现象［见图 6-15(b)］。

（1）两条纵线都弯成曲线 $a'a'$ 和 $b'b'$，且靠近底面的纵线 bb 伸长了，而靠近顶面的纵线 aa 缩短了。

（2）两条横线仍保持为直线，只是相互倾斜了一个角度，但仍垂直于弯成曲线的纵线。

根据上述变形现象，可认为梁的横截面在变形后仍为平面（平截面假设），并仍垂直于变形后的梁轴线，而纵向纤维的变形沿截面高度应该是连续变化的。所以，从伸长区到缩短区，中间必有一层纤维既不伸长也不缩短。这一长度不变的过渡层称为中性层［见图 6-15(c)］，中性层与横截面的交线称为中性轴。中性轴是中性层与横截面的交线。

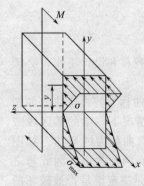

图 6-16 梁横截面
上的应力分布规律

2. 纯弯曲时梁的应力分析

由弯曲平面假设可得：梁纯弯曲时，横截面上只有正应力（拉应力和压应力）而无剪应力。以中性轴为界，凹边是压缩正应力，使梁缩短；凸边是拉伸正应力，使梁伸长。

由于梁横截面保持平面，所以沿横截面高度方向纵向纤维从缩短到伸长是线性变化的。因此横截面上的正应力沿横截面高度方向纯弯曲时，梁横截面上的应力分布规律如图 6-16 所示。

3. 纯弯曲时梁的正应力

由于应力分析方法需考虑几何、物理和静力学等方面，所以应力公式推导比较复杂。为简单起见，本书对梁纯弯曲时的应力公式不进行详细讨论，只扼要介绍纯弯曲应力公式推导过程，重点讨论弯曲应力计算方法。

根据胡克定律，在弹性范围内，梁横截面上的正应力与距离 y 成正比。经推导可得梁纯弯曲时横截面上任意一点的正应力为

$$\sigma = \frac{My}{I_z} \tag{6-4}$$

式中　M——横截面上的弯矩，N·mm；

$\quad\quad y$——计算正应力的点到中性轴的距离，mm；

$\quad\quad I_z$——横截面对中性轴 z 的惯性矩，mm^4。

由式（6-4）可知，横截面上同一高度各点的正应力相等，中性轴上各点正应力为零，距中性轴最远点有最大拉应力和最大压应力，即

$$\sigma_{\max} = \frac{M}{I_z} y_{\max} = \frac{M}{I_z / y_{\max}} \tag{6-5}$$

令
$$I_z / y_{\max} = W$$

则
$$\sigma = \frac{M}{W} \tag{6-6}$$

式中　W——抗弯截面模量，mm^3。

惯性矩 I_z 和抗弯截面模量 W 都是仅与截面形状和尺寸有关的几何量，反映直梁截面抗弯能力的大小。为便于计算时查用，现将截面图形的几何性质及惯性矩和抗弯截面模量计算公式列于表 6-2 中。

表 6-2　常用截面的几何性质计算公式

截面图形	形心轴惯性矩	抗弯截面模量
	$I_z = \dfrac{bh^3}{12}$ $I_y = \dfrac{hb^3}{12}$	$W_z = \dfrac{bh^2}{6}$ $W_y = \dfrac{hb^2}{6}$
	$I_z = I_y = \dfrac{\pi D^4}{64} \approx 0.05 D^4$	$W_z = W_y = \dfrac{\pi D^3}{32} \approx 0.1 D^3$
	$I_z = I_y = \dfrac{\pi}{64}(D^4 - d^4) =$ $\dfrac{\pi}{64}D^4(1-\alpha^4) \approx 0.05 D^4(1-\alpha^4)$ 式中　$\alpha = \dfrac{d}{D}$	$W_z = W_y = \dfrac{\pi D^3}{32}(1-\alpha^4)$ $\approx 0.1 D^3(1-\alpha^4)$ 式中　$\alpha = \dfrac{d}{D}$

二、纯弯曲梁正应力公式的推广

如上所述，式（6-1）是以平面假设为基础，并按直梁受纯弯曲的情况下求得的，但梁一般为剪切弯曲，这是工程实际中最常见的情况。此时，梁的横截面不再保持为平面，同时在与中性层平行的纵截面上还有横向力引起的挤压应力。

但由弹性力学证明，对跨长 l 与横截面高度之比（l/h）>5 的梁，虽有上述因素，但横截面上的正应力分布规律与纯弯曲的情况几乎相同。这就是说，剪力和挤压的影响甚少，可以忽略不计。因而平面假设和纤维之间互不挤压的假设，在剪切弯曲的情况下仍可适用。工程实际中常见的梁，其 l/h 的值远大于 5。因此，纯弯曲时的正应力公式可以足够精确地用来计算直梁在剪切弯曲时横截面上的正应力，对曲梁也可应用。

第六节　梁弯曲时的强度计算

一、梁的强度条件

要使梁具有足够的强度，必须使梁的最大工作应力不超过材料的许用弯曲应力，即

$$\sigma_{\max} = \frac{M}{W} \leqslant [\sigma] \tag{6-7}$$

式（6-7）即为梁纯弯曲时的强度条件。根据强度条件，可以解决强度校核、选择截面和确定许可载荷三类问题。

① 强度校核验算梁的强度是否满足强度条件，判断梁的工作是否安全。

② 设计截面尺寸根据梁的最大载荷和材料的许用应力，确定梁截面的尺寸和形状或选用合适的标准型钢。

③ 确定许用载荷根据梁截面的形状和尺寸及许用应力，确定梁可承受的最大弯矩，再由弯矩和载荷的关系确定梁的许用载荷。

二、梁的强度条件计算举例

例 6-5　一吊车［见图 6-17(a)］用 32c 工字钢制成，将其简化为一简支梁［见图 6-17(b)］，梁长 $l = 10\text{m}$，自重不计。若最大起重载荷为 $F = 35\text{kN}$（包括葫芦和钢丝绳），许用应力为 $[\sigma] = 130\text{MPa}$，试校核梁的强度。

解　(1) 求最大弯矩　当载荷在梁中点时，该处产生最大弯矩。从表 6-1 中可查得

$$M_{\max} = \frac{Fl}{4} = \frac{35 \times 10}{4}\text{kN} \cdot \text{m} = 87.5\text{kN} \cdot \text{m}$$

(2) 校核梁的强度　查型钢表得 32c 工字钢的抗弯截面系数 $W_z = 760\text{cm}^3$，所以

$$\sigma_{\max} = \frac{M_{\max}}{W_z} = \frac{87.5 \times 10^3}{760 \times 10^{-6}}\text{Pa} = 115.1\text{MPa} < [\sigma]$$

说明梁的工作是安全的。

例 6-6　某设备中要一根支承物料重量的梁，可简化为受均布载荷的简支梁（见图 6-18）。已知梁的跨长 $l = 2.83\text{m}$，所受均布载荷的集度 $q = 23\text{kN/m}$，材料为 45 号钢，许用弯曲正应力 $[\sigma] = 140\text{MPa}$，问该梁应该选用几号工字钢？

解　这是一个设计梁的截面问题，为此先求出梁所需的抗弯截面系数。在梁跨中点横截

面上的最大弯矩为

$$M_{\max} = \frac{1}{8}ql^2 = \frac{23 \times (2.83)^2}{8} = 23\text{kN} \cdot \text{m}$$

所需的抗弯截面系数为

$$W_z = \frac{M_{\max}}{[\sigma]} = \frac{23 \times 10^3}{140 \times 10^6}\text{m}^3 = 165\text{cm}^3$$

查型钢规格表，选用 18 号工字钢，$W_z = 185\text{cm}^3$。

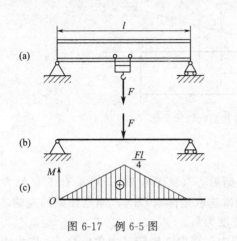

图 6-17　例 6-5 图

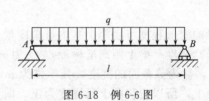

图 6-18　例 6-6 图

第七节　梁的弯曲变形计算和刚度校核

一、弯曲变形的概念

前面研究了梁的弯曲强度问题。在实际工程中，某些受弯构件在工作中不仅需要满足强度条件以防止构件破坏，还要求其有足够的刚度。如图 6-19(a)所示的车床主轴，若弯曲变形过大，应会引起轴颈的急剧磨损，使齿轮间啮合不良，影响加工件的精度；又如起重机的大梁起吊重物时，若其弯曲变形过大就会使起重机在运行时产生爬坡现象，引起较大的振动，破坏起吊工作中的平稳性；再如输液管道若弯曲变形过大，将影响管内液体的正常输送，出现积液、沉淀和管道连接处不密封等现象。因此，必须限制构件的弯曲变形。但在某些情况下，也可利用构件的弯曲变形来为生产服务。例如汽车轮轴上的叠板弹簧 [见图 6-19(b)]，就是利用其弯曲变形来缓和车辆受到的冲击和振动，这时就要求弹簧有较大的弯曲变形了。

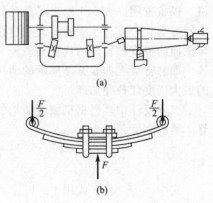

图 6-19　车床主轴弯曲变形

根据工程上的需要，为了限制或利用弯曲构件的变形，必须研究弯曲变形的规律。

二、挠度和转角

梁受外力作用后，它的轴线由原来的直线变成了一条连续而光滑的曲线［见图 6-20］，称为挠曲线。因为梁的变形是弹性变形，所以梁的挠曲线也称为弹性曲线。弹性曲线可以表示为 $y=f(x)$，称为弹性曲线方程（又称挠度方程）。

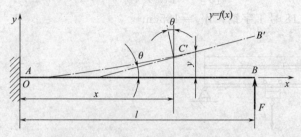

图 6-20　梁受外力作用后的轴线变化

梁的变形程度可用两个基本量来度量。

（1）挠度　梁上距离坐标原点 O 为 x 的截面形心（见图 6-20），沿垂直于 x 轴方向的位移 y，称为该截面的挠度，其单位为 mm。通常选取坐标系 Oxy，原点在梁的左端，y 轴正向向上，所以位移向上时挠度为正，向下时挠度为负。

（2）转角　梁的任一横截面在弯曲变形过程中，绕中性轴转过的角位移 θ，称为该截面的转角。因为变形前后横截面垂直于梁的轴线，也可把轴与弹性曲线上某点（对应一截面）切线的夹角看成是梁上该截面的转角（见图 6-20）。转角的单位是弧度（rad）。

一般来说，不同的截面上有不同的挠度和不同的转角，所以挠度和转角都是截面位置坐标 Ox 的函数，分别称为挠度方程 $y=y(x)$ 和转角方程 $\theta=\theta(x)$。可以通过高等数学建立梁的挠曲线近似微分方程积分法。代数叠加法是求梁变形的基本方法，但运算过程烦琐。因此，在一般设计手册中，已将常见梁的挠度方程、梁端面转角和最大挠度计算公式列成表格，以备查用。表 6-1 给出了几种简单载荷作用下梁的挠度和转角。如采用叠加法，即当梁上同时受几个垂直于梁轴线的载荷作用时，任一截面的挠度和转角，等于各载荷单独作用时该截面的挠度和转角的代数和。

如悬臂梁在如表 6-2 所示的两种载荷作用下，试求最大挠度，只需将该两种载荷下查得的最大挠度代数叠加即可。

工程设计中，根据机械或结构的工作要求，常对挠度或转角加以限制，对梁进行刚度计算。梁的刚度条件为

$$|y|_{max}=|f|_{max} \leqslant [f] \tag{6-18}$$

$$|\theta|_{max} \leqslant [\theta] \tag{6-19}$$

式中，$|f|_{max}$（或用 $|y|_{max}$）和 $|\theta|_{max}$ 分别为梁的最大挠度和最大转角的绝对值；$[f]$ 和 $[\theta]$ 则为规定的许可挠度和转角。视工作要求不同，$[f]$ 和 $[\theta]$ 的数值可由有关规范中查得。例如：

例 6-7　试校核例 6-6 所选择的 18 号工字钢截面简支梁的刚度。设材料的弹性模量 $E=206$GPa，梁的许用挠度 $[y]=l/500$。

解　查型钢表，18 号工字钢的惯性矩 $I=16.6 \times 10^{-6} m^4$。梁的许用挠度为

$$[y]=l/500=(2830/500)mm=5.66mm$$

而最大挠度在梁跨中点，其值为

$$|y|_{max} = \frac{5ql^4}{384EI} = \frac{5 \times 23 \times 10^3 \times (2.83)^4}{384 \times 206 \times 10^9 \times 16.6 \times 10^{-6}} \text{m}$$
$$= 5.62 \times 10^{-3} \text{m} = 5.62 \text{mm} < [y]$$

这说明该梁满足刚度条件。

*第八节　简单超静定梁的解法

一、超静定梁的概念

在前面所讨论的梁的约束力都可以通过静力平衡方程求得，这种梁称为静定梁。在工程实际中，有时为了提高梁的强度和刚度，除维持平衡所需的约束外，再增加一个或几个约束，当未知约束力的数目超过了所能列出的独立平衡方程的数目时，仅用静力平衡方程已不能完全求解，这样的梁称为超静定梁（或静不定梁）。那些超过维持平衡所必需的约束，习惯上称为多余约束；与其相应的约束力（包括约束力偶），称为多余约束力。而未知约束力的数目与独立的静定平衡方程数目的差数，称为超静定次数。解超静定梁问题与解拉（压）超静定问题一样，需要利用变形的协调条件和力与变形间的物理关系，建立补充方程，然后与平衡方程联立求解。

支座约束力求得后，其余的计算，如求弯矩、画弯矩图、进行梁的强度和刚度计算等与静定梁并无区别。

二、用变形比较法解超静定梁

如图 6-21(a)所示的梁为一次超静定梁，若将支座 B 看做是多余约束，设想将它解除，而以未知约束力 F_B 代替。这时，AB 梁在形式上相当于受均布载荷 q 和未知约束力 F_B 作用的静定梁［见图 6-21(b)］，这种形式上的静定梁称为基本静定梁。

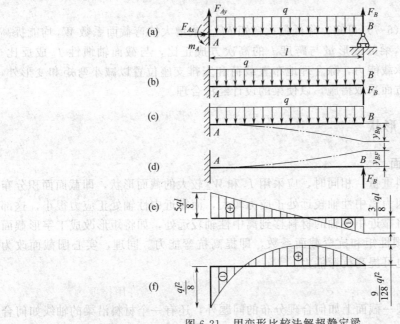

图 6-21　用变形比较法解超静定梁

上述基本静定梁上作用这两个力 q 和 F_B，若以 $(y_B)_q$ 和 $(y_B)_{FB}$ 分别表示 q 和 F_B 各自单独作用时 B 端的挠度 [见图 6-21(c)、(d)]，则 q 和 F_B 共同作用时，B 端的挠度应为

$$y_B = (y_B)_q + (y_B)_F$$

实际上，B 端是铰支座，且 A 与 B 始终在同一水平线上，它不应有任何垂直位移，即这就是变形协调条件。从这一变形条件，就可列出一个补充方程，用以求出多余约束力 F_B。由于这一变形协调条件是通过基本静定梁与超静定梁在 B 端的变形相比后得到的，故用这一条件求解超静定梁约束力的方法，称为变形比较法。

查表 6-2，得出力与变形间的物理关系，即

$$y_B = (y_B)_q + (y_B)_F = 0 \tag{1}$$

$$(y_B)_q = -\frac{ql^4}{8EI}, \quad (y_B)_F = +\frac{F_B l^3}{3EI}$$

代入式(1)，得到补充方程

$$-\frac{ql^4}{8EI} + \frac{F_B l^3}{3EI} = 0$$

由此可解得多余约束力

$$F_B = \frac{3}{8}ql$$

随后，再按已有的三个独立的静力平衡方程求出其他约束力，得

$$F_{Ax} = 0, \quad F_{Ay} = \frac{5ql}{8}, \quad M_A = \frac{1}{8}ql^2$$

支座约束力求出后，就可用与静定梁相同的方法进行其他的计算。例如，做出超静定梁 AB 的剪力图和弯矩图，如图 6-21 (e)、(f)所示。最大弯矩在固定端邻近的截面上，其大小为 $|M|_{max} = \frac{1}{8}ql^2$。

第九节　提高梁的承载能力的措施

由梁的强度条件式（6-7）可知，降低最大弯矩 M_{max} 或增大抗弯截面系数 W_z 均能提高强度。又从表 6-2 可见，梁的变形量与跨度 l 的高次方成正比，与截面轴惯性 I_z 成反比。由此可见，为提高梁的承载能力，除合理地布置载荷和安排支座位置以减小弯矩和变形外，主要应从增大 I_z 和 W_z 方面采取措施，以使梁的设计经济合理。

一、采用合理的截面形状

1. 采用 I_z 和 W_z 大的截面

在截面面积（即材料重量）相同时，应采用 I_z 和 W_z 较大的截面形状，即截面面积分布应尽可能远离中性轴。因为离中性轴较远处正应力较大，而靠近中性轴处正应力很小，这部分材料没被充分利用。将靠近中性轴的材料移到离中性轴较远处，如将矩形改成工字形截面（见图 6-22），则可提高惯性矩和抗弯截面系数，即提高抗弯能力。同理，实心圆截面改为面积相等的圆环形截面也可提高抗弯能力。

2. 采用变截面梁

除上述材料在梁的某一截面上如何合理分布的问题外，还有一个材料沿梁的轴线如何合理安排的问题。

等截面梁的截面尺寸是由最大弯矩决定的。故除 M_{max} 所在的截面外，其余部分的材料未被充分利用。为节省材料和减轻重量，可采用变截面梁，即在弯矩较大的部位采用较大的截面，在弯矩较小的部位采用较小的截面。如桥式起重机的大梁［见图6-23(a)］，两端的截面尺寸较小，中段部分的截面尺寸较大；再如铸铁托架［见图6-23(b)］、阶梯轴［见图6-23(c)］等，都是按弯矩分布设计的近似于变截面梁的实例。

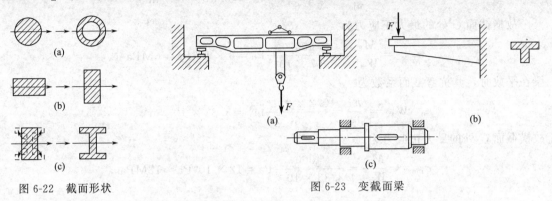

图 6-22　截面形状　　　　　　　　　　图 6-23　变截面梁

二、合理布置支座位置，降低梁上的最大弯矩值

受均布载荷作用的简支梁［见图6-24(a)］，其最大弯矩 $M_{max}=ql^2/8$。若将两端支座向里移动 $0.2l$ ［见图6-24(b)］，则 $M_{max}=ql^2/40$，只有前者的 $1/5$，因此梁的截面尺寸也可相应减小。实际应用中，化工卧式容器的支承点向中间移一段距离（见图6-25），就是利用此原理降低了 M_{max}，从而减轻自重、节省材料。

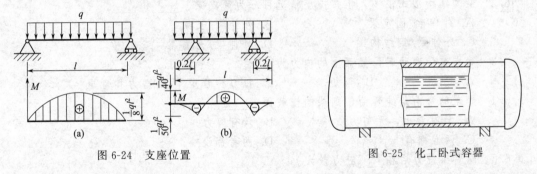

图 6-24　支座位置　　　　　　　　　　图 6-25　化工卧式容器

例 6-8　一简支木梁受力如图6-26（a）所示。已知 $g=2kN/m$，$l=2m$。保证梁的许用正应力。试求：在竖放［见图6-26(b)］和平放［见图6-26(c)］时横截面 C 处的最大正应力。

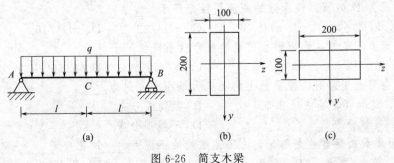

图 6-26　简支木梁

解 首先计算横截面 C 处的弯矩，有

$$M_C = \frac{q(2l)^2}{8} = \frac{2 \times 10^3 \times 4^2}{8} \text{N} \cdot \text{m} = 4000 \text{N} \cdot \text{m}$$

梁在竖放时，其抗弯截面系数为

$$W_{z1} = \frac{bh^2}{6} = \frac{0.1 \times 0.2^2}{6} \text{m}^3 = 6.67 \times 10^{-4} \text{m}^3$$

故横截面 C 处的最大正应力为

$$\sigma_{max1} = \frac{M_C}{W_{z1}} = \frac{4000}{6.67 \times 10^{-4}} \text{Pa} = 6 \times 10^6 \text{Pa} = 6\text{MPa}$$

梁在平放时，其抗弯截面系数为

$$W_{z2} = \frac{bh^2}{6} = \frac{0.2 \times 0.1^2}{6} \text{m}^3 = 3.33 \times 10^{-4} \text{m}^3$$

故横截面 C 处的最大正应力为

$$\sigma_{max2} = \frac{M_C}{W_{z2}} = \frac{4000}{3.33 \times 10^{-4}} \text{Pa} = 12 \times 10^6 \text{Pa} = 12\text{MPa}$$

复习题

6.1 当构件受到大小相等、方向相反、作用线不重合、但相距很远的外力作用时，构件上两力中间部分将受到____。

    A. 扭转   B. 剪切   C. 生弯曲   D. 拉伸

6.2 梁的结构形式很多，但按支座情况可分为简支梁、____和____。

    A. 外伸梁/固定梁   B. 外伸梁/长梁

    C. 外伸梁/钢结构梁   D. 外伸梁/悬臂梁

6.3 简支梁受弯曲时，截面上的内力为____。

    A. 剪力   B. 弯矩   C. 拉力和弯矩   D. 剪力和弯矩

6.4 如梁的弯曲是纯弯曲，则梁的横截面上____。

    A. 只有弯矩，无剪力   B. 只有剪力

    C. 两者都有   D. 两者都没有

6.5 悬臂梁受力后在____应力最大。

    A. 端部   B. 中间   C. 根部   D. 靠端部3/4处

6.6 抗弯截面模量的单位是____。

    A. 米的4次方   B. 米的3次方   C. 帕斯卡   D. 牛顿·米

6.7 直径为 D 的圆形截面梁的截面惯性矩等于____。

    A. $\pi D^4/64$ B. $\pi D^4/32$ C. $\pi D^3/32$ D. $\pi D^3/16$

6.8 高为 h，宽为 b 的矩形截面梁的抗弯截面模量等于____。

    A. $bh^2/12$ B. $bh^2/6$ C. $bh^3/12$ D. $bh^3/6$

6.9 梁在弯曲变形时，横截面上的正应力沿高度方向为____。

    A. 线形（非等值）分布   B. 抛物线分布

    C. 等值分布   D. 不规则分布

6.10 矩形截面梁弯曲变形时，上下边缘处的正应力____；正应变____。

    A. 最大/最大   B. 最大/最小   C. 最小/最大   D. 最小/最小

6.11　在受到相同的弯矩作用下，梁的截面在下情况，最好做成____。

　　A. 方形　　　　　B. 竖长方形　　　C. 圆形　　　　　D. 空心圆筒

6.12　塑性材料制成的梁在受弯矩作用时，梁的截面采用____最佳。

　　A. 长方形　　　　B. 圆形　　　　　C. T 字形　　　　D. 工字形

6.13　梁的正应力强度条件能解决的问题是____。

　　A. 强度校核　　　B. 剪应力校核　　C. 刚度校核　　　D. 变形量校核

 习题

6-1　利用截面法求如题 6-1 图所示 1、2、3 截面的剪力和弯矩（1、2 截面无限接近于截面 C，3 截面无限接近于端点 A、B）。

6-2　设已知如题 6-2 图（a）～（d）所示各梁的载荷 F、q、M_e 和尺寸 a，作弯矩图，确定 $|M|_{max}$。

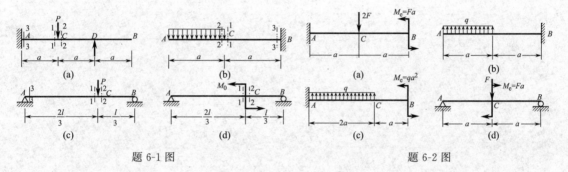

题 6-1 图　　　　　　　　　　　　　　　　题 6-2 图

6-3　如题 6-3 图所示，若梁的横截面为边长 100mm 正方形，试求梁中的最大弯曲正应力。

6-4　如题 6-4 图所示一矩形截面梁，已知 $F=2$kN，横截面的高宽度比 $h/b=3$，材料为松木。其许用正应力 $[\sigma]=8$MN/m²。试选择截面尺寸。

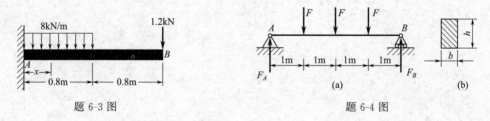

题 6-3 图　　　　　　　　　　　　　　　　题 6-4 图

6-5　如题 6-5 图所示，某车间需安装一台行车，行车大梁可简化为简支梁。设此梁选用 32a 工字钢，长为 $l=8$m，其单位长重量 29.4kN，梁材料的许用应力 $[\sigma]=120$MN/m²。试按正应力强度条件校核该梁的强度。

6-6　如题 6-6 图所示简支梁，已知 $l=4$m，均布载荷 $q=9.8$kN/m，$[\sigma]=100$MPa，$E=206$GPa，若许可挠度 $[y]=l/1000$，截面由两根槽钢组成，试选定槽钢的型号，并对自重影响进行校核。

6-7　两端简支的输气管道，已知其外径 $D=114$mm，壁厚 $\delta=4$mm，单位长度重量 $q=106$N/m，材料的弹性模量 $E=210$GPa。设管道的许可挠度 $[y]=l/500$，管道长度 $l=8$m，试校核管道的刚度。

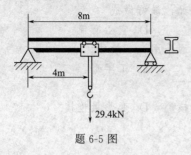

题 6-5 图

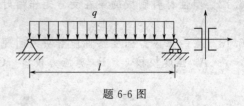

题 6-6 图

第七章

工程力学的其他常用知识

第一节　杆件组合变形的强度计算

一、组合变形的概念

前面讨论了零件在拉伸（压缩）、剪切、扭转和弯曲四种基本变形时的强度和刚度问题。但在工程中，许多零件受到外力作用时，将同时产生两种或两种以上的基本变形，称为组合变形。

组合变形在工程中普遍存在。如图 7-1(a)所示的塔器，除了受到自重作用，发生轴向压缩变形外，同时还受到了水平方向风载荷的作用，产生轴向弯曲变形，因此塔器的变形是压弯组合变形；如图 7-1(b)所示之钻床的立柱 AB，承受轴力 F 引起的拉伸和弯矩（$M = Fl$）引起的弯曲，其所发生的变形是拉弯组合变形；如图 7-1(c)所示悬臂圆轴，在自由端受到主动外力 F 和主动外力偶 M 作用，很容易判断该圆轴产生弯曲与扭转组合变形。

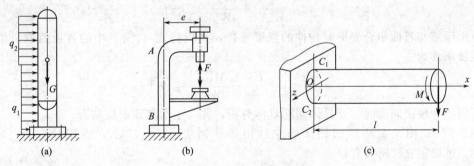

(a)　　　　　　　　　(b)　　　　　　　　　(c)

图 7-1　组合变形

工程中常见的组合变形有两类：拉伸（或压缩）与弯曲的组合变形，弯曲与扭转的组合变形。下面分别对这两类组合变形的强度计算进行讨论。

二、拉伸（或压缩）与弯曲的组合变形

拉伸（或压缩）与弯曲的组合变形是工程中常见的基本情况。现以如图 7-2 所示矩形截面悬臂梁为例，对这一类组合变形强度计算方法加以说明。

(1)外力分析　设外力 F 位于梁纵向对称面内，作用线与轴线成 α 角，梁的受力图如图 7-2(a)所示。将力 F 向 x 轴、y 轴分解 ［见图 7-2(b)］，得

$$F_x = F\cos\alpha, \quad F_y = F\sin\alpha$$

轴向拉力 F_x 使梁产生轴向拉伸变形，横向力 F_y 产生弯曲变形；因此梁在力 F 作用下的变形为拉伸与弯曲的组合变形。

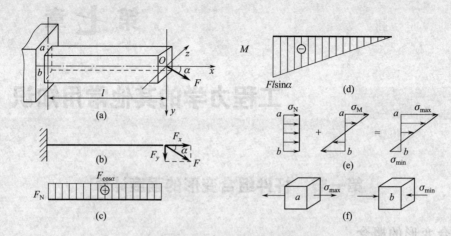

图 7-2　拉伸与弯曲的组合变形

（2）内力分析　在轴向拉力 F_x 的单独作用下，梁上各截面的轴力 $F_N = F\cos\alpha$；在横向力 F_y 的单独作用下，梁发生弯曲变形。截面上的弯矩 $M = F_x\sin\alpha$。它们的轴力图和弯矩如图 7-2(c)、(d)所示。由内力图可知，危险面为固定截面，该截面上的轴力 $F_N = F\cos\alpha$，产生的弯矩 $M_{max} = F_N l F\cos\alpha$。

（3）应力分析　梁横截面上，在轴力和弯矩共同作用下的应力如图 7-2(e)所示。

（4）强度计算　综合上述分析知道，对于拉、压许用应力相同的材料，拉伸与弯曲组合变形时，构件的强度条件为

$$\sigma_{max} = \frac{F_N}{A} + \frac{M_{max}}{W_z} \leqslant [\sigma] \tag{7-1}$$

对于压缩与弯曲组合变形时构件的强度条件，则应将式（7-1）中的各项值取负值。构件的强度条件为

$$\sigma_{max} = \left| -\frac{F_N}{A} - \frac{M_{max}}{W_z} \right| \leqslant [\sigma] \tag{7-2}$$

在分析问题和解决问题时，要具体问题具体分析，并与生产实践密切结合。

例 7-1　如图 7-3 所示的钻床的立柱由铸铁制成，$F = 15\text{kN}$，许用拉应力 $[\sigma] = 35\text{MPa}$。试确定立柱所需直径 $d = ?$

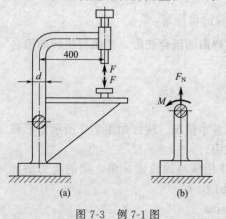

图 7-3　例 7-1 图

解　立柱横截面上的内力分最图 7-3(b)所示，有

$$F_N = F = 15\text{kN}, \quad M = 0.4F = 6\text{kN} \cdot \text{m}$$

这是一个拉弯组合变形问题，横截面上的最大应力

$$\sigma_{max} = \frac{F_N}{A} + \frac{M}{W} = \frac{4F_N}{\pi d^2} + \frac{32M}{\pi d^3}$$

$$= \frac{4 \times 15 \times 10^3}{\pi d^2}\text{N} + \frac{32 \times 6 \times 10^3}{\pi d^3}\text{N}$$

根据强度条件 $\sigma_{max} \leqslant [\sigma]$，有

$$\frac{4 \times 15 \times 10^3}{\pi d^2}\text{N} + \frac{32 \times 6 \times 10^3}{\pi d^3}\text{N} \leqslant 35 \times 10^6\text{Pa}$$

由上式可求得立柱的直径

$$d \geqslant 122\text{mm}$$

三、圆轴弯曲与扭转的组合变形

圆轴弯曲与扭转的组合变形是机械工程中常见的情况，具有广泛的应用。如图 7-4(a)所示，圆轴的左端固定、右端自由，自由端横截面内作用一个矩为 M_e 的外力偶和一个过轴心的横向力的作用。现以此圆轴为例，说明杆件弯曲与扭转组合变形时的强度计算方法。

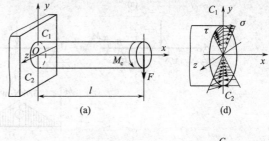

工程中将发生弯曲与扭转组合变形的圆轴，通常称为转轴。

图 7-4(b)所示为转轴工作时根部危险面（根部）上的应力分布情况。可见，转轴截面上的应力状态比单纯扭转或弯曲时截面上应力状态要复杂得多，需根据应力状态理论和有关的强度理论才能解决。

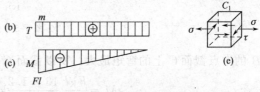

图 7-4 圆轴弯曲与扭转的组合变形

目前，对于低碳钢类的塑性材料，工程上普遍采用第三强度理论。根据第三强度理论，转轴弯曲与扭转组合变形的强度条件为

$$\sigma_3 = \sqrt{\sigma^2 + 4\tau^2} \leqslant [\sigma] \tag{7-3}$$

或

$$\sigma_3 = \sqrt{\left(\frac{M}{W_z}\right)^2 + 4\left(\frac{T}{W_p}\right)^2} \leqslant [\sigma] \tag{7-4}$$

对于圆形截面轴，抗弯截面系数和抗扭截面系数分别为

$$W_z = \frac{\pi d^3}{32} \qquad W_p = \frac{\pi d^3}{16} = 2W_z$$

转轴弯曲与扭转组合变形的强度条件可写为更简单的式

$$\sigma^3 = \frac{\sqrt{M^2 + T^2}}{W_z} \leqslant [\sigma] \tag{7-5}$$

例 7-2 如图 7-5(a)所示，电动机带动轴 AB 转动，在轴的中点安装一带轮，知带轮的重力 $G = 3\text{kN}$，直径 $D = 500\text{mm}$，带的紧边拉力 $F_{T1} = 6\text{kN}$，松边拉力 $F_{T2} = 4\text{kN}$，$l = 1.2\text{m}$。若轴的许用应力 $[\sigma] = 80\text{MPa}$，试按第三强度理论设计轴。

解 （1）外力分析 将带的紧边拉力 F_{T1}、松边拉力 F_{T2} 分别向带轮的中心平移，简化后得到一个作用于轴中点的横向力 $F_R = F_{T1} + F_{T2}$ 和附加力偶 M_C。

计算简图如图 7-5(b)所示。其中

$$F_R = G + F_{T1} + F_{T2} = 3\text{kN} + 6\text{kN} + 4\text{kN} = 13\text{kN}$$

$$M_C = F_{T1}\frac{D}{2} - F_{T2}\frac{D}{2} = (6-4) \times 0.25\text{kN} \cdot \text{m} = 0.5\text{kN} \cdot \text{m}$$

显然，在横向力 F_R 的作用下，轴产生弯曲变形，如图 7-5(c)所示；在力偶 M_C 的作用下，轴产生扭转变形，如图 7-5(d)所示，所以轴产生弯曲与扭转的组合变形。

（2）内力分析 根据图 7-5(c)绘制轴的弯矩图，如图 7-5(e)所示；根据图 7-5(d)绘制轴的扭矩图，如图 7-5(f)所示。由图可见，轴 CB 段横截面上的扭矩相同、弯矩不同；轴

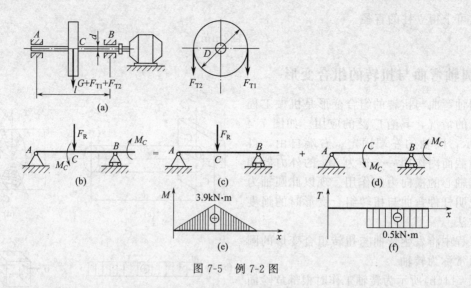

图 7-5　例 7-2 图

AB 的中点截面 C 上的弯矩最大，所以截面 C 为危险截面，其上弯矩值和扭矩值分别为

$$M = \frac{F_R l}{4} \frac{13 \times 1.2}{4} kN \cdot m = 3.9 kN \cdot m$$

$$T = M_C = 0.5 kN \cdot m$$

（3）按第三强度理论确定轴的直径 d　由式（7-5）得

$$\sigma_3 = \sqrt{\frac{M^2 + T^2}{W_z}} = \frac{\sqrt{M^2 + T^2}}{\frac{\pi d^3}{32}} \leqslant [\sigma]$$

则有　$d \geqslant \sqrt[3]{\frac{32\sqrt{M^2 + T^2}}{\pi [\sigma]}} = \sqrt[3]{\frac{32\sqrt{(3.9 \times 10^6)^2 + (0.5 \times 10^6)^2}}{\pi \times 80}} mm = 79.4 mm$

取轴的直径为 $d = 80 mm$。

第二节　交变应力与疲劳破坏的概念

一、交变应力的概念

机械中有许多零件，工作时的应力周期性变化。例如火车车轮轴在载荷作用下产生弯曲变形 [见图 7-6(a)]，当车轮轴转动时，任意截面上任一点的应力就随时间周期性变化。以中间截面上点 C 的应力为例，当点 C 顺次通过如图 7-6(a)所示的 1、2、3、4 各位置时，点 C 的应力变化情况如下所述：当 C 点处于 1 的位置时，其应力为最大拉应力；当 C 点旋转到 2 的位置时，应力为零；至 3 的位置时，其应力为最大压应力，至 4 的位置时，应力又为零；再回到 1 的位置，C 点的应力不断地重复以上变化。若以时间 t 为横坐标，弯曲正应力为纵坐标，应力随时间变化的曲线如图 7-6(b)所示。

再如图 7-7(a)所示齿轮的齿，它可以近似地简化成悬臂梁，其端部受一集中载荷 P 的作用，轴旋转一周，各个齿啮合一次，每一次啮合过程中，齿根 A 点处的弯曲正应力也就不断地由零变化到最大值，然后再变到零。轴不断地旋转，A 点应力也就不断地重复上述变化。应力随时间变化的曲线如图 7-7(b)所示。

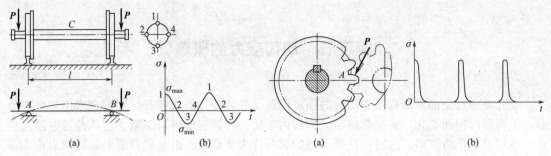

图 7-6　火车车轮工作时应力作周期性变化　　　图 7-7　齿轮的齿受交变应力

在上述这些实例中，随时间周期性变化的应力称为交变应力。应力从某一值经最大值 $\sigma_{\max}$ 和最小值 $\sigma_{\min}$ 后回到同一值的过程称为一个应力循环。通常用最小应力与最大应力之比 r 来表示交变应力的特性，r 称为循环特征系数。即

$$r = \frac{\sigma_{\min}}{\sigma_{\max}} \tag{7-6}$$

当构件处于交变应力作用时，r 必在 $+1$ 和 -1 之间变化。当 $r = -1$ 时，称为对称循环的交变应力 [见图 7-6(b)]。实践证明，对称循环（$r = -1$）交变应力是最常见、也是最危险的疲劳破坏。除 $r = -1$ 的循环外，统称为非对称循环的交变应力。其中 $r = 0$ 时，称为脉动循环交变应力，这也是常见的交变应力。

二、疲劳破坏的特点

实践表明，尽管杆件的工作应力远小于强度极限，甚至低于屈服极限，但长期处在交变应力下工作，经常会在没有明显塑性变形的情况下发生突然断裂，这种现象称为疲劳破坏。

如图 7-8 所示为气锤杆疲劳破坏后的断口。由图可见，疲劳破坏的断口表面通常有两个截然不同的区域，即光滑区和粗糙区。这种断口特征可从引起疲劳破坏的过程来解释。当交变应力中的最大应力超过一定限度并经历了多次循环后，在最大正应力处或材质薄弱处产生细微的裂纹源（如果材料有表面损伤、夹杂物或加工造成的细微裂纹等缺陷，则这些缺陷本身就

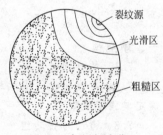

图 7-8　气锤杆疲劳破坏后的断口

成为裂纹源）。随着应力循环次数的增多，裂纹逐渐扩大。由于应力的交替变化，裂纹两侧面的材料时而压紧，时而分开，逐渐形成表面的光滑区。另一方面，由于裂纹的扩展，有效的承载截面将随之削弱，而且裂纹尖端处形成高度应力集中，当裂缝扩大到一定程度后，在一个偶然的振动或冲击下，构件沿削弱了的截面发生脆性断裂，形成断口的粗糙区域。由此可见"疲劳破坏"只不过是一个惯用名词，并不反映这种破坏的实质。

三、疲劳破坏的危害

疲劳破坏往往是在没有明显预兆情况下发生的，很容易造成事故。机械零件的损坏大部分是疲劳损坏，因此对在交变应力下工作的零件进行疲劳强度计算是非常必要的，也是较为复杂的。许多零件的使用寿命就是根据此理论确定的。具体应用需参阅《材料力学》和《机械设计》等专著，结合具体零部件的设计解决，在此不再赘述。

*第三节　动荷应力的概念

前几章中讨论的是静载荷作用时的强度问题。静载荷是指从零开始缓慢地增加到最终值后，不再随时间而变化，或变化很小。构件内各质点的加速度可以忽略。若载荷随时间而变化，或加速度不可忽略，这时构件所受到的载荷称为动载荷。由动载荷所引起的应力称为动荷应力，或简称动应力。如图 7-9 所示的梁受到自由落体 P 的冲击，梁和自由落体都将产生动应力。必须明确：构件受动载荷所引起的动荷应力远远大于静应力。例如上述简支钢梁的跨度为 $l=1\text{m}$，截面为边长 50mm 的正方形，钢材的 $E=200\text{GPa}$，若重为 $P=150\text{N}$ 的重物自高度 $h=75\text{cm}$ 落在梁的中点，梁受到自由落体冲击，梁内产生的动荷应力比该重物以缓慢的形式作用（即受静载荷）于中点时产生的静应力大 71 倍。由此可看出动载荷时必须按动应力强度条件进行强度计算，以确保受动载荷的构件能安全正常地工作。动载荷、动应力问题远比静载荷、静应力复杂。解决这类问题需参阅材料力学专著，在此不再赘述。

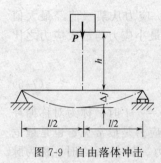

图 7-9　自由落体冲击

 复习题

一、填空题

7.1　构件同时发生____或____的基本变形，称为组合变形。

7.2　梁发生拉（压）与弯曲组合变形时，拉（压）正应力与弯曲正应力可以通过____确定其强度准则。

7.3　弯曲与扭转组合变形时，构件横截面上既有弯曲的____应力，又有扭转的____应力。弯曲时的正应力强度准则和扭转时的切应力强度准则已____，需要建立新的____。

二、选择题

7.4　连杆受____形式的载荷最易疲劳破坏。

　　A. 拉伸　　　　　B. 压缩　　　　　C. 弯曲　　　　　D. 交变应力

7.5　柴油机连杆承受的载荷是____。

　　A. 冲击载荷　　　B. 交变载荷　　　C. 动载荷　　　　D. 静载荷

7.6　柴油机连杆受____形式的载荷最易疲劳破坏。

　　A. 拉伸　　　　　B. 压缩　　　　　C. 弯曲　　　　　D. 交变载荷

三、问答题

7.7　什么是交变载荷？什么是交变应力？试举两个工程实例。

7.8　什么是疲劳破坏？疲劳破坏有何特点？有何危害？如何防范？

7.9　什么是静载荷和动载荷？什么是静应力和动应力？两者谁大？

习题

7-1　试求如题7-1图所示折杆 $ABCD$ 上 A、B、C 和 D 截面上的内力。

7-2　梁式吊车如题7-2图所示。吊起重物的力（包括电动葫芦重）$F=40$kN，横梁 AB 为18号工字钢，当电动葫芦走到梁中点时，试求横梁的最大压应力。

7-3　如题7-3图所示，开口链环由直径 $d=50$mm 的钢杆制成，链环中心线到两边杆中心线尺寸各为60mm，试求链环中段（即图中下边段）的最大拉应力。又问：若将链环开口处焊住，使链环成为完整的椭圆形时，其中段的最大拉应力又为多少？从而可得出什么结论？

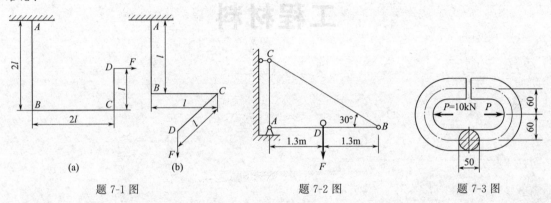

题 7-1 图　　　　　　　　　　题 7-2 图　　　　　　　　题 7-3 图

7-4　如题7-4图所示，电动机外伸轴上安装一带轮，带轮的直径 $D=250$mm，轮重忽略不计。套在轮上的带张力是水平的，分别是 $2F$ 和 F。电动机轴的外伸轴臂长 $l=120$mm，直径 $d=40$mm。轴材料的许用应力 $[\sigma]=60$MPa。若电动机传给轴的外力矩 $M=120$N·m，试按第三强度理论校核此轴的强度。

7-5　如题7-5图所示为一薄壁圆筒内压容器，已知圆筒的内径为 $D=1500$mm，壁厚 $\delta=30$mm，内压的压强 $P=4$MPa，采用的材料许用应力 $[\sigma]=120$MPa。试对薄壁圆筒进行强度校核。

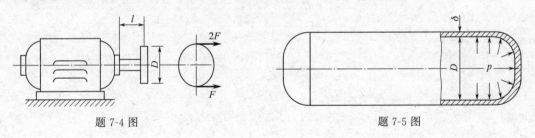

题 7-4 图　　　　　　　　　　　　　　题 7-5 图

第二篇

工程材料

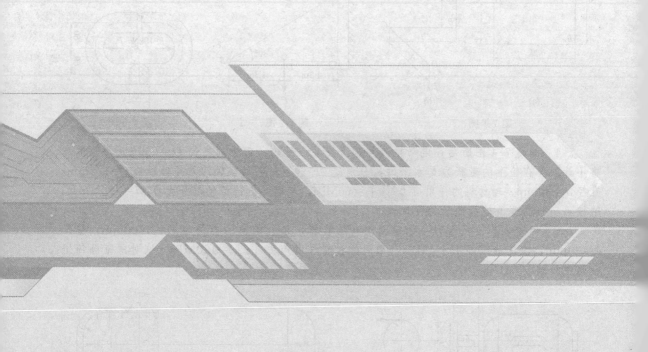

用来制作工程结构和机器零件的材料称为工程材料，它们是构成工程设备的物质基础。要正确设计和制造工程设备，合理选用构件的材料是极重要的一个环节，不同的生产设备对材料有不同的要求。例如，有的要求材料具有优良的力学性能，有的要求材料耐高温或低温，有的要求材料耐腐蚀，等等。因此，在设计制造某种设备时，必须针对该设备的具体工作环境，正确合理地选用材料，这对保证设备安全正常运行、减轻设备自重和降低设备成本等，都可起到积极作用。

工程材料按其成分特点可分为金属材料、非金属材料和复合材料（见第二篇表1）；按其用途可分为结构材料、工具材料和功能材料；按其应用的领域又可分为机械工程材料、建筑工程材料、能源工程材料、信息工程材料和生物工程材料等。

第二篇表1　工程材料按成分特点分类

金属材料	钢铁材料	钢	非合金钢（碳钢）
			低合金钢
			合金钢
		铸铁	灰铸铁
			球墨铸铁
			蠕墨铸铁
			可锻铸铁
			合金铸铁
	非铁金属材料	轻金属（铝、镁、钛等）	
		重金属（铜、铅、锌、镍、汞等）	
		贵金属（金、银、铂、铑等）	
		稀土金属（钕、镧、铈、镨、钐等）	
		稀有金属（锆、钇、铟等）	
非金属材料	有机高分子材料	塑料	
		橡胶	
		合成纤维	
	陶瓷材料	普通陶瓷（用天然无机物烧结制成）	
		特种陶瓷（用精制高纯无机物制成）	
复合材料	金属基复合材料	纤维增强金属、粒子增强金属、包层金属等	
	无机非金属基复合材料	钢筋混凝土、夹网玻璃、纤维增强陶瓷等	
	有机材料基复合材料	碳纤维增强塑料、玻璃纤维增强塑料、金属纤维增强橡胶、棉纤维增强橡胶等	

钢铁是钢和铁的合称。钢的种类较多，可根据需要直接用于制造产品；铁主要用于炼钢，也可经冲天炉或电炉等熔炼后获得各类铸铁，用于生产铸件。

非铁金属是钢铁以外的金属材料之统称，又称为有色金属材料。铝、铜及其合金是目前最常用的非铁金属，在工业和民用方面都具有重要的作用。钛合金是一种高性能的轻质结构材料，它不仅强度高，还具有良好的耐热性和耐蚀性，是航空航天工业制造飞机、导弹、火箭等的重要结构材料。

非金属材料分为有机高分子材料和陶瓷材料。有机高分子材料应用广泛，特别是塑料的使用极为广泛。高分子材料的使用改变了长期以来以钢铁为核心的状况。陶瓷材料一般具有高硬度、高绝缘性、耐高温和耐腐蚀的特点，主要用于化工设备、电气绝缘件、机械加工刀具及发动机耐热元件等。

复合材料是指由两种或两种以上成分与物理、化学性能不同的物质，用适当工艺方法复合而成的多相固体材料，一般由基体和增强材料组成。经复合增强后，复合材料具有各组分材料不具备的某些优点。目前，从生活用品到机器、从船舶到飞船等各个领域，复合材料均已得到广泛应用。

材料的正确选择与构件的工作条件及由此提出的性能要求是分不开的。例如，钢材具有较高的强度、较好的塑性，常用于制造受力要求较高的各类机器零件，但因为其密度较大，所以不适于制造飞机的结构件，这时选用质轻的铝合金或钛合金、复合材料则更合适；又如，铝合金适合于需要质轻而强度中等的场合，但由于铝合金的熔点低，如果是在高温下使用就不合适了，这时最好选用高熔点的材料；再如，塑料具有良好的耐蚀性，可用在需要抗大气腐蚀的地方，但由于大多数塑料暴露在阳光下会发生老化，所以在室外长期使用时，选用塑料就不太合适。

作为一个工程技术人员和工程管理人员，在工作中经常会遇到材料选用。了解常用材料的性能、特点以及它们的主要应用范围，将为正确选择和使用材料、发挥材料本身性能的潜力创造有利条件。

第 八 章

金属材料及其热处理

第一节　金属材料的力学性能和工艺性能

一、金属材料的力学性能

金属材料制成的构件（在机器中称为零件），在工作过程中都要受到载荷的作用，其结果将引起零件的变形。金属材料在各种不同形式的载荷作用下所表现出来的性能称为力学性能。其主要指标有强度、塑性、硬度和冲击韧度等。这些指标用试验方法测取，如拉伸、压缩、硬度试验等。

1. 强度

（1）强度定义　材料在载荷作用下，抵抗永久变形（塑性变形）或断裂的能力称为强度。

由于材料承受外力的方式不同，其变形存在多种形式，所以材料的强度又分为抗拉强度、抗压强度、抗扭强度、抗弯强度及抗剪强度等。

（2）强度指标　工程上常用的强度指标是屈服强度 σ_s 和抗拉强度 σ_b。屈服强度 σ_s 和抗拉强度 σ_b 可由拉伸试验测定（参见第三章）。

σ_s 和 σ_b 是机械设计和选材的主要依据之一。钢的抗拉强度较好，常用于制造轴、齿轮、螺母等。

2. 刚度

（1）刚度定义　材料在载荷作用下，抵抗弹性形变的能力称为刚度。

（2）刚度指标　弹性模量 E，表示材料抵抗弹性形变的能力（参见第三章）。

3. 塑性

指金属材料在外力作用下，产生永久变形而不致引起破坏的性能。

金属材料的塑性好坏对零件的加工和使用具有重要意义。通过如图 8-1 所示的钢件与铸铁件切屑比较图，可以清楚地看到，加工钢（塑性材料）时，形成的切屑产生了明显的塑性变形［见图 8-1(a)］，切屑呈带状并发生卷曲；加工铸件（脆性材料）时，切屑呈完全崩碎状态［见图 8-1(b)］，分离的金属没有产生塑性变形就碎裂了。

塑性好的材料能顺利地进行锻压、轧制等成形工艺。塑性材料使用时万一超载，也因产生塑性变形而不致立即断裂。因此大多数零件除要求具有较高强度外，还必须具有一定塑性，例如汽车外壳、机床油盘、柴油机油箱及发动机曲轴等金属制品，都是利用金属的塑性加工而成的。

(a) 钢件   (b) 铸铁件

图 8-1   钢件与铸铁件切屑比较图

4. 硬度

    硬度是材料抵抗更硬物体压入其表面的能力，也可以说是抵抗局部塑性变形的能力。硬度值用硬度试验机测定。工程上常用的硬度有布氏硬度和洛氏硬度两种。

    （1）布氏硬度   布氏硬度用布氏硬度机测试，其测试原理如图 8-2 所示。使用载荷 F，将直径为 D 的淬火钢球压入被测金属表面，停留一定时间，卸掉载荷后，测量压痕的直径 d。可根据压痕直径、压头直径和所用载荷查表求出布氏硬度值。用淬火钢球压头时，用 HBS 表示，适用于硬度小于 450HBS 的材料；用硬质合金球压头时，用 HBW 表示，适用于硬度小于 650HBW 的淬火钢等。

    （2）洛氏硬度   洛氏硬度试验是目前应用最广的硬度测定方法，用洛氏硬度机测试，其测试原理如图 8-3 所示。用顶角为 120° 的金刚石圆锥体或直径为 1.588mm 的淬火钢球作压头，以相应的载荷压入试样表面，由压痕深度确定其硬度值。洛氏硬度值可以从硬度读数装置上直接读出。洛氏硬度有 3 种常用标度，分别以 HRA、HRB、HRC 表示，其中 HRC 应用最广。

    60HRC 代表某一种材料用 120° 金刚石圆锥，在总载荷 1471N 下测得的硬度值。

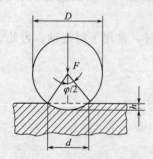
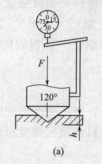
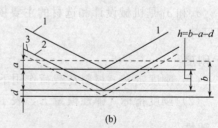

图 8-2 布氏硬度试验原理   图 8-3 洛氏硬度试验原理

1—初始试验力压入位置；2—总试验力压入位置；
3—保持初始试验力回弹位置

    由于洛氏硬度压痕几乎不损伤工件表面，故在钢件热处理质量检验中应用最多。但由于压痕较小，硬度值的代表性较差，如果材料中有偏析或组织不均匀的情况，则所测硬度值的重复性也差。

5. 冲击韧度

    许多机械零件在工作中，往往要受到冲击载荷的作用，如活塞销、锤杆、冲锻模、凿岩机零件等。制造这些零件的材料，其性能不能单纯用静载荷作用下的指标来衡量，而必须考虑材料抵抗冲击载荷的能力。冲击载荷是指加载速度很快而作用时间很短的突发性载荷。

金属抵抗冲击载荷而不破坏的能力称为冲击韧度。目前常用一次摆锤冲击弯曲试验机
（见图 8-4）来测定金属材料的韧度。

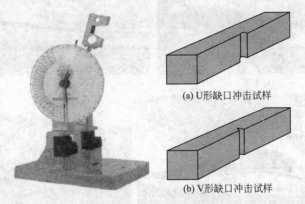

(a) U形缺口冲击试样

(b) V形缺口冲击试样

图 8-4　摆锤冲击弯曲试验机

试验时，将试样缺口背向摆锤冲击方向。当摆锤从一定高度自由落下一次将试样击断
时，缺口处单位横截面面积上吸收的功，即表示冲击韧度，用符号 a_k 表示，单位为 J/cm^2。

二、金属材料的工艺性能

金属材料的工艺性能是指它在不同的制造工艺条件下所表现出的承受加工的能力，工艺
性能主要包括铸造性能、锻造性能、焊接性能、热处理工艺性能和切削加工性能等（详见附
录 A）。为了使零件或产品的加工工艺更加简便，并使其实现优质、高效、低成本的要求，
选用材料时必须考虑材料的工艺性能。

第二节　金属材料的种类和用途

一、金属材料综述

在国民经济建设和人们日常生活中，金属材料无所不在。空中的飞机、水中的轮船、地
面的火车、钢架结构的鸟巢、工程机械和各类生活用品几乎都是用金属制造的，如图 8-5 所示。

人类的进步和金属材料息息相关，青铜器、铁器、现代的铝以及当代的钛，它们在人类
的文明进程中都扮演着重要的角色。可以说，没有金属材料人们将无法生存。

前苏联在 1957 年把第一颗人造卫星送入太空（见图 8-6），令美国人震惊不已，认识到
了在导弹火箭技术上的落后，关键是材料技术上的落后。因此，在其后的几年里，美国在十
多所大学中陆续建立了材料科学研究中心，并把约 2/3 大学的冶金系或矿冶系改建成了冶金
材料科学系或材料科学与工程系。

金属具有光泽（即对可见光强烈反射）性好、延展性好、容易导电和导热等特性，如图
8-7 所示。在自然界中，绝大多数金属以化合物的形式存在，少数金属（如金、铂、银）以
单质的形式存在。

我国古代将金属分为五类，俗称五金，是指金（俗称黄金）、银（俗称白金）、铜（俗称
赤金）、铁（俗称黑金）、锡（俗称青金）五类金属。现在已将五金引申为常见的金属材料及
金属制品，所以五金商店里销售的不仅仅是这五种金属制成的产品。

(a) 飞机

(b) 轮船

(c) 火车

(d) 鸟巢

(e) 工程机械

(f) 生活用品

图 8-5　金属材料制品

有光泽

能够导电

有延展性，能拉成丝

能展成薄片

能够导热

能够弯曲

图 8-6　人造卫星及运载火箭　　　　　　图 8-7　金属的特性

　　元素周期表里的 100 多种元素中，金属元素占了 3/4。虽然都是金属元素，但由于它们的原子结构不同，它们的性能也存在很大的差异，密度、硬度、熔点等相差很大。目前所知的金属之最如表 8-1 所示。

表 8-1　金属之最

金属	性能或储量
铬	硬度最高
铯	硬度最低
钨	熔点最高
汞	熔点最低
锇	密度最大
锂	密度最小
金	延展性最好
银	导电性及导热性最好
钙	人体中含量最高
铝	地壳里含量最高
铼	地壳里含量最低
铌	耐蚀性最好
钛	比强度(强度与密度的比值)最大

二、金属材料的分类

金属材料总的分类方法有多种，本书仅介绍工业上最常用的分类方法——按金属的颜色分。

常用金属材料中，通常因铁及其合金（钢铁）原始颜色接近黑色，故将其称为黑色金属材料。又因为黑色金属中主要成分是铁和碳，也称为铁碳合金。含碳量小于 2.11％为钢，大于 2.11％为铁。

其他的非铁金属（如铜、铝等）及其合金（如铜合金、铝合金等）因其接近某种颜色，如铝接近银白色，则称为有色金属材料。

三、黑色金属（铁碳合金）材料

1. 碳素钢

碳素钢中的碳是最重要的成分，除此之外还含有少量的 Si、Mn、P、S 等杂质，其碳的质量分数（w_C）一般在 1.5％以下。碳素钢按用途可分为碳素结构钢和碳素工具钢；按质量又可分为碳素结构钢和优质碳素结构钢，优质碳素工具钢和高级优质碳素工具钢。

常用的碳素钢、优质碳素结构钢和工具钢的牌号及用途如表 8-2 所示。

表 8-2　常用碳素钢的牌号及用途

种类	牌号	性能	用途
碳素结构钢	Q195,Q215A,Q215B	塑性好,强度一般	板料、型材等,制造钢结构、普通螺钉、螺帽、铆钉等
	Q235A,Q235B,Q235C,Q235D	强度较高	拉杆、心轴、链条及焊接件等
	Q255A,Q255B,Q275	强度更高	工具、主轴、制动件、轧辊等

续表

种类	牌号	性能	用途
优质碳素结构钢	08	含碳量低、塑性好、强度低、可焊性好	垫片、冲压件和强度要求不高的焊接件等
	10,15,20,25	含碳量低、塑性好、可焊性好	薄钢板、各种容器、冲压件和焊接结构件、螺钉、螺母、垫圈等
	30,35,40,45,50	含碳量中等、强度较高、韧性、加工性好	经淬火、回火等热处理后，用于制成轴类、齿轮、丝杠、连杆、套筒等
	55,60,70	含碳量较高、弹性较高	经淬火处理后，用于制造各种弹簧、轧辊和钢丝等
碳素工具钢	T7,T8	硬度中等，韧性较高	冲头、錾子等
	T9,T10,T11	硬度高，韧性中等	丝锥、钻头等
	T12,T13	硬度高，韧性差	量具、锉刀等

2. 合金钢

在冶炼碳素钢时有目的地加入一种或几种合金元素（如铬、钼、钨、钒、钛等），可使其性能得到提高或具有一定的特殊性能，这类钢叫做合金钢。合金钢品种繁多，常按用途将其分为合金结构钢、合金工具钢和特殊性能钢三类。

常用合金结构钢的牌号及用途如表8-3所示。

表8-3　常用合金钢的牌号及用途

种类	牌号	性能	用途
普通低合金钢	16Mn,14MnNi,15MnTi,15MnV	强度较高，塑性、韧性、焊接性和耐蚀性较好	桥梁、钢结构、压力容器等
渗碳钢	20Cr,20MnV,20CrMoTi,20CrNi4A	含碳量低，塑性、韧性较好	轴、齿轮、活塞销、蜗杆等
调质钢	40Cr,42CrMo,40MnB,38CrMoAl	强度高，塑性、韧性好，力学性能良好	广泛用于机械零件，如齿轮、轴、连杆等
弹簧钢	65Mn,60Si2Mn,50CrVA,60Si2CrVA	强度高	各种弹簧、板簧等
合金工具钢	9SiCr,W18Cr4V	较高的硬度和耐磨性，一定的红硬性	工具、刃具、模具、量具

3. 铸铁

铸铁是碳的质量分数大于2.11%（通常为$2.8\%\sim3.0\%$）的铁碳合金。在工业生产中，因冶炼、原材料等因素，铸铁成分中一般还含有硅、锰、磷、硫等元素，所以实际应用的铸铁是以铁、碳、硅为主的多元铁基合金。根据铸铁中碳的存在形态和石墨形态的不同，可分为灰铸铁、球墨铸铁、白口铸铁等。

（1）灰铸铁　通常指具有片状石墨的铸铁，它在机械制造中占有重要的地位，其产量占各类铸铁总产量的80%以上。灰铸铁的牌号由"HT＋数字"组成，其中拼音"HT"表示灰铸铁，数字表示最低抗拉强度值。

（2）球墨铸铁　球墨铸铁中碳以球状石墨的形式存在。球墨铸铁牌号的表示方法是"QT＋数字＋数字"。其中拼音"QT"表示球墨铸铁，第一组数字代表最低抗拉强度值，第二组数字代表最低延伸率的值。常用铸铁的牌号及用途如表8-4所示。

表 8-4　常用铸铁的牌号及用途

种类	牌号	性能	用途
灰铸铁	HT150　HT200 HT250　HT300	加工性、减磨性、吸振性好，缺口敏感性低	形状复杂、受力不大、以承受压应力为主的铸件，如手轮、支架、轴承座、机床床身、气缸体等
可锻铸铁	KTH300-06　KTH370-12 KTZ450-06　KTZ650-02	较高的强度，有一定的塑性、韧性	形状复杂的薄壁件和承受一定震动的铸件，如弯头、三通管件、曲轴、凸轮轴、汽车前后轮壳等
球墨铸铁	QT400-18　QT450-10 QT600-3	强度、耐磨性较高，有一定的韧性	形状复杂、受力较大的铸件，如汽车、拖拉机底盘零件、曲轴、凸轮轴、缸体等

第三节　钢铁材料的热处理

一、热处理的综述

金属材料的热处理是指金属材料在固态下，采用适当方式进行加热、保温和冷却以改变钢的内部组织结构，从而获得所需性能的一种工艺方法。

工程中用的最多的是钢铁材料的热处理。通过适当的热处理，可以充分发挥钢材的潜力，显著提高钢铁的力学性能，延长零件的使用寿命；还可以消除铸、锻、焊等热加工艺造成的各种缺陷，为后续工序做好组织准备。因此，热处理是一种强化钢材的重要工艺，它在机械制造工业中占有十分重要的地位。例如，现代机床工业中，有 $60\%\sim70\%$ 的工件要经过热处理。汽车、拖拉机工业中，有 $70\%\sim80\%$ 的工件要进行热处理。而滚动轴承和各种工、模具几乎是百分之百地要进行热处理。

二、热处理工艺过程和分类

1. 热处理工艺过程

热处理方法虽然很多，但任何一种热处理工艺都是由加热、保温和冷却三个阶段所组成。图 8-8 所示就是最基本的热处理工艺曲线。要想弄清各种热处理方法对钢的组织与性能的改变情况，则必须研究金属的结构、组织及加热保温和冷却过程中的相变规律等问题，这些问题是较复杂的，需参阅有关专著。本书只简要地介绍常用热处理方法及应用。

2. 热处理的分类

根据加热和冷却方法的不同，热处理方法大致分类如图 8-9 所示。

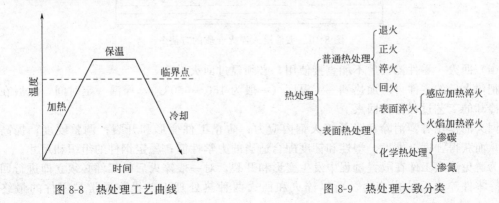

图 8-8　热处理工艺曲线　　　　　　图 8-9　热处理大致分类

三、普通热处理

1. 普通热处理的方法和作用

（1）退火　加热至临界温度以上（临界温度指使钢组织转变的温度，不同钢的临界温不同，一般是 710～750℃），然后在此温度下保持一定时间，再在炉中慢慢冷却。退火主要用于铸件和焊件。

退火的作用有：降低材料的硬度；提高塑性；细化结晶组织结构；改善切削加工性能；清除铸件、锻件及焊接件由于冷热变形引起的内应力。

（2）正火　正火热处理操作与退火基本相同，只是冷却速度较退火快，一般在空气中冷却。正火用于低、中碳钢。

正火的作用有：可获得较细的结晶组织结构；改善材料的综合力学性能；得到较高的强度、硬度。

（3）淬火　把钢加热到临界温度以上，经保温后快速投入介质内冷却的操作工艺方法称为淬火。常用的淬火介质有水、油、盐溶液和碱溶液及其他合成介质。

淬火的作用有：提高硬度，增大耐磨性；但脆性也增加，塑性、韧性降低，形成较大的淬火应力，导致零件的变形和开裂。

淬火的操作：工件淬火时浸入淬火介质的操作是否正确，对减小工件变形和避免工件开裂有重要影响。淬火时，应保证工件得到均匀的冷却，以减小工件内应力，并且要保证工件的重心稳定。工件浸入淬火介质的正确方法是：对于厚薄不均的零件，应使厚的部分先浸入淬火介质；对于细长和薄而平的工件，应垂直浸入淬火介质；对于薄壁环状零件，应沿轴线方向垂直浸入淬火介质；对于具有凹槽或不通孔的工件，应使凹面或不通孔部分朝上浸入淬火介质。将各种形状的零件浸入淬火介质的方法如图 8-10 所示。

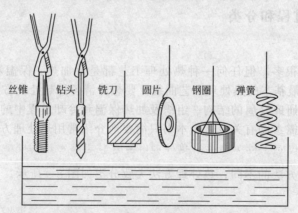

图 8-10　零件浸入淬火介质的方法

（4）回火　零件淬火后不能直接使用，必须经过回火。

把淬火后的零件再次加热到一定温度（一般为 150～650℃），保温一定时间，然后在空气中冷却的工艺过程称为回火。

回火的作用有：消除和降低淬火钢内应力；防止工件变形和开裂；调整硬度，提高韧性，从而获得强度、硬度、塑性和韧度配合适当的力学性能；稳定钢件的组织和尺寸。

为避免淬火工件在放置过程中发生变形和开裂，对一般淬火后的工件必须立即进行回火以消除零件淬火后的内应力。所以淬火和回火两种热处理工艺操作通常是零件的最终热处理。

钢件回火后的性能取决于回火加热温度。随着回火温度的升高，零件的硬度逐渐降低，脆性不断消除，淬火应力不断减少。一般回火分为以下三种。

① 低温回火（150～250℃）　降低材料的脆性和淬火应力，能保持高的硬度，适用于要求高硬度的耐磨零件，如刀具、磨具。

② 中温回火（350～500℃）　保持在一定韧性的条件下，提高材料的弹性和屈服强度，适用于求高弹性的零件，如弹簧。

③ 高温回火（500～650℃）　淬火钢经高温回火后，可以获得强度、硬度、塑性和韧性等都较好的综合力学性能，适用于各种重要的机械零件，如齿轮、轴等。生产上习惯把淬火后高温回火的热处理方法称为调质处理。

2. 常用的热处理设备

热处理中的加热过程是在专门的加热炉内进行的。常用的加热炉有以下几种。

（1）箱式电阻炉　箱式电阻炉根据使用温度不同，可分为高温、中温和低温箱式电阻炉。它是利用电流通过布置在炉膛内的电热元件发热，借辐射和对流作用，将热量传递给工件，使工件加热。该炉适用于中、小型零件的整体热处理及固体渗碳处理。

（2）井式电阻炉　工作原理与箱式电阻炉相同。井式电阻炉比箱式电阻炉具有更优越的性能。它的特点是：炉顶装有风扇，因此加热温度均匀；对细长工件可以竖直吊挂，可减少变形；可利用起重设备来进料或出料，从而大大减轻劳动强度。井式电阻炉主要用于轴类零件或质量要求较高的细长工件的退火、正火、淬火的加热。

热处理设备除了加热炉之外，还有控温仪表（包括热电偶）、冷却设备（如水槽、油槽、浴炉、缓冷坑）和质检设备（如硬度试验机、金相显微镜、量具、无损检测或探伤设备）等。

四、表面热处理

工程中有不少零件（如齿轮、凸轮、曲轴、活塞销等）是在弯曲、扭转等循环载荷、冲击载荷以及摩擦条件下工作的。这时，零件的表层承受着比心部高的应力，而且表面还要不断地被磨损。因此，这种零件的表层必须得到强化，使其具有高的强度、硬度、耐磨性，而心部为了能承受冲击载荷，仍应保持足够的塑性与韧性。在这种情况下，若单从钢材的选择和采用前述的普通热处理方法，已很难满足要求。解决办法可进行表面热处理，即钢的表面淬火和钢的化学热处理。

表面热处理是指仅对工件表面进行热处理以改变其表层组织和性能的热处理工艺。表面热处理只对一定深度的表层进行强化，而心部的组织和性能基本保持不变。经表面处理的工件表面可获得较高的硬度和耐磨性，而心部则具有足够的强度和韧度。

1. 表面淬火热处理

（1）火焰加热表面淬火　是利用乙炔氧火焰或高频感应加热等方法将零件表面加热到淬火温度，然后在介质中快速冷却，使零件表面淬硬（零件中心则仍有较好的塑性和韧性）。火焰加热表面淬火示意图如图8-11所示。

（2）感应加热表面淬火　是指利用感应电流通过工件所产生的热效应，使工件表面迅速加热并立即快速冷却淬火的热处理工艺。

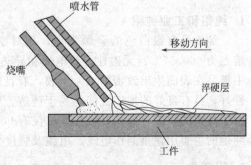

图8-11　火焰加热表面淬火示意图

2. 表面化学热处理

表面化学热处理是将某些化学元素渗入钢的表层，改变钢的表层化学成分、组织和性能，从而获得较高的硬度、耐磨性和抗疲劳等性能的热处理方法。有些表面剧烈磨损的零件，采用表面淬火还不能达到工作要求时，可采用化学热处理。

按渗入零件表层元素的不同，表面化学热处理有渗碳、渗氮、液体碳氮共渗等工艺过程。

渗碳是将碳原子渗入零件表层，使零件表面含碳量增加。需要渗碳的零件一般为低碳钢或低碳合金钢，渗碳后表层成为高碳钢。渗碳厚度一般为 $0.5\sim2\text{mm}$。渗碳后再进行淬火和低温回火，可使表面硬度高、中心韧性好，适于要求耐磨而又承受冲击载荷的零件。常用的渗碳方法有固体渗碳和气体渗碳两种：固体渗碳是将零件放在装有木炭粒和碳酸盐的密封铁箱中，然后将铁箱在炉中加热，其生产率较低；气体渗碳是将零件直接放在密封的炉中加热，并通入渗碳气体。

第四节　有色金属及其合金

有色金属（非铁金属）材料由于某些物理和化学性能比钢铁优良，因此在工业上也获得了广泛应用，其中铜、铝及其合金为常用的非铁金属。有色金属及其合金的种类很多，常用的有铝、铜、铅、钛等。在石油、化工中，由于腐蚀、低温、高温、高压等特殊工艺条件的要求，设备的材质经常采用有色金属及其合金，而在航空、航天、电气工业部门应用更为广泛。有色金属具有很多优越性，如良好的耐腐蚀性和低温韧性、比重小、熔点高、导电率高等。这一节主要介绍几种常用的有色金属的性能和用途。常用有色金属及合金产品表示方法如表 8-5 表示。

表 8-5　常用有色金属及合金产品表示方法（GB 340 — 76）

名称	铜	黄铜	青铜	铝	铅	铸造合金	轴承合金
汉语拼音	T	H	Q	L	P	Z	Ch

一、铝及铝合金

在工业生产中的应用量仅次于钢铁，居有色金属的首位，其最大特点是质量轻、熔点低（660℃）、导电导热性好、耐腐蚀、塑性良好，是航空、宇航工业的主要原材料。

1. 纯铝和工业纯铝

纯铝具有银白色的金属光泽，相对密度小，仅为 2.702g/cm^3，大约是铜和铁的 1/3；熔点为 660.37℃；无磁性；导电性和导热性好，仅次于银、铜和金；价格较低；铝在大气中极易在表面生出致密的 Al_2O_3 膜，有良好的抗蚀性；强度低，但具有良好的低温性能；塑性好，具有良好的加工性能，易于铸造、切削和冷、热压力加工，并具有良好的焊接性能。由于纯铝的强度很低，其抗拉强度仅有 $90\sim120\text{MPa}$，所以一般不直接作为机械零件。工业纯铝的主要用途是制作电线、电缆及强度要求不高的器皿，如储罐、油箱等。

2. 铝合金

纯铝的强度很低，在纯铝中加入某些合金元素形成的合金，称为铝合金。铝合金的力学性能与铝相比得到了大大提高，而仍保持其密度小、耐腐蚀的优点。若再经过热处理，其强度还可进一步提高。

变形铝合金又分为两类：一类是不能用热处理方法强化，称为不能用热处理强化合金，如防锈铝合金；另一类是可用热处理方法强化，称为能用热处理强化合金，这类铝合金是在硬铝中加入适量的铜、镁、硅、锰等元素形成的。铝合金具有足够的强度、较好的塑性和良好的抗腐蚀性，且多数可热处理强化。根据铝合金的成分及加工成形特点，可分为变形铝合金和铸造铝合金两大类。

（1）变形铝合金　具有较高的强度和良好的塑性，可通过压力加工制作各种半成品，可以焊接。变形铝合金主要用作各类型材和结构件，如飞机构架、螺旋桨、起落架等。

变形铝合金又可按性能及用途分为防锈铝、硬铝、超硬铝、锻铝和特殊铝合金5种。

它们的牌号以相应的汉语拼音字母加上序号数字表示。例如：防锈铝以 LF 表示；硬铝以 LY 表示；超硬铝以 LC 表示；锻铝以 LD 表示；特殊铝以 LT 表示。变形铝合金新旧牌号对照、成分、性能及应用如表 8-6 所示。

表 8-6　常用变形铝合金代号、成分、性能及应用

新牌号	相当于旧代号	主要化学成分(质量分数)/%				材料状态	力学性能			用途举例
		Cu	Mg	Mn	Zn		σ_b/MPa	δ/%	HBS	
5A05	LF5	0.10	4.8～5.5	0.3～0.6	0.20	退火强化	220 250	15 8	65 100	焊接油箱、油管、焊条、铆钉及中等载荷零件及制品
3A21	LF21	0.2	0.05	1.0～1.6	0.10	退火强化	125 165	21 3	30 55	焊接油箱、油管、焊条、铆钉及轻载荷零件及制品
2A01	LY1	2.2～3.0	0.2～0.5	0.20	0.10	退火强化	160 300	24 24	38 70	中等强度工作温度不超过 100℃ 的结构用铆钉
2A11	LY11	3.8～4.8	0.4～0.8	0.4～0.8	0.30	退火强化	250 400	10 13	— 115	中等强度的结构零件，如螺旋桨叶片、螺栓、铆钉、滑轮等
7A04	LC4	1.4～2.0	1.8～2.8	0.2～0.6	5.0～7.0	退火强化	260 600	8	150	主要受力构件，如飞机大梁、桁条、加强框、接头及起落架等
2A05	LD5	1.8～2.6	0.4～0.8	0.4～0.8	0.3	退火强化	420	13	105	形状复杂的中等强度的锻件、冲压件及模锻件、发动机零件等
2A50	LD6	1.8～2.6	0.4～0.8	0.4～0.8	0.30	退火强化	410	8	95	形状复杂的模锻件、压气机轮和风扇叶轮
2A70	LD7	1.9～2.5	1.4～1.8	0.2	0.30	退火强化	— 415	13	— 105	高温下工作的复杂锻件，如活塞、叶轮等

注：表中数据摘自 GB 3190—82、GB/T 3190—1996。

（2）铸造铝合金　包括铝镁、铝锌、铝硅、铝铜等合金，它们有良好的铸造性能，可以铸成各种形状复杂的零件。其中应用最广的是硅铝合金，称为硅铝明。

铸造铝合的塑性差，不宜进行压力加工。各类铸造铝合金的代号均以"ZL"加3位数

字组成，第1位数字表示合金类别，第2位、第3位数字是顺序号，如 ZL102、ZL201 等。

3. 铝合金的热处理

铝合金的热处理与钢不同，它是通过所谓的固溶—时效处理来改变铝合金力学性能的。

将能用热处理强化的变形铝合金通过淬火，强度可以得到提高；而且人们还发现，把淬火后的铝合金在室温下放置 4～5d 后，它的强度和硬度会进一步有很大的提高。这种淬火后的合金随时间而发生强化的现象称为"时效硬化"。在室温下所进行的时效称为自然时效，在加热的条件下所进行的时效称为人工时效。硬铝的退火强度 $\sigma_b = 200MPa$，经淬火及自然时效后 σ_b 可提高到 400MPa。

二、铜及铜合金

铜是人类历史上应用最早的金属，至今仍是应用较广泛的金属材料。主要用作导电、导热并兼有耐腐蚀性的器材及制造。各种铜合金是电气、仪器、化工机械等工业中的重要材料。

1. 纯铜

外观呈紫红色，故又常称为紫铜，相对密度 $8.9g/cm^3$，熔点 1083℃。纯铜具有很好的导电性和导热性，较高的化学稳定性，抗大气和水的腐蚀性强（但在海水中较差），是抗磁性金属，焊接性能良好。纯铜强度较低（一般 $\sigma_b = 230～250MPa$），硬度低（HBS40～50），塑性好（$\delta = 40\%～50\%$），可进行冷变形加工，但塑性下降显著。若纯铜中含有（0.1%～0.5%）的杂质元素时，通常称为工业纯铜，杂质元素的性质和含量对铜的性能影响较大。如 P、Ti、Fe、Si、Mn、Be 等元素均强烈降低铜的导电性；而在纯铜中加入微量的 Ag、Cd、Cr、Zr、Mg 可提高强度和硬度，而导电性能降低很小；Bi、Pb 使铜发生热脆，影响热加工能力；含 S 和 O 过高将致使铜发生冷脆，冷加工困难。因此要严格控制杂质元素的含量。

工业纯铜主要用来配制铜合金，以及制作各种电线电缆、电气开关、冷凝器、散热管、热交换器、防磁器械等。特别是制造导电器材，其用量占总用量的 50% 以上。铜分为四个牌号。

2. 黄铜

黄铜是铜（Cu）与锌（Zn）的合金。黄铜色泽美观，有良好的防腐性能及机械加工性能。黄铜中锌的含量为 20%～40%，随着锌的含量增加，黄铜强度增加而塑性下降。黄铜可以铸造，也可以压力加工。除了铜和锌以外，再加入少量其他元素的铜合金叫特殊黄铜，如锡黄铜、铅黄铜等。黄铜一般用于制造耐腐蚀和耐磨零件，如阀门、子弹壳、管件等。

压力加工黄铜的牌号用"黄"字汉语拼音字首"H"加数字表示，该数字表示平均含铜质量分数的百分数，如 H62 表示含铜质量分数为 62%、含锌质量分数为 38%。特殊黄铜则在牌号中标出合金元素的含量，如 HPb59.1 表示含铜质量分数为 59%、含铅质量分数为 1% 的铅黄铜。

3. 青铜

除黄铜和白铜（铜镍合金）外，其余铜合金统称为青铜。铜锡合金称为锡青铜，其余青铜称为无锡青铜。

（1）锡青铜　锡青铜是铜与锡的合金，它有很好的力学性能、铸造性能、耐腐蚀性和减磨性，是一种很重要的减摩材料。锡青铜主要用于制造摩擦零件和耐腐蚀零件，如蜗轮、轴瓦、衬套等。

（2）无锡青铜 除锡以外的其他合金元素与铜组成的合金，统称为无锡青铜，主要包括铝青铜、硅青铜、铍青铜等。它们通常作为锡青铜的代用材料使用。

加工青铜的牌号以"Q"为代号，后面标出主要元素的符号和含量，如 QSn4-3，表示含锡量为 4%、含锌量为 3%，其余为铜（93%）的压力加工锡青铜。铸造铜合金的牌号用"ZCu"及合金元素符号和含量组成，如 ZCuSn5Pb5Zn5 表示含锡、铅、锌各约为 5%，其余为铜（85%）的铸造锡青铜。

复习题

8.1 什么是金属材料的力学性能？金属材料的力学性能主要有哪些？

8.2 什么是硬度？常用测量硬度的方法有哪几种？

8.3 金属材料的工艺性能主要包括哪些方面？

8.4 什么是铁碳合金？钢和铸铁是如何区分的？

8.5 碳钢是怎样进行分类的？不同钢种的牌号是怎样规定的？

8.6 什么是合金钢？合金钢中常用的合金元素有哪些？它们对合金钢的性能有什么作用？

8.7 与碳钢相比，合金钢有哪些优越性能？

8.8 下列钢号各代表何种钢？Q235、45、40Cr、65Mn、ZG230-450、HT200、0Cr18Ni9Ti，各数字和符号代表什么含义？

8.9 常用的铸铁有哪些？它们的性能各有什么特点？主要用于制造何种零件？

8.10 什么是钢的热处理？热处理有何意义？

8.11 普通热处理有哪些？它们对钢的性能各有什么影响？

8.12 什么是高温回火？什么是调质处理？调质处理的作用是什么？举两例说明其应用场合。

8.13 什么是表面淬火和化学热处理？它们对构件的性能有什么影响？

8.14 影响金属材料性能的因素有哪些？请指出几种强化金属材料性能的方法。

8.15 简述铝及铝合金的性能特点和主要用途。铝合金是怎样分类的？可分为哪几类？

8.16 常用的青铜有哪几类？其性能及用途如何？

第九章

非金属材料和复合材料

第一节　非金属材料

金属材料具有强度高、热稳定性好、导电性及导热性好等优点，但也存在不少缺点，在要求密度小、耐蚀、电绝缘等场合，往往难以满足使用要求。目前在工程中常采用非金属材料。非金属材料可分为有机非金属材料（如工程塑料、橡胶等）和无机非金属材料（如工业陶瓷、玻璃等）。

一、有机非金属材料

有机非金属材料是以有机高分子化合物为主要成分的材料，故又称为高分子材料。主要有塑料、橡胶、黏结剂、油漆等。

1. 塑料

（1）塑料的概述　塑料是以合成树脂为基础，加入各种添加剂（如增塑剂、润滑剂、稳定剂、填充剂等）而制成的，是目前工业上应用最多的非金属材料。

合成树脂是组成塑料的基本组成物，塑料的基本性能决定于树脂的种类。其种类、性能及加入量对塑料的性能起着决定性作用，因此许多塑料都是以树脂的名称命名的，如聚氯乙烯塑料中的树脂就是聚氯乙烯，聚苯乙烯塑料中的树脂是聚苯乙烯等。

加入添加剂的目的是改善或弥补塑料某些性能的不足。添加剂有填充剂、增塑剂、固化剂、稳定剂、润滑剂、着色剂、阻燃剂等，稳定剂主要提高塑料在受热和光作用时的稳定性，防止老化；固化剂使树脂获得体型网状结构，使塑料制品坚硬和稳定；填充剂赋予塑料新的性能，如铝粉提高塑料对光的反射能力等。

（2）塑料的分类　塑料的品种很多，按其使用范围可分为通用塑料、工程塑料，如表9-1所示；按合成树脂的热性能，可分为热塑性塑料和热固性塑料，如表9-2所示。

表 9-1　按塑料的使用范围分类

类别	特征	典型品种	代号	应用举例
通用塑料	原料来源丰富，产量大，应用广，价格便宜，容易加工成形，性能一般，可作为日常生活用品、包装材料	聚氯乙烯	PVC	塑料管、板、棒、容器、薄膜与日常用品
		聚乙烯	PE	可包装食物的塑料瓶、塑料袋与软管等
		聚丙烯	PP	电视机外壳、电风扇与管道等
		聚苯乙烯	PS	透明窗、眼镜、灯罩与光学零件
		酚醛塑料	PF	电器绝缘板、刹车片等电木制品
		氨基塑料	UF	玩具、餐具、开关、纽扣等

类别	特征	典型品种	代号	应用举例
工程塑料	有优异的电性能、力学性能、耐冷和耐热性能、耐磨性能、耐腐蚀等性能,可代替金属材料制造机械零件及工程构件	聚酰胺	PA	齿轮、凸轮、轴等尼龙制品
		ABS塑料	ABS	泵叶轮、轴承、把手、冰箱外壳等
		聚碳酸酯	PC	汽车外壳、医疗器械、防弹玻璃等
		缩醛塑料	POM	轴承、齿轮、仪表外壳等
		有机玻璃	PMMA	飞机、汽车窗、窥镜等
		聚四氟乙烯	PTTA	轴承、活塞环、阀门、容器与不粘涂层

表 9-2　按塑料的热性能分类

类别	特征	典型塑料及代号	类别	特征	典型塑料及代号
热塑性塑料	树脂为线形高分子化合物,能溶于有机溶剂,加热可软化,易于加工成形,并能反复塑化成形	聚氯乙烯(PVC) 聚乙烯(PE) 聚酰胺(PA) 缩醛塑料(POM) 聚碳酸酯(PC)	热固性塑料	网形高分子树脂,固化后重新加热不再软化和熔融,亦不溶于有机溶剂,不能再成形使用	酚醛塑料(PF) 氨基塑料(UF) 有机硅塑料(SI) 环氧树脂(EP)

（3）塑料的性能

① 化学性能　塑料具有良好的耐腐蚀性能,大多数塑料能耐大气、水、酸、碱、油的腐蚀,其中聚四氟乙烯能耐"王水"的腐蚀。因此工程塑料能制作化工机械零件及在腐蚀介质中工作的零件。

② 物理性能　塑料的密度小,相当于钢密度的 $\frac{1}{7} \sim \frac{1}{4}$；热性能不如金属,遇热易老化、分解；塑料的导热性差,有良好的电绝缘性,塑料线膨胀系数大,一般为钢的 3～10 倍。

③ 力学性能　一般塑料的强度、刚度和韧性都较差,其强度仅为 30～150MPa；塑料具有良好的减摩性；塑料容易出现蠕变与应力松弛；塑料还具有良好的减振性和消声性。

（4）工程塑料　工程塑料是指在工程技术中用作结构材料的塑料。是目前工业上应用最多的非金属材料。

工程上用的塑料种类很多。

如表 9-3 所示是常用塑料的名称、符号、性能及用途。

表 9-3　常用塑料的名称、符号、性能及用途

类别	塑料名称	符号	主要性能	用途举例
热塑性塑料	聚乙烯	PE	耐蚀性和电绝缘性能极好,高压聚乙烯质地柔软、透明,低压聚乙烯质地坚硬、耐磨	高压聚乙烯:制软管、薄膜和塑料瓶;低压聚乙烯:塑料管、板、绳及承载不高的零件,亦可作为耐磨、减磨及防腐蚀涂层
	聚苯乙烯	PS	密度小,常温下透明度好,着色性好,具有良好的耐蚀性和绝缘性。耐热性差,易燃,易脆裂	可用作眼镜等光学零件、车辆等罩、仪表外壳、化工中的储槽、管道、弯头及日用装饰品等
	聚酰胺(尼龙1010)	PA	具有较高的强度和韧性,很好的耐磨性和自润滑性及良好的成形工艺性,耐蚀性较好,抗霉、抗菌、无毒,但吸水性大,耐热性不高,尺寸稳定性差	制作各种轴承、齿轮、凸轮轴、轴套、泵叶轮、风扇叶片、储油容器、传动带、密封圈、蜗轮、铰链、电缆、电器线圈等
	聚甲醛	POM	具有优良的综合力学性能,尺寸稳定性高,良好的耐磨性和自润滑性,耐老化性也好,吸水性小,使用温度为 −50～110℃,但密度较大,耐酸性和阻燃性不太好,遇火易燃	制造减摩、耐磨及传动件,如齿轮、轴承、凸轮轴、制动闸瓦、阀门、仪表、外壳、汽化器、叶片、运输带、线圈骨架等

续表

类别	塑料名称	符号	主要性能	用途举例
热塑性塑料	ABS塑料（苯乙烯—丁二烯—丙烯腈）	ABS	兼有三组元的共同性能、坚韧、质硬、刚性好，同时具有良好的耐磨、耐热、耐蚀、耐油及尺寸稳定性，可在−40～100℃下长期工作，成形性好	应用广泛。如制造齿轮、轴承、叶轮、管道、容器、设备外壳、把手、仪器和仪表零件、外壳、文体用品、家具、小轿车外壳等
	聚甲基丙烯酸甲酯（有机玻璃）	PMMA	具有优良的透光性、耐候性、耐电弧性、强度高，可耐稀酸、碱，不易老化，易于成形，但表面硬度低，易擦伤，较脆	可用于制造飞机、汽车、仪器仪表和无线电工业中的透明件。如挡风玻璃、光学镜片、电视机屏幕、透明模型、广告牌、装饰品等
	聚砜	PSU	具有优良的耐热、抗蠕变及尺寸稳定性、强度高、弹性模量大，最高使用温度达150～165℃，还有良好的电绝缘性、耐蚀性和可电镀性。缺点是加工性不太好等	可用于制造高强度、耐热、抗蠕变的结构件、耐蚀件和电气绝缘件等，如精密齿轮、凸轮，真空泵叶片，仪器仪表零件、电气线路板、线圈骨架等
热固性塑料	酚醛塑料	PF	采用木屑做填料的酚醛塑料俗称"电木"。有优良的耐热、绝缘性能，化学稳定性、尺寸稳定性和抗蠕变性良好。这类塑料的性能随填料的不同而差异较大	用于制作各种电信器材和电木制品，如电气绝缘板、电器插头、开关、灯口等，还可用于制造受力较高的刹车片、曲轴带轮，仪表中的无声齿轮、轴承等
	环氧塑料	EP	强度高、韧性好、良好的化学稳定性、耐热、耐寒性，长期使用温度为−80～155℃。电绝缘性优良，易成形。缺点有某些毒性	用于制造塑料模具、精密量具、电器绝缘及印刷线路、灌封与固定电器和电子仪表装置、配制飞机漆、油船漆以及作黏结剂等
	氨基塑料	UF	优良的耐电弧性和电绝缘性，硬度高、耐磨、耐油脂及溶剂，难于自燃，着色性好。其中脲醛塑料，颜色鲜艳，电绝缘性好；又称为"电玉"；三聚氰胺甲醛塑料（密胺塑料）耐热、耐水、耐磨、无毒	主要为塑料粉，用于制造机器零件、绝缘件和装饰件，如仪表外壳、电话机外壳、开关、插座、玩具、餐具、纽扣、门把手等
	有机硅塑料	SI	优良的电绝缘性，尤以高频绝缘性能好，可在180～200℃下长期使用。憎水性好，防潮性强。耐辐射、耐臭氧	主要为浇铸料和粉料。其中浇铸料用于电气、电子元件及线圈的灌封与固定。粉料用于压制耐热件、绝缘件

2. 橡胶

橡胶也是一种高分子材料，与塑料的不同之处是它在使用温度范围内处于高弹性状态，即在较小外力作用下就能产生很大的变形，当外力取消后又能很快恢复原状。同时，橡胶还具有良好的耐磨性、隔声性和绝缘性。因此，橡胶被广泛用于制造密封件、减振防振件、传动件、轮胎以及绝缘件等。

（1）橡胶的组成　橡胶是以生胶为基础加入适量的配合剂制成的高分子材料。其中生胶又分为天然与合成两类，橡胶制品的性质主要取决于生胶的性质。合成橡胶的品种很多，如丁苯橡胶、氯丁橡胶、丁腈橡胶、硅橡胶等。

配合剂是为了提高和改善橡胶制品的性能而加入的物质。橡胶配合剂的种类很多，如硫化剂及其促进剂、软化剂、防老化剂、填充剂、发泡剂和着色剂等。如硫化剂的作用类似热固性塑料中的固化剂，它能改变橡胶分子的结构，提高橡胶的力学性能，并使橡胶具有既不溶解、也不熔融的性质，克服橡胶因温度升高而变软发黏的缺点。因此，橡胶制品只有经硫化后才能使用。天然橡胶常以硫黄作硫化剂。

（2）常用的橡胶　根据橡胶的应用范围，橡胶可分为通用橡胶和特种橡胶。常用橡胶的种类、性能及用途如表9-4所示。

表 9-4　常用橡胶的种类、性能及用途

类别	名称	代号	主要性能特点	使用温度/℃	用途举例
通用橡胶	天然橡胶	NR	综合性能好，耐磨性、抗撕性和加工性良好，电绝缘性好。缺点是耐油和耐溶剂性差，耐臭氧老化性较差	−70～110	用于制造轮胎、胶带、胶管、胶鞋及通用橡胶制品
	丁苯橡胶	SBR	优良的耐磨、耐热和耐老化性，比天然橡胶质地均匀。但加工成形困难，硫化速度慢，弹性稍差	−50～140	用于制造轮胎、胶管、胶带及通用橡胶制品。其中丁苯—10用于耐寒橡胶制品，丁苯—50多用于生产硬质橡胶
	顺丁橡胶	BR	性能与天然橡胶相似，尤以弹性好、耐磨和耐寒著称，易与金属粘合	≤120	用于制造轮胎、耐寒运输带、V带、橡胶弹簧等
	氯丁橡胶	CR	力学性能好，耐氧、耐臭氧的老化性能好、耐油、耐溶剂性较好。但密度大、成本高、电绝缘差、较难加工成形	−35～130	用于制造胶管、胶带、电缆胶黏剂、油罐衬里、模压制品及汽车门窗嵌条等
特种橡胶	聚氨酯橡胶	UR	耐磨性、耐油性优良，强度较高。但耐水、酸、碱的性能较差	≤80	用于制作胶辊、实心轮胎及耐磨制品
	硅橡胶	SIR	优良的耐高温和低温性能，电绝缘性好，较好的耐臭氧老化性。但强度低、价格高、耐油性不好	−100～300	用于制造耐高温、耐寒制品，耐高温电绝缘制品，以及密封、胶粘、保护材料等
	氟橡胶	FPM	耐高温、耐油、耐高真空性好，耐蚀性高于其他橡胶，抗辐射性能优良，但加工性能差、价格贵	−50～315	用于制造耐蚀制品，如化工容器衬里、垫圈、高级密封件、高真空橡胶件等

3. 胶黏剂

胶黏剂又称黏结剂，是以黏性物质环氧树脂、酚醛树脂、聚酯树脂、氯丁橡胶、丁腈橡胶等为基础，加入需要的添加剂（填料、固化剂、增塑剂、稀释剂等）组成的，俗称胶。

（1）环氧树脂胶黏剂　凡是以环氧树脂为基料的黏结剂统称为环氧树脂黏结剂，简称为环氧胶。环氧胶是由环氧树脂、固化剂和各种添加剂组成的。环氧胶具有很强的粘合力，对大部分材料如金属、木材、玻璃、陶瓷、橡胶、混凝土、纤维、塑料、竹木、皮革、织物等都有良好的粘合能力，故有"万能胶"之称。

（2）酚醛树脂胶黏剂　酚醛树脂胶黏剂的黏结力强、耐高温，优良配方胶可在300℃以下使用，其缺点是性脆、剥离强度差。酚醛树脂胶是用量最大的品种之一，主要用于胶接木材、木质层压板、胶合板和泡沫塑料，也可用于胶接金属、陶瓷。

（3）其他常用的胶黏剂　如聚氨酯胶黏剂、瞬干胶、厌氧胶、无机胶黏剂等。聚氨酯胶黏剂胶膜柔软，耐油性好，但使用温度较低，可用于胶接金属、塑料、陶瓷、玻璃、橡胶、皮革、木材等多种材料；瞬干胶黏度小，适应面广，胶膜较脆，不耐水，耐热性和耐溶剂性较差，使用温度范围在−40～70℃，在室温下接触水汽瞬间固化，可用于金属、陶瓷、塑料、橡胶等材料的小面积胶接和固化；厌氧胶工艺性好，毒性小，固化后的抗蚀性、耐热性、耐寒性均较好，使用温度范围在40～150℃，可用于防止螺钉松动、轴承的固定、法兰及螺纹接头的密封和防漏、填塞缝隙，也可用于胶接；无机胶黏剂有优良的耐热性，长期使用温度范围为800～1000℃，胶接强度高，低温性能较好，耐候性极好，耐水、耐油性好，但耐酸、碱性较差，不耐冲击，可用于各种刀具的胶接、小砂轮的黏结、塞规及卡规的黏结、铸件砂眼堵漏和气缸盖裂纹的胶补等。

4. 涂料

涂料指涂布在物体表面而形成具有保护和装饰作用膜层的材料。传统的涂料用植物油和天然树脂熬炼而成，称为"油漆"。随着石油化工和合成聚合物工业的发展，当前植物油和天然树脂已逐渐为合成聚合物改性和取代，涂料所包括的范围已远远超过"油漆"原来的狭义范围。

当前，涂料的品种有上千种，用于防腐的涂料有防锈漆、底漆、大漆、酚醛树脂漆、环氧树脂漆以及某些塑料涂料（如聚乙烯涂料、聚氯乙烯涂料）等。

5. 保温材料

在建筑工程中，习惯上把用于控制室内热量外流的材料称为保温材料。材料的保温性能用热导率来评定。我国国家标准 GB 4272—92《设备及管道保温技术通则》规定，凡平均温度不高于 350℃时热导率不大于 0.12W/（m·K）的材料为保温材料。在实际应用中，由于大多数保温材料的抗压强度都很低，常把保温材料和承重材料复合使用。另外，大多数保温材料的空隙率较大，吸水性、吸湿性较强，而保温材料吸收水分后会严重降低保温效果，故保温材料在使用时应注意防潮防水，需在表层加防水层或隔汽层。

一般常用的保温材料可分为 10 大类：珍珠岩类、蛭石类、硅藻土类、泡沫混凝土类、软木类、石棉类、玻璃纤维类、泡沫塑料类、矿渣棉类和岩棉类。其相关性能可参阅有关手册。

二、无机非金属材料

陶瓷是各种无机非金属材料的通称。

（1）陶瓷的基本性能。

① 力学性能　与金属材料相比，陶瓷具有很高的弹性模量和硬度（维氏硬度＞1500），抗压强度较高，但脆性较大、韧性较低、抗拉强度很低。

② 热性能　陶瓷材料的熔点高，抗蠕变能力强，具有比金属高得多的耐热性，热硬性可达 1000℃以上，热膨胀系数和导热系数小，是优良的绝热材料。但陶瓷的抗急冷急热的性能差。

③ 化学性能　陶瓷的组织结构非常稳定，即使在 1000℃也不会被氧化，不会被酸碱、盐和许多熔融的金属（如有色金属银、铜等）侵蚀，不会发生老化。

④ 电性能　陶瓷材料的导电性变化范围很广。大多数陶瓷都是良好的绝缘体。但也研制了不少具有导电性的特种陶瓷，如氧化物半导体陶瓷等。

（2）陶瓷材料的应用　陶瓷的种类很多，按照陶瓷的原料和用途不同，可分为普通陶瓷和特种陶瓷两类。其以石英等为原料，经过原料加工、成形和烧结而成，广泛用于人们的日常生活、建筑、卫生以及化工等领域。如餐具、艺术品、装饰材料、电器支柱、耐酸砖等。

（3）特种陶瓷（又称近代陶瓷）　特种陶瓷是化学合成陶瓷。它以化工原料（如氧化物、氮化物、碳化物等）经配料、成形、烧结而制成。根据其主要成分，又可分为氧化铝陶瓷、氧化锆陶瓷、氮化硅陶瓷、碳化硅陶瓷等。

氧化铝陶瓷的主要成分是 Al_2O_3（刚玉瓷）。它的熔点高、耐高温，能在 1600℃的高温下长期使用；硬度高（在 1200℃时为 80HRA）；绝缘性、耐蚀性优良。其缺点是脆性大，抗急冷急热性差。主要用于刀具、内燃机火花塞、坩埚、热电偶的绝缘套等。

氮化硅陶瓷的主要成分是 Si_3N_4。它的突出特点是抗急冷急热性优良，并且硬度高、化学稳定性好、电绝缘性优良，还有自润滑性，耐磨性好。因此，主要用于高温轴承、耐蚀水泵密封环、阀门、刀具等。

氮化硼陶瓷的主要成分是 BN，按晶体结构有六方与立方两种。立方氮化硼硬度极高，硬度仅次于金刚石，目前主要用于磨料和高速切削的刀具。

第二节　复合材料

复合材料是由两种或两种以上性质不同的材料经人工组合而得到的多相固体材料。它不仅具有各组成材料的优点，而且还能获得单一材料无法具备的优良综合性能。

一、复合材料的组成和分类

复合材料一般由基体相和增强相构成。基体相起形成几何形状和黏结作用；增强相起提高强度、韧性等的作用。

按复合材料的增强相种类和结构形式不同，复合材料可分为以下三类。

（1）纤维增强复合材料　这类复合材料是以玻璃纤维、碳纤维等陶瓷材料作增强相，复合于塑料、树脂、橡胶和金属等为基体相的材料中而制成的。如橡胶轮胎、玻璃钢、纤维增强陶瓷等都是纤维增强复合材料。

（2）层叠复合材料　这类复合材料是由两层或两层以上不同材料复合而成的。如五合板、钢—铜—塑料复合的无油润滑轴承材料等就是层叠复合材料。

（3）颗粒复合材料　这类材料是由一种或多种颗粒均匀分布在基体相内而制成的。硬质合金就是 WC—CO 或 WC—TiC—CO 等组成的颗粒复合材料。

二、常用纤维增强复合材料

这类复合材料是复合材料中发展最快、应用最广的一类复合材料。它具有比强度 σ_b/ρ 和比弹性模量（E/ρ）高，减振性和抗疲劳性能好，耐高温性能高等优点。

（1）玻璃纤维—树脂复合材料　这类复合材料是以玻璃纤维及其制品为增强相，以树脂为黏结剂而制成的，俗称玻璃钢。

以尼龙、聚烯烃类、聚苯乙烯类等热塑性树脂为黏结剂制成的玻璃钢，其性能比普通塑料高得多：抗拉强度、抗弯强度和抗疲劳强度均提高 2~3 倍以上；冲击韧度提高 1~4 倍；蠕变抗力提高 2~5 倍，达到或超过了某些金属的性能。可用来制造轴承、齿轮、仪表盘、空调机叶片、汽车前后灯等。

以环氧树脂、酚醛树脂、有机硅树脂等热固性树脂为黏结剂制成的玻璃钢，具有密度小（是钢的 1/6~1/4）、强度高，耐腐蚀，绝缘、绝热性好和成形工艺性好等优点。但刚度较差（弹性模量仅为钢的 1/10~1/5），耐热性不高，容易老化。因此，常用于制造汽车车身、船体、直升机的旋翼、风扇叶片、石油化工管道等。

（2）碳纤维—树脂复合材料　这种材料是以碳纤维及其制品为增强相，以环氧树脂、酚醛树脂、聚四氟乙烯树脂等为黏结剂结合而成。它不仅保持了玻璃钢的许多优点，而且许多性能还优于玻璃钢。其密度比玻璃钢还小，强度和弹性模量超过了铝合金，而接近于高强度钢。此外，它还具有优良的耐磨、减摩及自润滑性、耐蚀性、耐热性等，受 X 射线辐射时，强度和弹性模量不变化。常用于制造承载件和耐磨件，如连杆、齿轮、轴承、机架、人造卫星天线构架等。

第三节 机械工程材料的选用

机械工程中，合理地选用材料对于保证产品质量、降低生产成本有着极为重要的作用。要想合理地选择材料，除了要熟悉常用机械工程材料的性能、用途及热处理外，还必须能针对零件的工作条件、受力情况和失效形式等，提出材料的性能要求，根据性能要求选择合适的材料。

一、机械零件的失效形式

所谓失效是指机械零件在使用过程中，由于某种原因而丧失预定功能的现象。一般机械零件的失效形式有以下三类。

（1）断裂 包括静载荷或冲击载荷下的断裂、疲劳断裂、应力腐蚀破裂等。断裂是材料最严重的失效形式，特别是在没有明显塑性变形的情况下突然发生的脆性断裂，往往会造成灾难性事故。

（2）表面损伤 包括过量磨损、接触疲劳（点蚀或剥落）、表面腐蚀等。机器零件表面损伤后，失去了原有的形状精度，减小了承载尺寸，工作就会恶化，甚至不能正常工作而报废。

（3）过量变形 包括过量的弹性变形、塑性变形和蠕变等。不论哪种过量变形，都会造成零件（或工具）尺寸和形状的变化，改变了它们的正确使用位置，破坏了零件或部件间相互配合的关系，使机器不能正常工作。如变速箱中的齿轮若产生过量塑性变形，就会使轮齿啮合不良，甚至卡死、断齿，引起设备事故。

引起零件失效的原因很多，涉及零件的结构设计、材料的选择与使用、加工制造及维护保养等方面。正确地选用材料是防止或延缓零件失效的重要途径。

二、选材的基本原则

（1）材料的使用性能应满足零件的工作要求 使用性能是保证零件工作安全可靠、经久耐用的必要条件。不同机械零件要求材料的使用性能是不一样的，这主要是因为不同机械零件的工作条件和失效形式不同。因此，选材时首先要根据零件的工作条件和失效形式，判断所要求的主要使用性能。对于一般工作条件下的金属零件，主要以力学性能作为选材依据；对于用非金属材料制成的零件（或构件），还应注意工作环境对其性能的影响，因为非金属材料对温度、光、水、油等的敏感程度比金属材料大得多。如表 9-5 所示的是几种常用零件和工具的工作条件、失效形式及要求的主要力学性能。

在对零件的工作条件和失效形式进行全面分析，并根据零件工作中所受的载荷计算确定出主要力学性能的指标值后，即可利用手册确定出相适应的材料。

表 9-5 几种常用零件（工具）的工作条件、失效形式及要求的主要力学性能

零件（工具）	工作条件			常见失效形式	要求的主要力学性能
	应力种类	载荷性质	其他		
紧固螺栓	拉、切应力	静	—	过量变形、断裂	强度、塑性

零件（工具）	工作条件			常见失效形式	要求的主要力学性能
	应力种类	载荷性质	其他		
传动轴	弯、扭应力	循环、冲击	轴颈处摩擦、振动	疲劳破坏、过量变形、轴颈处磨损	综合力学性能、轴颈处硬度
传动齿轮	压、弯应力	循环、冲击	摩擦、振动	轮齿折断、接触疲劳（点蚀）、磨损	表面硬度及接触疲劳强度、弯曲疲劳强度，心部屈服强度、韧性
冷作模具	复杂应力	循环、冲击	强烈摩擦	磨损、脆断	硬度、足够的强度、韧性
压铸模	复杂应力	循环、冲击	高温、摩擦、金属液腐蚀	热疲劳、脆断、磨损	高温强度、抗热疲劳性、足够的韧性与热硬性

（2）材料的工艺性　应满足加工要求材料的工艺性是指材料适应某种加工的能力。材料的工艺性能好坏，对于零件加工的难易程度、生产率和生产成本都有决定性影响。

零件需要铸造成形时，应选择具有良好铸造性能的材料。常用的几种铸造合金中，铸造铝合金的铸造性能优于铸铁，铸铁的铸造性能优于铸钢，而铸铁中又以灰铸铁的铸造性能最好。如果零件需要压力加工成形，则应注意低碳钢的压力加工性能比高碳钢好，非合金钢的压力加工性能比合金钢好。如果是焊接成形，宜用焊接性能良好的低碳钢或低碳合金钢，而高碳钢、高合金钢、铜合金、铝合金和铸铁的焊接性能差。为了便于切削加工，一般希望钢的硬度能控制在 $170\sim230$ HBS 之间（这可通过热处理来调整其组织和性能）。对于需要热处理强化的零件还应考虑材料的热处理性能。对于截面尺寸大、形状比较复杂、又要求高强度零件，一般应选用淬透性好的合金钢，以便通过热处理强化。

高分子材料的成形工艺比较简单，切削加工性比较好。但其导热性差，在切削过程中不易散热，易使工件温度急剧升高而使其变焦（热固性塑料）或变软（热塑性塑料）。陶瓷材料成形后硬度极高，除了可以用碳化硅、金刚石砂轮磨削外，几乎不能进行其他加工。

（3）材料还应具有较好的经济性　据资料统计，在一般的工业部门中，材料的价格要占产品价格的 $30\%\sim70\%$。在保证使用性能的前提下，选用价廉、加工方便、总成本低的材料，可以取得最大的经济效益。

在金属材料中，碳钢和铸铁的价格比较低廉，而且加工也方便，故在满足零件使用性能的前提下，选用碳钢和铸铁可降低产品的成本。低合金钢的强度比碳钢高，工艺性能接近碳钢，因此，选用低合金钢往往经济效益比较显著。

复习题

9.1　根据非金属材料的特性，说明其在工业中有何重要意义。

9.2　常见的非金属材料有哪些？适用于哪些设备？

9.3　什么是塑料？按合成树脂的热性能，塑料可分为哪两类？各有何特点？

9.4　举例说出几种特种陶瓷的特点和主要用途。

9.5　什么是复合材料？常用的有哪几种？

9.6　什么是玻璃钢？有何特性？试述其在工业生产中的应用。

9.7　零件失效的基本形式有哪几种？引起机械零件失效的主要原因有哪些？

第三篇

机构　机械传动与零件基础

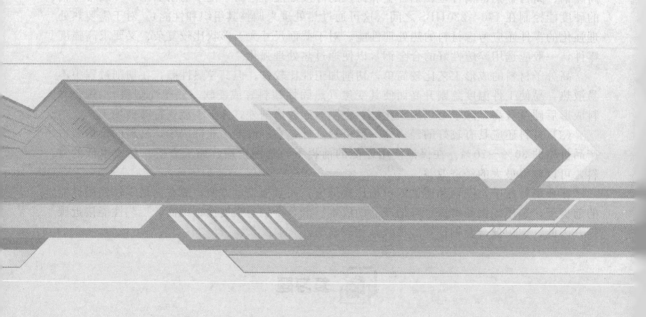

人类在长期生产实践中为满足自身生活和生产需要而创造出类型繁多、功能各异的机器。机器是由零件组成的执行机械运动的装置，用来完成所赋予的功能，如变换和传递能量、变换和传递运动及传递物料与信息等。

一台完整的机器包括以下三个基本部分。

（1）原动部分　其功能是将其他形式的能量转换为机械能（如内燃机和电动机分别将热能和电能转换为机械能）。原动部分是驱动整部机器以完成预定功能的动力源。

（2）工作部分（或执行部分）　其功能是利用机械能去变换或传递能量、物料、信号，如发电机把机械能转换成为电能，轧钢机转换物料的外形等。

（3）传动部分　其功能是把原动部分的运动形式、运动和动力参数转变为工作部分所需的运动形式、运动和动力参数。

机器的传动形式很多，如机械传动、液力传动、电力传动和磁力传动等。其中机械传动是一种最基本的传动方式。常见的机械传动有带传动、链传动、齿轮传动、蜗杆传动等。

任何一部机器从原理上都是由机构组成，从形式上是由许多零件和部件组装而成。

本篇以常用机构、机械传动方式和通用零件为研究对象，讨论其工作原理、受力分析以及使用和选用中的一些共性问题。

第十章

常用机构

每种机械的形式、构造及用途虽然各不相同，但它们的主要部分都是由一些机构组成的。由于组成机构的构件不同，机构的运动形式也不同，因此机构的类型很多。所有构件都在同一平面或相互平行的平面内运动的机构称为平面机构。本章重点讨论平面机构。

常用的平面机构包括平面连杆机构、凸轮机构和间歇机构等。

第一节 机构分析基本知识

一、机器、机构和机械

在生产和生活中广泛使用着各种机器，如图 10-1 所示的单缸内燃机，即是一部机器，它包括曲柄活塞、连杆、凸轮、顶杆、齿轮三种四套机构所组成。其基本功能是使燃气在缸内经过"进气—压缩—爆发—排气"的循环过程，将燃气的热能不断地转换为机械能，从而使活塞的往复运动转换为曲轴的连续转动。为了保证曲轴连续转动，要求定时将燃气送入汽缸和将废气排出汽缸，这是通过进气阀和排气阀完成的，而进、排气阀的启闭则是通过将齿轮、凸轮、顶杆、弹簧等各实物组合成一体，并协同运动来实现的。

从上述可知，机器具有以下共同特征。

① 它们是许多人为实体的组合。

② 实体间具有确定的相对运动。

③ 在工作时能进行能量的转换（如内燃机、发电机等）或做有效的机械功（如起重机、金属切削机床等）。

凡同时具有上述三个特征的机械称为机器；仅有前两个特征的称为机构。也就是说机构是多个实物的组合，能实现预期的机械运动。由此可见机器是由机构组成的，但从运动观点来看两者并无差别，通常用机械一词作为机构和机器的总称。各种机械中普遍使用的机构有连杆机构、凸轮机构、间歇运动机构和螺旋机构等。

二、构件和零件

机构是由若干个做相对运动的单元所组成的。机构中的运动单元称为构件。所以，构件具有独立的运动特性，它是运动的单元。组成机器的不可拆卸的基本单元称为机械零件，可见零件是制造的单元。构件可以是一个零件，如图 10-2(a) 所示的曲轴；也可由若干个无相对运动的零件所组成，如图 10-2(b) 所示的连杆，它由连杆体 1、连杆盖 3、螺栓 2 及螺母 4 等零件所组成。

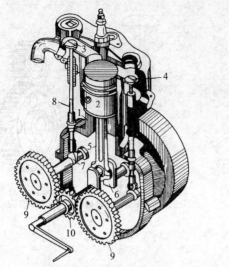
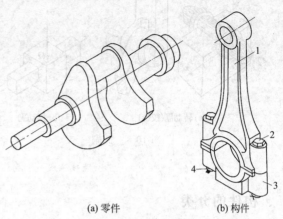

图 10-1　单缸内燃机

1—汽缸；2—活塞；3—进气阀；4—排气阀；5—连杆；
6—曲轴；7—凸轮；8—从动杆；9，10—齿轮

(a) 零件　　　　　(b) 构件

图 10-2　构件、零件

1—连杆体；2—螺栓；3—连杆盖；4—螺母

对于机器中的零件，按其功能和结构特点又可分为通用零件和专用零件。各种机械中普遍使用的零件，称为通用零件，如螺栓、齿轮、轴、弹簧等；仅在某些专门行业中才用到的零件称为专用零件，如内燃机的活塞与曲轴、汽轮机的叶片、机床的床身等。机构中相对固定不动的构件称为机架，驱动力直接作用的构件称为原动件，其他的构件称为从动件。对于一套协同工作且完成共同任务的零件组合，通称为部件，部件亦可分为通用部件与专用部件，如减速器、滚动轴承和联轴器等属通用部件；而汽车转向器等则属于专用部件等。

第二节　平面机构的组成

一、平面运动副及其分类

由于各构件之间具有确定的相对运动，这就要求组成机构的各构件之间既要相互连接（接触）在一起，又要有相对运动，两构件之间这种可动的连接（接触）称为运动副。

平面机构中的运动副称为平面运动副。平面运动副中构件间的接触形式不外乎点、线、面三种。两构件构成点线接触的运动副称为高副，两构件构成面接触的运动副称为低副。低副按其相对运动形式分为转动副（两构件之间只能产生相对转动，又称回转副或铰链）和移动副（两构件间只能产生相对移动）。

常用的运动副有如下几类。

（1）转动副　如图 10-3(a)所示，两构件只能在一个面（圆柱面）内做相对转动，这种低副称为转动副，或称为铰链。

（2）移动副　如图 10-3(b)所示，两构件只能沿某一轴线相对移动，这种低副称为移动副，或称为滑动副。

（3）凸轮副　如图 10-4 所示，凸轮与推杆相互以点（或线）接触，将凸轮的等速转动转换为推杆按预定运动规律的运动，这种高副称为凸轮副。

（4）齿轮副　如图 10-5 所示，两齿轮以线接触，传递运动和动力，这种高副称为齿轮副。

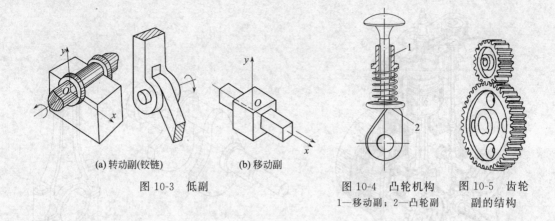

(a) 转动副(铰链)   (b) 移动副

图 10-3　低副　 图 10-4　凸轮机构　 图 10-5　齿轮
1—移动副；2—凸轮副　 副的结构

二、构件的分类

根据机构工作时构件的运动情况不同，可将构件分为三类，即机架、原动件和从动件。

（1）机架　是机构中视作固定不动的构件，它用来支撑其他活动构件。例如，各种机床的床身是机架，支撑轴、齿轮等是活动构件。

（2）原动件（主动件）　是直接接受原动机或最先接受原动机作用，有驱动力或力矩的构件，一般与机架相连。如柴油机中的活塞。机构通过原动件从外界输入运动和动力。

（3）从动件　是机构中随着原动件的运动而运动的其余活动构件。如柴油机中的连杆、曲轴、齿轮等都是从动件。当从动件输出运动或实现机构的功能时，便称其为执行件。

由此可知，平面机构由机架、原动件和从动件三部分通过平面运动副连接而成。

第三节　平面连杆机构

在同平面内由四根或四根以上的构件，用低副连接成的机构，称为平面连杆机构，又称为平面低副机构。其特点是：能够进行多种运动形式的转换；构件之间连接处是面接触，单位面积上的压力较小，磨损较慢；两构件接触表面是圆柱面或平面，制造容易；连接处的间隙造成的积累误差较大。

平面连杆机构广泛应用于各种机械和仪器中，如金属加工机床、起重运输机械、采矿机械、农业机械、交通运输机械和仪表等。

平面连杆机构种类很多，其中以由四个构件组成的平面四杆机构应用最广泛，它是组成平面多杆机构的基础。本节着重讨论平面四杆机构的类型、应用及特点。

一、平面四杆机构的基本形式

平面四杆机构按其运动副不同分为铰链四杆机构和含有移动副的平面四杆机构。前者是平面四杆机构的基本形式，后者由前者演化而来。

铰链四杆机构是平面连杆机构的最基本形式，如图 10-6 所示，它是由四个构件用铰链连接而成。图中固定不动的构件 AD 是机架；与机架相连的构件 AB、CD 称为连架杆；不与机架直接相连的构件 BC 称为连杆。连架杆中能做整周回转的称为曲柄（图中的 AB），只能做往复摆动的称为摇杆（图中的 CD）。

铰链四杆机构根据有无曲柄、摇杆，分为以下三种基本形式。

（1）曲柄摇杆机构　在铰链四杆机构中，两连架杆一为曲柄、一为摇杆的铰链四杆机构称为曲柄摇杆机构。

曲柄摇杆机构的作用是将曲柄的回转运动转换成摇杆的往复摆动。如图 10-7（a）所示的曲柄摇杆机构是雷达天线调整机构，机构由构件 AB、BC、固连有天线的 CD 及机架 DA 组成，构件 AB 可做整圈的转动，称为曲柄；天线作为机构的另

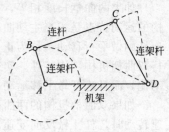

图 10-6　铰链四杆机构的组成

一连架杆可做一定范围的摆动，称为摇杆；随着曲柄的缓缓转动，天线仰角得到改变。如图 10-7（b）所示的是汽车雨刮器，随着电动机带着曲柄 AB 转动，刮雨胶条与摇杆 CD 一起摆动，完成刮雨功能。如图 10-7（c）所示的是搅拌机，随电动机带动曲柄 AB 转动，搅拌爪与连杆一起做往复的摆动，爪端点 E 做轨迹为椭圆的运动，实现搅拌功能。

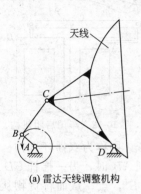

（a）雷达天线调整机构

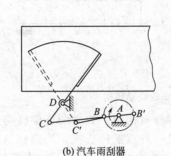

（b）汽车雨刮器

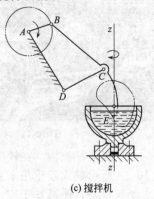

（c）搅拌机

图 10-7　曲柄摇杆机构

在曲柄摇杆机构中，当取摇杆为主动件时，可将摇杆的往复摆动转换成曲柄的整周旋转运动。如图 10-8 所示的缝纫机踏板机构中，踏板（相当于摇杆 CD）往复摆动时，连杆 BC 驱动曲轴（相当于曲柄 AB）和带轮连续回转。如图 10-9 所示的踏板砂轮机构也是这个道理。

在摇杆为主动件的曲柄摇杆机构中，当摇杆与曲柄处于一条直线时，曲柄瞬间会产生旋转方向不确定的现象，称为机构产生了"死点"（又称"止点"）。此时从动件的作用力或力矩为零，杆不能驱动从动件工作。要解决这一问题，可利用飞轮惯性带动曲柄越过死点位置，使曲柄保持持续运转。

（2）双曲柄机构　在铰链四杆机构中，如果两连架杆均为曲柄，称为双曲柄机构。如图 10-10 所示。

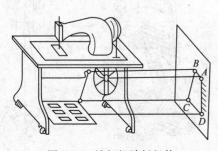

图 10-8　缝纫机踏板机构

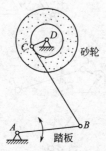

图 10-9　踏板砂轮机构

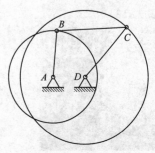

图 10-10　双曲柄机构

如果两曲柄长度相等，另外两杆的长度也相等，则称为平行双曲柄机构。平行双曲柄机构的运动特点是：当主动曲柄做等速转动时，从动曲柄会以相同的角速度沿同一方向转动，连杆则做平行移动，称为正平行四边形机构。如图 10-11 所示机车车轮联动机构就是利用平行双曲柄机构工作特性，实现车轮匀速运动的应用实例。正平行四边形机构不仅能保持等传动比，而且连杆做平移运动，所以在机械中应用十分广泛。

如果双曲柄机构的两曲柄的杆长相等但不平行，则称为反平行四边形机构。当杆 2 做等速转动时，杆 4 做反向变速运动。如图 10-12 所示为用反平行四边形机构设计的一种车门启闭机构，当主动曲柄 2 转动时，通过连杆 3 使从动曲柄 4 沿相反方向转动，从而保证两扇门同时开启或关闭。

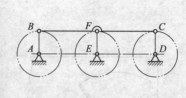

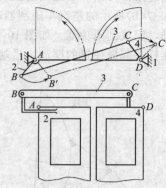

图 10-11　机车车轮联动机构　　　　　　　图 10-12　车门启闭机构

（3）双摇杆机构　在铰链四杆机构中，如果两连架杆均为摇杆，则称为双摇杆机构。如图 10-13 所示鹤式起重吊车就是一种双摇杆机构。当摇杆 AB 摆到 AB' 时，另一摇杆 CD 也随之摆到 $C'D$，使悬挂于 E 点的重物 Q 沿近似水平的直线运动到 E'，点，从而将货物从船上卸到岸上。

二、平面四杆机构的演变形式

曲柄滑块机构和偏心滑块机构　曲柄滑块机构是由曲柄摇杆机构演变而来的，它把摇杆的回转运动转变为滑块的运动。如图 10-14 所示活塞式内燃机，当曲柄为主动件时，滑块做往复直线运动，滑块的移动距离是曲柄长度的 2 倍。

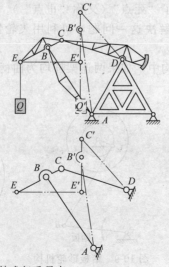

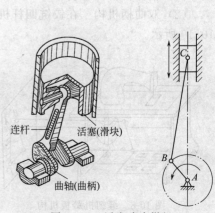

连杆——　　　活塞(滑块)
曲轴(曲柄)

图 10-13　鹤式起重吊车　　　　　　图 10-14　活塞式内燃机

　　如果滑块是主动件，则可将滑块的直线运动变为曲柄的回转运动。当曲柄与滑块在一条直线上时，曲柄也会产生"死点"，从动件（曲柄）不能工作。解决这一问题，活塞式内燃机是利用飞轮惯性带动连杆运动（或其他方法），越过死点位置，使曲柄滑块机构保持持续运转。

　　如图 10-15 示的翻斗车送料机构也是根据曲柄滑块机构的原理制成的。B、C 两点为固定点，活塞缸在气压或液压的作用下使活塞向上运动，同时活塞缸自身也绕 C 点在一定角度范围内摆动，从而推动翻斗绕 B 点转动。在曲柄滑块机构中，如果所需的曲柄长度很短，制造有困难，则可采用偏心轮来代替曲柄，这就形成如图 10-16 所示的偏心滑块机构，这种机构只能以偏心轮为主动件。

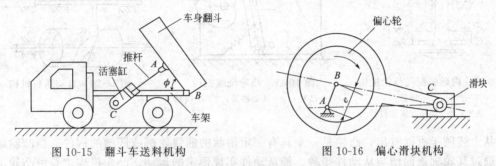

图 10-15　翻斗车送料机构　　　　　　图 10-16　偏心滑块机构

第四节　凸轮机构

　　凸轮机构是高副机构，其结构及运动简图如图 10-17 所示，由凸轮 1、从动件 2 和机架 3 组成。凸轮机构按其运动形式，分为平面凸轮机构和空间凸轮机构两种。在此主要讨论凸轮机构的有关问题。

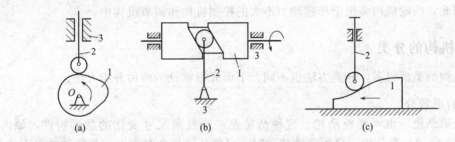

图 10-17　凸轮机构运动简图
1—凸轮；2—从动件；3—机架

一、凸轮机构的应用及特点

　　在机械工业中，凸轮机构是一种常用机构，特别在自动化机械中，它的应用更广。下面举几个机械中应用凸轮机构的实例。

　　如图 10-18 所示为内燃机配气凸轮机构。当凸轮 1（主动件）匀速转动时，它的轮廓驱使挺杆 4（从动件）做往复移动，使其按预期的运动规律开启或关闭气阀（关闭是靠弹簧 2 的作用）以控制燃气准时进入汽缸或废气准时排出汽缸。

　　如图 10-19 所示为一绕线机的凸轮绕线机构。绕线时，凸轮 1 和绕线轴 3 同时由其他机构带动，而凸轮轮廓始终与从动轴叉 2 接触，迫使其绕 O 点按一定运动规律往复摆动，从而将导线均匀地缠在绕线轴 3 上。再如图 10-20 所示的自动送料机构，带凹槽的圆柱凸轮做等速转动，槽中的滚子带动从动件 2 做往复移动，将工件推至指定位置从而完成自动送料任务。

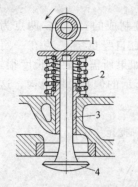 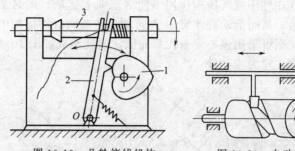

图 10-18　内燃机配气凸轮机构　　　　图 10-19　凸轮绕线机构　　　　图 10-20　自动送料机构

1—凸轮；2—弹簧；　　　　　　　1—凸轮；2—从动轴叉；3—绕线轴

3—机架；4—挺杆（从动件）

　　从上述例子可以看出，凸轮是一个具有一定形状的曲线轮廓或凹槽的构件。当凸轮运动时，通过其轮廓或凹槽与从动件接触，使从动件实现预定的运动。凸轮机构主要由凸轮、从动件和机架组成。凸轮与从动件之间可以通过重力、弹簧力（见图 10-19）、重力或几何形状封闭（见图 10-20）等方法来保持接触。

　　由上述可见，从动件运动规律完全取决于凸轮轮廓的形状。因此，凸轮机构设计的主要任务就在于根据从动件预定的运动规律，恰当确定凸轮的轮廓。

　　凸轮机构的主要优点是：只要正确地设计制造出凸轮轮廓曲线，就可使从动件实现预定的运动规律，结构简单、紧凑且工作可靠。但由于凸轮与从动件之间为点接触或线接触，易于磨损。因此，凸轮机构多用于传递动力不大的控制机构和调节机构中。

二、凸轮机构的分类

　　凸轮机构的类型很多，分类方法也不同。下面介绍常见的两种分类方法。

1. 按凸轮的形状分

　　（1）盘形凸轮　也叫平板凸轮。这种凸轮是一个径向尺寸变化的盘形构件，如图 10-17～图 10-19 所示。当凸轮 1 绕固定轴转动时，可使从动件 2 在垂直于凸轮轴的平面内移动或摆动。盘形凸轮机构的结构比较简单，应用较多，最常用的是从动件行程较短的场合，否则将因凸轮的径向尺寸变化太大而难以保证凸轮机构正常工作。

　　（2）移动凸轮　当盘形凸轮的径向尺寸变得无穷大时，其转轴也将在无穷远处，这时凸轮将做直线移动。通常称这种凸轮为移动凸轮。如图 10-17(c) 所示，凸轮 1 移动时，便推动从动件 2 在同一平面内做往复运动。这种凸轮常用于机床上控制刀具的靠模装置和蒸汽机的气阀机构，以及其他自动控制装置中。

　　（3）圆柱凸轮　它可视为将移动凸轮卷在圆柱上。圆柱凸轮机构属于空间机构，如图 10-20 所示。

2. 按从动件端部形状分

　　（1）尖底从动件　从动件与凸轮是点接触（见图 10-19）。这种从动件结构简单，能与复杂的凸轮轮廓接触，实现复杂凸轮的轮廓曲线运动规律，但易磨损，适用于受力小、低速和传动精确的场合。

（2）滚子从动件　从动件端部装有滚子［见图 10-17（a）］，磨损较小，结构较复杂，应用较广。

（3）平底从动件　如图 10-17（b）所示。凸轮对从动件的力始终垂直于底面（不计摩擦时），传力性能好，且易形成油膜，润滑较好，但轮廓不能内凹。常用于高速传动。

三、凸轮轮廓曲线与从动杆运动规律的关系

通常，主动凸轮等速转动，从动杆做往复移动或摆动。从动杆的运动直接与凸轮轮廓曲线上各点向径的变化有关，而轮廓曲线上各点向径大小又是随凸轮的转角而变化的，这种关系称为从动杆的运动规律。若以方程式可表示为 $s = s(\delta)$，称为从动杆的运动方程；若以图线表示，称为从动杆的运动线图。由于凸轮等速转动，其转角与时间成正比，故上述关系也可表示为运动参数随时间而变化的关系，即 $s = s(t)$。根据运动方程或运动线图，即可绘制出凸轮的轮廓曲线。如图 10-21 所示的尖顶移动从动杆盘形凸轮机构中，凸轮与从动杆的运动关系如下。

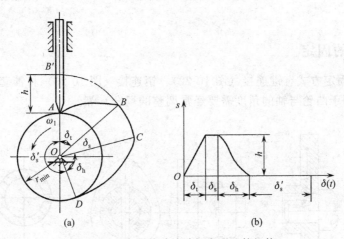

图 10-21　尖顶移动从动杆盘形凸轮机构

以凸轮轮廓最小半径 r_b 为半径的圆称为基圆，r_b 称为基圆半径。设计凸轮轮廓曲线时，应首先确定凸轮的基圆半径。

在图中，尖顶与凸轮轮廓上的 A 点（基圆与轮廓 AB 的连接点）相接触，此时为从动杆上升的起始位置。当凸轮以角速度 ω_1 顺时针方向回转一个角度 δ 时，从动杆被凸轮轮廓推动，以一定的规律由起始位置 A 到达最高位置 B'，这个过程称为从动杆的升程，它所移动的距离 h 称为行程，而与升程对应的转角 δ_t 称为升程角。凸轮继续回转 δ_s 时，以 O 为中心的圆弧 BC 与尖顶接触，从动杆在最高位置停歇不动，角 δ_s 称为远停程角。凸轮继续回转 δ_h 时，从动杆以一定的规律回到起始位置，这个过程称为回程，角 δ_h 称为回程角。凸轮再回转时，从动杆在最近位置停歇不动，称为近停程角 δ_s' 称为近停程角。当凸轮继续回转时，从动杆重复上述运动。

四、常用从动件的运动规律

由上文知，从动件的运动是靠凸轮的轮廓形状来实现的。因此，从动件的位移 s、速度 v 和加速度 a 与凸轮的轮廓曲线有直接关系，要想实现从动件的不同运动规律就要求凸轮具有不同形状的轮廓曲线。所以，在设计凸轮机构时，要根据工作要求和条件选择适当的运动

规律并绘出凸轮的轮廓曲线。从动件的运动规律即是从动件的位移（s）、速度（v）和加速度（a）随时间（t）变化的规律，当凸轮做匀速转动时，其转角 δ 与时间 t 成正比，所以从动件的运动规律及运动参数以凸轮转角的变化规律来表示，即 $s = s(\delta)$、$v = v(\delta)$、$a = a(\delta)$。通常用从动件运动线图直观地表述这些关系。

常用的从动件运动规律有等速运动规律、等加速速运动规律、简谐运动规律等。

关于从动件运动规律的具体内容及凸轮设计问题，本书不做介绍，必要时可查阅机械原理或机械设计手册等。

五、凸轮的材料和热处理

凸轮通常 45 钢或 40Cr 制造，淬硬到 52～58HRC。有时可用 15 钢或 20Cr 渗碳并淬硬至 56～62HRC，或用氮化处理的钢材，以增加轮廓的耐磨性。轻载的凸轮可用铸铁、45 钢调质或塑料制造。要求抗腐蚀时可选用有色金属合金。

滚子的制造和更换都比较方便。其材料和热处理与凸轮相同时，滚子先磨损。故可用与凸轮相同的材料和热处理，或用碳素工具钢 T8 淬硬到 55～59HRC，或用合适的滚动轴承作滚子。

六、凸轮与轴的固定

凸轮与轴的固定方式有键连接（图 10-22）、销连接（图 10-23）和锥套螺母连接（如图 10-24 所示，多用于凸轮与轴的角度需要经常调整的场合）等。

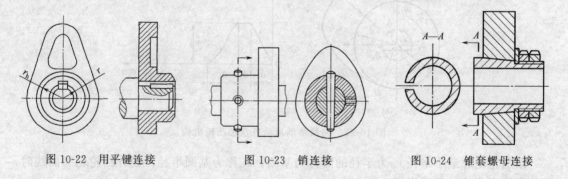

图 10-22　用平键连接　　　图 10-23　销连接　　　图 10-24　锥套螺母连接

第五节　间歇运动机构

要将主动件的连续运动变为从动件时动时停的运动时，可采用间歇运动机构。这种机构类型很多，常见的有棘轮机构、槽轮机构等。间歇运动机构在自动机和轻工机械中应用很广。

一、棘轮机构

1. 工作过程

棘轮机构主要由棘轮、棘爪和机架组成，如图 10-25 所示。棘轮 1 具有单向棘齿，用键与输出轴相连，棘爪 2 铰接于摇杆 3 上，摇杆 3 空套于棘轮轴，可自由转动。当摇杆顺时针方向摆动时，棘爪插入棘齿槽内，推动棘轮转动一定角度；当摇杆逆时针方向摆动时，棘爪沿棘齿背滑过，棘轮停止不动，从而获得间歇运动。止退爪 4 用以防止棘轮倒转和定位，扭簧 5 使棘爪紧贴在棘轮上。

棘轮机构分为外棘轮机构（见图 10-25）和内棘轮机构（见图 10-26）所示，它们的齿分别做在棘轮的外缘和内圈。

棘轮机构又可分单向驱动和双向驱动的棘轮机构。单向驱动的棘轮机构，常采用锯齿形齿，如图 10-25 所示。双向驱动的棘轮机构，采用矩形齿（见图 10-27），棘爪在图示位置，推动棘轮逆时针转动；棘爪转 180°后，推动棘轮顺时针转动。

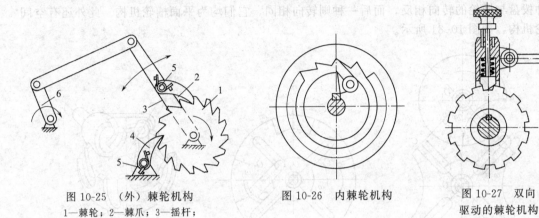

图 10-25 （外）棘轮机构
1—棘轮；2—棘爪；3—摇杆；
4—止退爪；5—扭簧；6—曲柄

图 10-26 内棘轮机构

图 10-27 双向
驱动的棘轮机构

2. 特点和应用

棘轮转过的角度是可以调节的。如图 10-25 所示，可采用改变曲柄 6 的长度来改变摇杆摆角；也可采用改变复盖罩的位置，如图 10-28(a) 所示。棘轮装在罩盖 A 内，仅露出一部分齿，若转动罩盖 A [见图 10-28(b)] 则不用改变摇杆的摆角，就能使棘轮的转角由 α_1 变成 α_2。

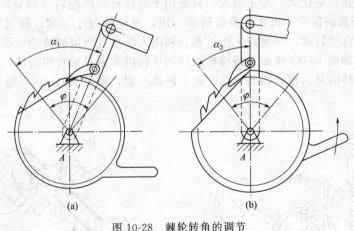

(a)   (b)

图 10-28 棘轮转角的调节

棘轮机构结构简单、制造方便，其转角可以在一定的范围内调节。由于棘轮每次转角都是棘轮齿距角的倍数，所以棘轮转角的改变是有级的。棘轮转角的准确度较差，运转时产生冲击和噪声，所以棘轮机构只适用于低速和转角不大的场合。棘轮机构常用在各种机床和自动机床的进给机构、转位机构中，如牛头刨床的横向进给机构。

二、槽轮机构

1. 工作过程

槽轮机构主要由带圆销的主动拨盘 1，带径向槽的从动槽轮 2 和机架组成。如图 10-29 所示为外槽轮机构，当拨盘 1 以角速度 ω_1 做匀速转动时，圆销 C 由左侧插入轮槽，拨动槽轮顺时针转动，然后在右侧脱离轮槽，槽轮停止不动，并由拨盘凸弧通过槽轮凹弧，将槽轮锁住。拨盘转过 $2\varphi_1$ 角，槽轮相应反向转过 $2\varphi_2$ 角。

槽轮机构有外啮合槽轮机构（见图 10-29）和内啮合槽轮机构（见图 10-30）两种，前一种拨盘与槽轮的转向相反，而后一种则转向相同，它们均为平面槽轮机构。此外还有空间槽轮机构，如图 10-31 所示。

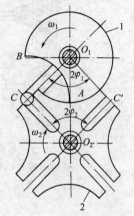
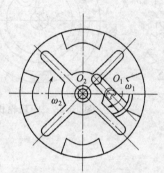
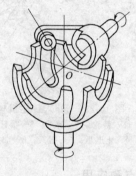

图 10-29　外啮合槽轮机构　　图 10-30　内啮合槽轮机构　　图 10-31　空间槽轮机构
1—主动拨盘；2—从动槽轮

2. 槽轮机构的特点和应用

槽轮机构结构简单、转位方便，但是转位角度受槽数 z 的限制，不能调节。在轮槽转动的起始位置，加速度变化大，冲击也大，只能用于低速自动机的转位和分度机构。如图 10-32 所示的是电影放映机卷片机构，拨盘转动一周，槽轮转过 1/4 周，卷过一张底片并停留一定时间。拨盘继续转动，则重复上述过程。利用人眼视觉暂留的特性，可使观众看到连续的动作画面。又如图 10-33 所示是将槽轮机构用于转塔车床刀架转位机构，刀架 3 装有 6 把刀具，与刀架一体的是六槽外槽轮 2，拨盘 1 回转一周，槽轮转过 60°，将下一工序刀具转换到工作位置。

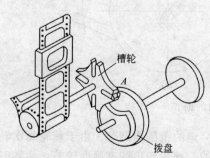
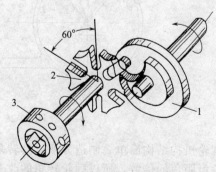

图 10-32　电影放映机卷片机构　　图 10-33　转塔车床刀架转位机构
1—拨盘；2—六槽外槽轮；3—刀架

复习题

一、填空题

10.1　平面连杆机构的各构件是用____、____等方式连接。

10.2　活塞式内燃机的活塞曲柄机构，当活塞与曲柄在一条直线上时，会产生___，这时必须用飞轮或其他方法来解决。

10.3　平面连杆机构的各构件间相对运动在_____内。

10.4　铰链四杆机构有_____基本形式。

二、简答题

10.5　什么是零件、构件、机构？

10.6　什么是运动副？常见的运动副有哪些？

10.7　什么样的机构称为铰链四杆机构？试指出机构的特点。

10.8　叙述曲柄滑块机构的组成和运动特点。

10.9　什么是机构的死点位置？用什么方法可以使机构通过死点位置？

10.10　家用缝纫机主要是根据哪一种机构原理进行工作？试述它的工作原理。

10.11　汽车用刮水器（见图10-34）是根据哪一种机构原理工作的？试述它的工作原理。

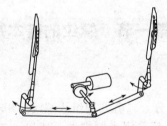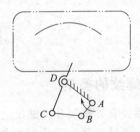

图10-34　汽车用刮水器

10.12　为什么凸轮机构广泛应用在自动和半自动机械的控制装置中？

10.13　简单介绍棘轮机构和槽轮机构的运动特点。

第十一章

螺纹连接与螺旋传动机构

为了便于机器的制造、安装、维修和运输，在机器和设备的各零、部件间广泛采用各种连接。连接分为可拆卸连接和不可拆卸连接两类。不损坏连接中的任一零件就可将被连接件拆开的连接称为可拆卸连接，这类连接经多次装拆后仍能保持其原使用性能，如螺纹连接、键连接和销连接等。不可拆卸连接是指至少要毁坏连接中的某一部分才能拆开的连接，如焊接、铆接等。螺纹连接在可拆卸连接中应用最广泛，有其独特的性能，所以将螺纹连接单独列出讨论。

螺纹连接和螺旋传动机构都是利用具有螺纹的零件进行工作的，前者作为紧固连接件用，后者则作为传动件用。两者虽然用途不同，但其几何形状和受力关系相似，故在本章中一并讨论。本章主要讨论螺纹连接的结构，重点介绍单个螺栓连接的强度计算和提高螺栓连接强度的措施。

第一节 螺纹的基本知识

一、螺纹的类型

螺纹有外螺纹和内螺纹之分，二者共同组成螺纹副用于连接或传动。螺纹有米（公）制和英制两种，我国除管螺纹外都采用米制螺纹，所以，工程上一般不再提米（公）制还是英制。

螺纹轴向剖面的形状称为螺纹的牙型，常用的螺纹牙型有三角形、矩形、梯形和锯齿形等，如图 11-1 所示。其中三角形螺纹主要用于连接，其余则多用于传动。

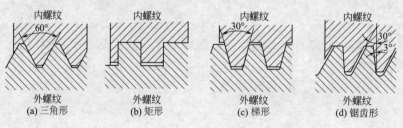

图 11-1　螺纹牙型

按螺旋线绕行方向的不同，螺纹可分为右旋螺纹和左旋螺纹，如图 11-2 所示。通常用右旋螺纹。

按螺旋线的数目，还可将螺纹分为单线（单头）螺纹和多线螺纹，如图 11-3 所示。常用单线螺纹。

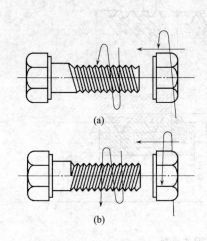

图 11-2　螺纹旋向

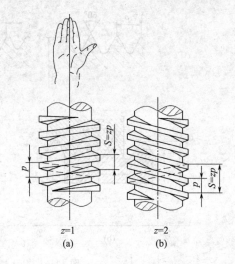

图 11-3　螺旋线数目、导程

现以如图 11-4 所示的圆柱普通螺纹为例说明螺纹的主要几何参数。

（1）大径 d　与外螺纹牙顶或内螺纹牙底相重合的假想圆柱体的直径，是螺纹的最大直径，在有关螺纹的标准中称为公称直径。

（2）小径 d_1　　与外螺纹牙底或内螺纹牙顶相重合的假想圆柱体的直径，是螺纹的最小直径，常选此直径作为强度计算的依据。

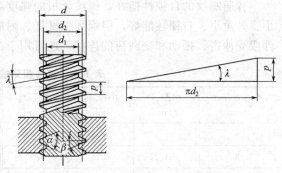

图 11-4　螺纹的主要几何参数

（3）中径 d_2　在螺纹的轴向剖面内牙厚与牙槽宽相等处的假想圆柱的直径。

（4）螺距 p　螺纹相邻两牙在中线上对应两点间的轴向距离。

（5）导程 S　同一条螺线上两牙间的轴向距离。导程 S、螺距 p 及线数 z 之间的关系为 $S=zp$。显然对单线螺纹而言其螺距与导程相等。

（6）螺纹升角 λ　按螺纹中径所在的圆柱量得。如图 11-4 所示。

$$\tan\lambda = \frac{S}{\pi d_2} = \frac{zp}{\pi d_2} \tag{11-1}$$

（7）牙型角 α 和牙型斜角 β　在螺纹的轴向剖面内，螺纹牙型相邻两侧边的夹角称为牙型角。牙型侧边与螺纹轴线的垂线间的夹角称为牙型斜角，三角形和梯形螺纹具有对称牙型斜角，锯齿型螺纹的牙型斜角是不对称的（见图 11-1）。

在螺旋传动机构中，其牙型斜角的选择直接影响其传动效率，这点在选用时要注意。

二、常用螺纹的特点及应用

（1）普通螺纹　即米制三角形螺纹，其牙型角为 $\alpha=60°$，螺纹大径 d 称为螺纹的公称直径，以 mm 为单位。同一公称直径有多种螺距，其中螺距最大的称为粗牙螺纹，其余的称为细牙螺纹，国家标准中用"M"表示普通螺纹，在 M 后面加公称直径，如图 11-5 所示。如表 11-1 所示的是标准粗牙螺纹的一些基本尺寸。

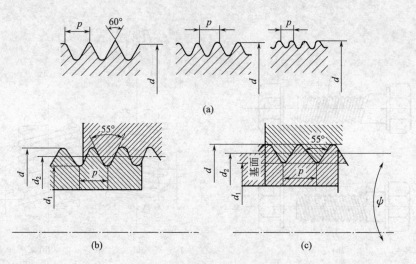

图 11-5 粗牙螺纹与细牙螺纹

普通螺纹的自锁性能好,螺纹牙根的强度高,广泛应用于各种紧固连接。细牙螺纹螺距小、升角小、自锁性能好,但螺牙强度低、耐磨性较差、易滑脱,常用于细小零件、薄壁零件或受冲击、振动和变载荷的连接,还可用于微调机构的调整。

表 11-1 标准粗牙螺纹的一些基本尺寸

公称直径 d /mm	螺距 p /mm	中径 d_2 /mm	小径 d_1 /mm	公称直径 d /mm	螺距 p /mm	中径 d_2 /mm	小径 d_1 /mm
6	1	5.35	4.92	20	2.5	18.38	17.29
8	1.25	7.19	6.65	[22]	2.5	20.38	19.29
10	1.5	9.03	8.38	24	3	22.05	20.75
12	1.75	10.86	10.11	[27]	3	25.05	23.75
[14]	2	12.70	11.84	30	3.5	27.73	26.21
16	2	14.70	13.84	[33]	3.5	30.73	29.21
[18]	2.5	16.38	15.29	36	4	33.40	31.67

注:1. 本表摘自 GB 196—81。
2. 带括号者为第二系列。应优先选用第一系列。

(2) 管螺纹 管螺纹是英制螺纹,牙型角 $\alpha = 55°$,公称直径为管子的内径。按螺纹体外形来分,可将管螺纹分为圆柱管螺纹和圆锥管螺纹。前者用于低压场合,后者适用于高温、高压或密封性要求较高的管连接。

第二节 螺纹连接的基本类型和螺纹连接件

一、螺纹连接的基本类型

1. 螺栓连接

这种连接是利用一端有头、另一端有螺纹的螺栓穿过被连接件的光孔,拧上螺母将被连接件连成一体。被连接件不需要加工螺纹，而螺栓和螺母多采用标准件，因此不需单独加工，可降低生产成本，螺栓连接常应用于被连接件不太厚，并能从被连接件的两面穿螺栓的场合。

螺栓连接有普通螺栓连接和铰制孔螺栓连接两种。前者结构特点是被连接件的通孔与螺栓杆间有间隙，拧紧螺母后螺栓杆受拉力，如图 11-6(a)所示，这种连接的通孔加工精度低，结构简单，装拆方便，因此应用广泛。如图 11-6(b)所示是铰制孔螺栓连接，孔和螺栓的杆都采用基孔制过渡配合，加工精度要求高，这种连接的螺栓杆主要承受横向载荷。

2. 双头螺柱连接

双头螺柱的端部都加工成螺纹，连接时一端拧紧在被连接件之一的螺纹孔内，另一端穿过另一被连接件的通孔，再旋上螺母，如图 11-6(c)所示。拆卸时，只需拧下螺母，不必拧下双头螺柱就能将被连接件分开。这种连接可用于被连接件之一的厚度很大，不便钻成通孔，且需经常拆装的场合。

3. 螺钉连接

螺钉的杆部全部为螺纹，其连接的特点是不用螺母，用途与双头螺柱连接相似，多用于不需经常拆卸的场合。如图 11-6(d)所示。

4. 紧定螺钉连接

如图 11-6(e)所示，将紧定螺钉旋入一零件的螺纹孔中，并以其末端顶住另一零件的表面或嵌入相应的凹坑中，以固定两个零件的相对位置，并传递不大的力或扭矩。

5. 地脚螺栓连接

地脚螺栓的一端为钩头，另一端为螺纹，与螺母相连，如图 11-6(f)所示。其作用是将设备固定在地基上。螺纹部分要符合国家标准，另一端的结构可自行设计，但要与地基结合牢固，有足够的强度。

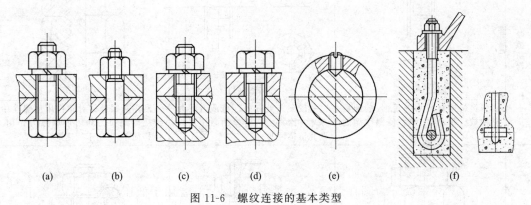

(a)　　　(b)　　　(c)　　　(d)　　　(e)　　　(f)

图 11-6　螺纹连接的基本类型

二、螺纹连接的预拧紧和防松

1. 螺纹连接的预拧紧

大多数情况下，在装配螺栓时要预拧紧螺母。拧紧的目的是增强连接的可靠性和防松能力。在拧紧力矩 T 的作用下，螺母被拧紧，使被连接件受到预紧压力 F'（见图 11-7），其反作用力通过螺母与螺栓旋合的螺纹，使螺栓受到预紧拉力 F'。对于一般的螺纹连接，预紧力的大小靠装配经验，在拧紧时控制，但对于重要连接（例如气缸盖的螺栓连接），预紧力

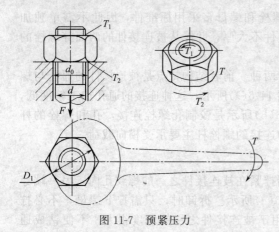

图 11-7　预紧压力

必须加以控制。为获得一定的预紧力所需的拧紧力矩 T，要克服螺纹副中相对转动的阻力矩 T_1 以及螺母支撑表面上的摩擦力矩 T_2，即

$$T = T_1 + T_2 \qquad (11\text{-}2)$$

式中　T_2——螺母支撑表面上的摩擦力矩，

$$T_2 = \frac{fF'(D_1 + d_0)}{4}，\text{N·mm}；$$

F'——预紧压力；

D_1——螺母支撑面外径；

d_0——螺栓直径；

f——支撑面与螺母接触面之间的摩擦系数，当表面较光滑时，取 $f = 0.2$。

2. 防松

一般在静载荷和温度不高的情况下，拧紧螺母后，只靠螺纹之间的预紧压力 F 产生的摩擦力是能自锁的（因连接采用三角螺纹，其升角仅为 $1.5° \sim 3.5°$），不会自行松脱，但在冲击、振动或变载荷作用下，螺纹之间的摩擦力可能瞬时消失，连接仍有可能松脱而发生事故。因此，这种螺纹连接时，必须考虑防松问题。

螺纹连接防松的根本在于防止螺纹副相对转动。防松的方法很多，常用的几种防松方法见表 11-2。

表 11-2　常用螺纹防松方法

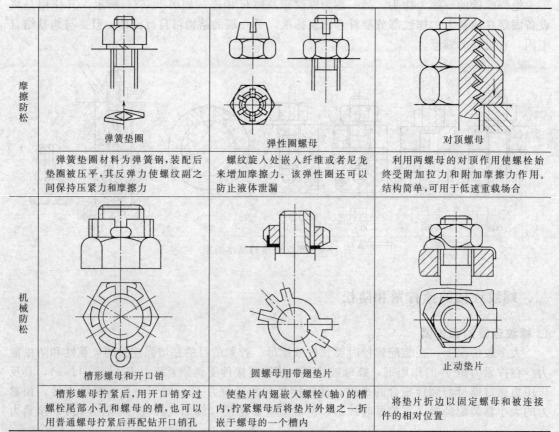

摩擦防松	弹簧垫圈	弹性圈螺母	对顶螺母
	弹簧垫圈材料为弹簧钢，装配后垫圈被压平，其反弹力使螺纹副之间保持压紧力和摩擦力	螺纹旋入处嵌入纤维或者尼龙来增加摩擦力。该弹性圈还可以防止液体泄漏	利用两螺母的对顶作用使螺栓始终受附加拉力和附加摩擦力作用。结构简单，可用于低速重载场合
机械防松	槽形螺母和开口销	圆螺母用带翅垫片	止动垫片
	槽形螺母拧紧后，用开口销穿过螺栓尾部小孔和螺母的槽，也可以用普通螺母拧紧后再配钻开口销孔	使垫片内翅嵌入螺栓（轴）的槽内，拧紧螺母后将垫片外翅之一折嵌于螺母的一个槽内	将垫片折边以固定螺母和被连接件的相对位置

冲点防松	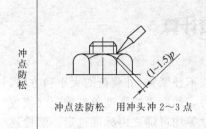\n\n冲点法防松　用冲头冲2～3点	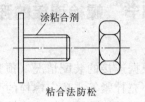\n\n粘合法防松	用粘合剂涂于螺纹旋合表面,拧紧螺母后粘合剂能自行固化,防松效果良好

三、标准螺纹连接零件

螺纹连接件种类很多,如螺栓、双头螺柱、螺钉、紧定螺钉、螺母、垫圈以及防松零件等。这些零件大多已有国家标准,其品种和规格可由相关标准或手册查得。常用螺纹连接件的类型、结构特点及应用见表 11-3。

表 11-3　常用螺纹连接件的类型、结构特点及应用

类型	图例	结构特点及应用
六角头螺栓	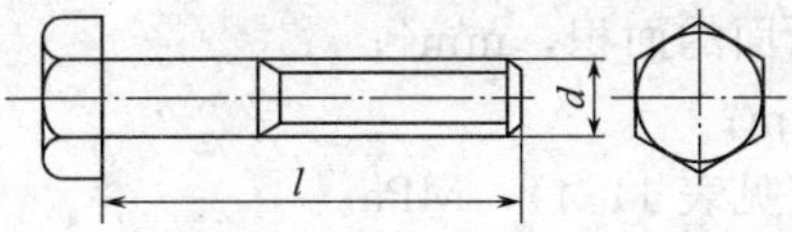	应用最广。螺杆可制成全螺纹或者部分螺纹,螺距有粗牙和细牙。螺栓头部有六角头和小六角头两种。其中小六角头螺栓材料利用率高、力学性能好,但由于头部尺寸较小,不宜用于装拆频繁、被连接件强度低的场合
双头螺栓	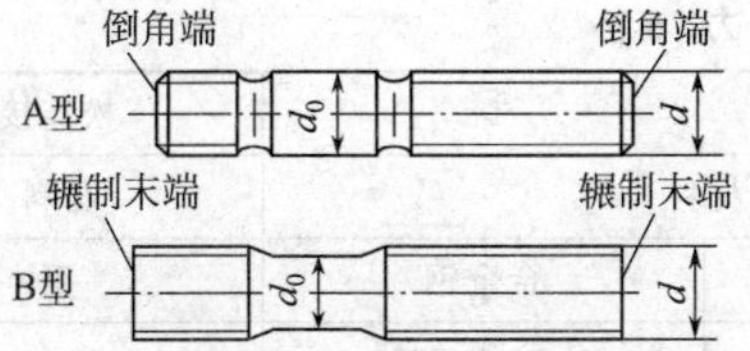	螺栓两头都有螺纹,两头的螺纹可以相同也可以不相同。螺栓可带退刀槽或者制成腰杆,也可以制成全螺纹的螺柱。螺柱的一端常用于旋入铸铁或者有色金属的螺纹孔中,旋入后不拆卸,另一端则用于安装螺母以固定其他零件
螺钉	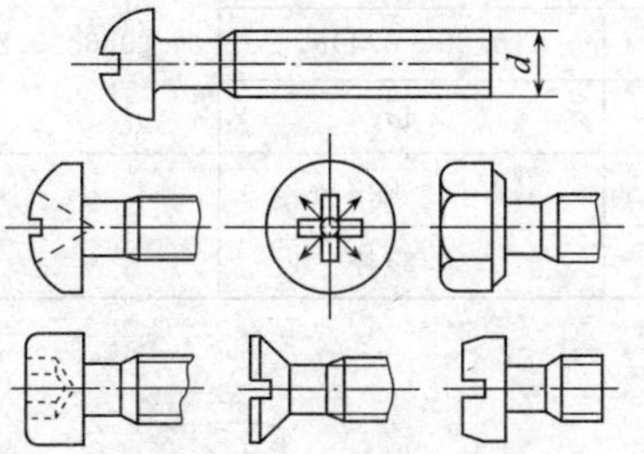	螺钉头部形状有圆头、扁头、六角头、圆柱头和沉头等。头部的起子槽有一字槽、十字槽和内六角等形式。十字槽螺钉头部强度高、对中性好,便于自动装配。内六角螺钉可承受较大的扳手转矩,连接强度高,可替代六角头螺栓,用于要求结构紧凑的场合
紧定螺钉	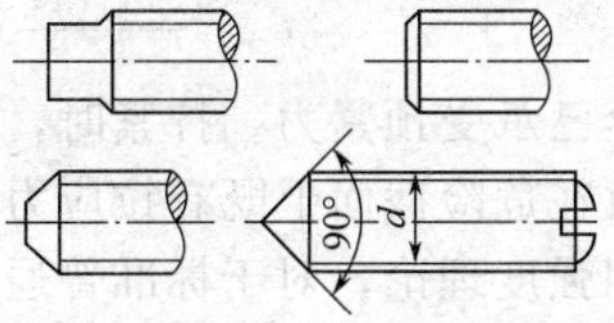	紧定螺钉常用的末端形式有锥端、平端和圆柱端。锥端适用于被紧定零件的表面硬度较低或者不经常拆卸的场合;平端接触面积大,不会损伤零件表面,常用于顶紧硬度较大的平面或者经常装拆的场合;圆柱端压入轴上的凹槽中,适用于紧定空心轴上的零件位置
自攻螺钉	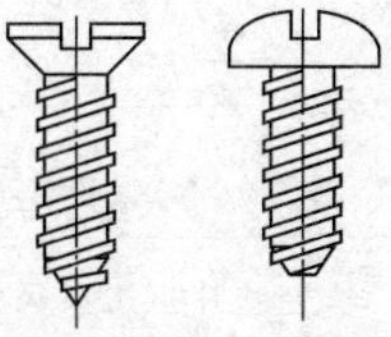	螺钉头部形状有圆头、六角头、圆柱头、沉头等。头部的起子槽有一字槽、十字槽等形式。末端形状有锥端和平端两种。多用于连接金属薄板、轻合金或者塑料零件,螺钉在连接时可以直接攻出螺纹

第三节 螺栓连接的强度计算

螺栓连接的计算通常是先根据连接的装配情况（预紧或不预紧）、外载荷的大小和方向，以及是否需要在外载荷作用下补充拧紧等来确定螺栓的受力，然后再按强度条件确定（或校核）螺纹最小直径。螺栓的其他尺寸以及螺母、垫圈的尺寸等均可随之由标准选定。螺栓连接的强度计算方法也适用于双头螺柱和螺钉连接。

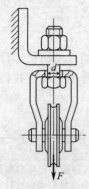

图 11-8 起重滑轮的松螺栓连接

一、松螺栓连接

图 11-8 所示为起重滑轮松螺栓连接，连接时螺栓不受预紧力。工作时，螺栓只受工作载荷（重物拉力 F）。其强度条件为

$$\sigma = F/A = \frac{4F}{\pi d_1^2} \leqslant [\sigma]$$

$$d_1 \geqslant \sqrt{\frac{4F}{\pi[\sigma]}} \tag{11-3}$$

式中　A——螺栓螺纹部分危险断面的面积，mm^2；

　　　d_1——螺栓螺纹的小径，mm；

　　　$[\sigma]$——螺栓的许用拉应力（见表 11-4），MPa。

表 11-4　螺栓的许用拉应力 $[\sigma]$

载荷性质	螺栓大径 d	紧连接(不控制预紧力)		松连接
		材料		材料
		碳素钢	合金钢	钢
静载荷	M6～M16	$(0.25～0.33)\sigma_s$	$(0.2～0.25)\sigma_s$	$(0.6～0.83)\sigma_s$
	M16～M30	$(0.33～0.5)\sigma_s$	$(0.25～0.4)\sigma_s$	
	M30～M60	$(0.5～0.77)\sigma_s$	$0.4\sigma_s$	
变载荷 (0→max)	M6～M16	$(0.1～0.15)\sigma_s$	$(0.13～0.2)\sigma_s$	
	M16～M30	$0.15\sigma_s$	$0.2\sigma_s$	

注：σ_s 为材料的屈服强度(MPa)。

二、紧螺栓连接

紧螺栓连接装配时需要拧紧，加上外载荷之前，螺栓已承受预紧力。拧紧时，螺栓既受拉伸，又因旋合螺纹副中摩擦阻力矩的作用而受扭转，故在危险截面上既有拉应力，又有扭转切应力。考虑到预紧力及拧紧过程中的受载，根据第四强度理论，对于标准普通螺纹的螺栓，其螺纹部分的强度条件可简化为

$$\sigma_e = \frac{1.3 \times 4F_p}{\pi d_1^2} \leqslant [\sigma] \tag{11-4}$$

式中　$[\sigma]$——螺栓的当量拉应力。

其他符号含义同式 (11-2)。

1. 只受预紧力的紧螺栓连接

受横向外载荷和结合面内受转矩作用的普通螺栓连接，均为只受预紧力 F_0 作用下的紧螺栓连接。如图 11-9 所示为受横向外载荷的普通螺栓连接，外载荷 F 与螺栓轴线垂直，螺栓杆与孔之间有间隙。又如图 11-10 所示为结合面内受转矩 T 作用的普通螺栓连接，工作转矩 T 也是靠结合面的摩擦力来传递的。这些连接中，外载荷靠被连接件结合面间的摩擦力来传递，因此在施加外载荷前后螺栓所受的轴向拉力不变，均等于预紧力 F_0。即 $F_p = F_0$。

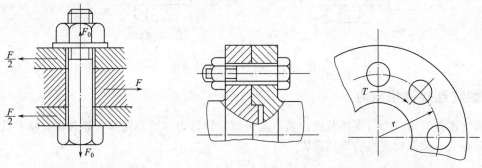

图 11-9　只受预紧力的螺栓连接　　　　　图 11-10　受转矩 T 作用的紧螺栓连接

预紧力 F_0 的大小可通过结合面之间的最大摩擦力应大于外载荷 F 这一条件确定，计算时为了确保连接的可靠性，常将横向外载荷放大 $10\% \sim 30\%$。

2. 受轴向外载荷的紧螺栓连接

除承受预紧力外，同时承受外载荷。如图 11-11 所示的气缸盖螺栓连接就是这种连接的典型实例。根据变形协调条件，螺栓所受的总工作载荷 F_p 为外载荷 F 与被连接件的剩余预紧力 F_0'，即

$$F_p = F + F_0' \tag{11-5}$$

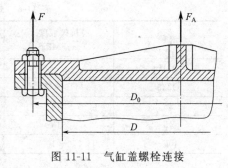

图 11-11　气缸盖螺栓连接

为了防止轴向外载荷 F 骤然消失时连接出现冲击，以及保证连接的紧密性和可靠性，剩余预紧力必须大于零。剩余预紧力的用值见表 11-5。当选定剩余预紧力 F_0' 后，即可按式（11-5）求出螺栓所受的总工作载荷 F_p。

表 11-5　剩余预紧力 F_0' 的用值

连接类型		剩余预紧力 F_0'
一般紧固连接	工作拉力 F 无变化	$F_0' = (0.2 \sim 0.6)F$
	工作拉力 F 有变化	$F_0' = (0.6 \sim 1.0)F$
有密封要求的紧密连接		$F_0' = (1.5 \sim 1.8)F$

三、受横向载荷的配合（铰制孔）螺栓连接

如图 11-12 所示的铰制孔用螺栓连接，工作时螺杆在连接结合面处受剪切，螺杆与孔壁之间受挤压。这种螺栓连接在装配时也需要适当拧紧，但预紧力很小，一般计算时都略去不计。其强度计算按剪切强度条件和挤压强度条件进行。

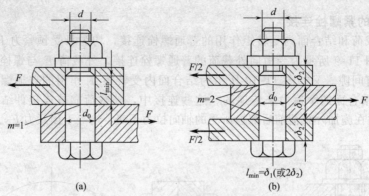

图 11-12　铰制孔用螺栓连接

四、螺纹连接许用应力

螺纹连接许用应力与连接是否拧紧、是否控制预紧力、受力性质（静载荷、动载荷）和材料等有关，紧螺栓连接的许用应力

$$[\sigma] = \frac{\sigma_s}{S}$$

式中　σ_s——屈服点，MPa，螺纹连接件常用材料力学性能见表 11-6；

　　　S——安全因数，见表 11-7。

铰制孔螺栓的许用应力由被连接件的材料决定，其值见表 11-8。

表 11-6　螺纹连接件常用材料力学性能

钢号	抗拉强度 σ_b/MPa	屈服点 σ_s/MPa	疲劳极限/MPa	
			弯曲 σ_{-1}	抗拉 σ_{-1T}
Q215	340～420	220		
Q235	410～470	240	170～220	120～160
35	540	320	20～340	170～220
45	610	360	250～340	190～250
40Cr	750～1000	650～900	320～440	240～340

表 11-7　受拉紧螺栓连接的安全因数

控制预紧力		1.2～1.5				
不控制预紧力	材料	静载荷			动载荷	
		M6～M16	M16～M30	M30～M60	M6～M16	M16～M30
	碳钢	4～3	3～2	2～1.3	10～6.5	6.5
	合金钢	5～4	4～2.5	2.5	7.5～5	5

注：所谓控制预紧力是指拧紧时采用测力扳手等，以获得准确的预紧力；不控制预紧力是指拧紧时只凭经验控制力的大小。

表 11-8　铰制孔螺栓的许用应力

载荷种类	被连接件材料	剪　切		挤　压	
		许用应力	S	许用应力	S
静载荷	钢	$[\tau] = \sigma_s/S$	2.5	$[\sigma_p] = \sigma_s/S$	1.25
	铸铁			$[\sigma_p] = \sigma_b/S$	2～2.5
动载荷	钢、铸铁	$[\tau] = \sigma_s/S$	3.5～5	$[\sigma_p]$ 按静载荷取值的 70%～80% 计	

* 例 11-1 在如图 11-11 所示的气缸盖螺栓连接中，已知气缸的气压 $P=0\sim1.2\text{MPa}$，气缸直径 $D=250\text{mm}$，缸体与缸盖用 12 个普通螺栓连接，安装时不控制预紧力。试确定螺栓的公称直径。

解 （1）单个螺栓承受的工作载荷 F 作用在气缸盖上的总轴向载荷为

$$F_A = \frac{\pi D^2}{4}p$$

单个螺栓的外载荷为

$$F = \frac{\pi D^2}{4z}p = \frac{\pi \times 250^2}{4 \times 12} \times 1.2\text{N} = 4908.7\text{N}$$

（2）单个螺栓承受的总工作载荷 F 由于气缸有紧密性要求，由表 11-5 选取剩余预紧力 $F_0'=1.5F$，故总工作载荷为

$$F_p = F + F_0' = (1 + 1.5)F = 12271.8\text{N}$$

（3）选择螺栓材料，确定螺栓直径 d 选择螺栓材料为 45 钢，由表 11-6 取 $\sigma_s = 360\text{MPa}$；初步选择螺栓直径 $d=16\text{mm}$，由表 11-7 取安全因数 $S=3$，许用拉应力 $[\sigma]$ 为

$$\sigma_s/S = 360/3\text{MPa} = 120\text{MPa}$$

由式（11-3）得

$$d \geqslant \sqrt{\frac{5.2F_p}{\pi[\sigma]}} = \sqrt{\frac{5.2 \times 12271.8}{\pi \times 120}}\text{mm} = 13.01\text{mm}$$

查螺纹标准可知，取螺栓直径 $d=16\text{mm}$ 合适。

第四节 螺旋传动机构

由螺杆、螺母和机架组成的螺旋机构，主要用于将回转运动转变为直线运动，同时传递运动和动力的场合。

螺旋传动一般采用梯形螺纹或锯齿形螺纹。梯形螺纹传动的效率稍低于锯齿形螺纹，但其牙型能双向承载，故应用较广泛。锯齿型螺纹两侧的牙型斜角不同，其 3° 的侧面用以承载，可得到较高的效率；30° 侧面则用以提高牙根强度。锯齿型螺纹适用于单向受载的起重螺旋和压力螺旋。

1. 按功用要求分类

按功用要求分，螺旋传动可分为如下三类。

（1）增力螺旋 一般速度较低，间歇工作，要求自锁，以增力为主要目的。如起重螺旋或压力螺旋 [见图 11-13(a)、(b)]等。以较小的驱动力可产生较大的轴向载荷 F。

（2）传导螺旋 一般为连续工作，要求有较高的传动精度和工作速度，以传递运动为主要目的，有时也承受较大的轴向载荷。例如机床中的刀架或工作台的丝杠，如图 11-13(c) 所示。

（3）调整螺旋 用以调整（或固定）机械零部件相互位置的螺旋，如量具的测量螺旋 [见图 11-13(d)]。调整螺旋有时也承受轴向载荷，例如带传动的张紧装置。

2. 按摩擦形式分类

以上所述均为普通螺旋传动。其螺杆与螺母螺旋面间的摩擦为滑动摩擦，故摩擦损耗大，磨损严重，效率低。近年来，采用螺旋面间的滚动摩擦或用压力泵注入液体而产生的液

体摩擦来代替滑动摩擦，可以较好地克服上述缺点。其应用实例有滚动螺旋（见图 11-14）和静压螺旋等，但因结构复杂、制造技术要求高等原因，限制了它们的使用范围。此外这些螺旋常不能自锁，要求自锁时，要加制动装置，使结构进一步复杂化，由于此机构复杂，在此不再叙述。

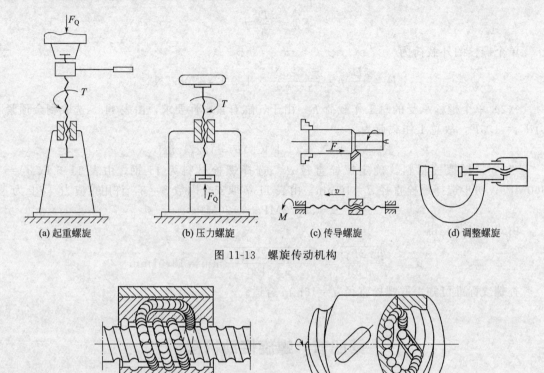

(a) 起重螺旋　　　　(b) 压力螺旋　　　　(c) 传导螺旋　　　　(d) 调整螺旋

图 11-13　螺旋传动机构

图 11-14　滚动螺旋机构

 复习题

一、填空题

11.1　连接承受横向载荷，当采用普通螺栓连接，横向载荷靠____来平衡；当采用铰制孔螺栓连接，横向载荷靠____来平衡。

11.2　为连接承受横向工作载荷的两块薄钢板，一般采用____。

11.3　螺纹连接常用的防松原理有____，____，____。其对应的防松装置有____，____，____。

11.4　被连接件受横向外力作用，若采用一组普通螺栓连接时，则靠____来传递外力。

二、选择题

11.5　当两个被连接件之一太厚，不宜制成通孔，且连接不需要经常拆装时，往往采用____。

A. 双头螺柱连接　　B. 螺栓连接　　　　C. 螺钉连接　　　D. 紧定螺钉连接

11.6　螺纹连接防松的根本问题在于____。

A. 增加螺纹连接的轴向力　　　　　　B. 增加螺纹连接的横向力

C. 防止螺纹副的相对转动　　　　　　D. 增加螺纹连接的刚度

三、简答题

11.7　常用螺纹种类有哪些？各用于什么场合？

11.8　螺纹的主要参数有哪些？

11.9　螺纹连接的基本形式有哪几种？各适用于何种场合？有何特点？

11.10　为什么螺纹连接通常要采用防松措施？常用的防松方法和装置有哪些？

11.11　松连接螺栓和紧连接螺栓有何区别？它们的强度计算有何不同？

11.12　铰制孔用螺栓连接有何特点？用于承受什么载荷？

11.13　在进行紧螺栓连接的强度计算时，为什么要将螺栓拉力增加30%？

11.14　分析比较普通螺纹、管螺纹、梯形螺纹和锯齿形螺纹的特点。各举一例说明它们的应用。

11.15　采用螺旋传动的目的是什么？主要优缺点是什么？按功用要求不同可分几类？

习题

11-1　如题11-1图所示为一拉杆螺纹连接。已知拉杆所受的载荷 $F=56\mathrm{kN}$，载荷稳定。拉杆材料为 Q235 钢，试设计此连接。

11-2　如题11-2图所示为一气缸盖螺栓组连接。已知气缸内的工作压力 $P=0.1\mathrm{MPa}$。缸盖与缸体均为钢制。直径 $D_1=350\mathrm{mm}$。$D_2=250\mathrm{mm}$，上、下凸缘厚均为25mm。试设计此连接。

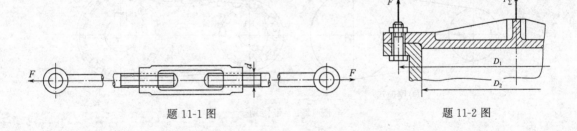

题 11-1 图　　　　　　　　　　　　　　　题 11-2 图

第 **十二** 章

带传动　链传动

第一节　带传动的概述

带传动是依靠带轮之间的挠性传动带，利用传动带与轮的外缘面间的摩擦进行工作，将主动带轮轴的运动和动力传递到从动带轮轴上。主要用在远距离的条件下，传递转矩和改变转速。传动系统结构比较简单，成本低，在各种工业系统中得到广泛的应用，是常见的机械传动形式。

一、带传动的组成及工作原理

带传动是由主动带轮、从动带轮和紧套在两带轮上的传动带所组成，利用传动带作为中间挠性件，依靠带与带轮之间的摩擦力（或齿的啮合），将主动轴的运动和动力传递给从动轴，实现两轴间运动和（或）动力的传递。如图 12-1 所示，带传动分为摩擦式带传动和啮合式带传动。

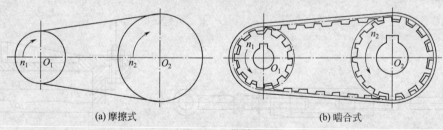

(a) 摩擦式　　　　　　　　　　　(b) 啮合式

图 12-1　带传动

由于摩擦式带传动的传动带张紧在带轮上，如图 12-1(a)所示，使传动带和带轮的接触面间产生压紧力。当驱动力矩使主动带轮转动时，带与带轮的接触面之间产生摩擦力，该摩擦力驱使传动带运动，而带又依靠摩擦力使从动带轮克服摩擦力矩而转动，这样主动带轮上的运动和动力，便经带传递给从动轮。啮合式带传动则是依靠带与带轮上齿间的啮合来传递运动和动力的，如图 12-1(b)所示。

本书仅介绍摩擦式带传动。

二、摩擦式带传动的特点和类型

1. 摩擦式带传动的特点

① 由于带的弹性良好，因此能缓和冲击，吸收振动，使传动平稳无噪声。

② 过载时，带会在轮上打滑，可防止其他零件的损坏，起到过载安全保护的作用。

③ 结构简单，制造容易，成本低廉，维护方便。

④ 外廓尺寸比较大，但可用于两轴间中心距很大（可达15m，甚至40m）的场合。

⑤ 由于传动带有不可避免的弹性滑动，因此传动比不恒定。

⑥ 带的寿命短，传动效率也较低。

⑦ 由于摩擦生电，不宜用于易燃烧和有爆炸危险的场合。

2. 摩擦式带传动的类型

摩擦式带传动包括平带传动、V带传动、多楔带传动、圆带传动等。

（1）平带传动 平带的横截面为扁平矩形，已标准化。内表面为工作面，工作时带的环形内表面与带轮的轮缘相接触，如图12-2（a）所示。常用的平带有胶帆布平带、编织带、锦纶片复合带等。平带传动结构简单，带轮制造方便，平带质轻且挠曲性好，故为带传动最常使用的形式之一，多用于高速和中心距较大的场合。

（2）V带传动 V带是横截面为等腰梯形或近似为等腰梯形的环形传动带，已标准化。两侧面为工作面，带工作时两个侧面与轮槽侧面相接触，如图12-2（b）所示。V带传动能力强，结构紧凑，应用最广泛。目前在机床、空气压缩机、带式输送机和水泵等机器中均采用V带传动。

（3）圆带传动 圆带的横截面为圆形或近似为圆形，如图12-2（c）所示。因它传递功率的能力小，所以较多应用于低速轻载传动，如缝纫机等。

（4）多楔带传动 多楔带是以平带为基体、内表面具有等距纵向楔的环形传动带，如12-2（d）所示。带的工作面为楔的侧面，兼有平带和V带的优点，具有挠性好、摩擦力大和结构紧凑等优点，常用于传递功率大又要求结构较小的场合。

（5）同步带传动 同步带是横截面为矩形或近似为矩形、内表面具有等距横向齿的环形传动带，如图12-2（e）所示。它与同步带轮组成啮合传动，相比摩擦式带传动的传递运动具有精度高、传递力大、效率高等优点，故应用日益广泛。其主要缺点是制造和安装精度要求高，中心距要求严格。

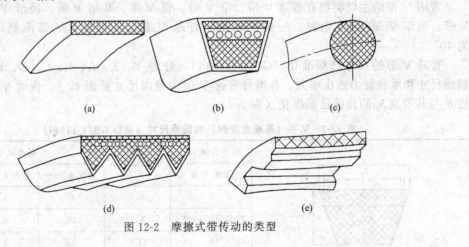

图 12-2 摩擦式带传动的类型

三、带传动的应用

通常，带传动用于传递中、小功率。在多级传动系统中，常用于高速级。由于传动带与带轮间可能产生摩擦放电现象，所以带传动不宜用于易燃易爆等危险场合。应用最广的V带适宜的带速V＝5～25m/s，因为当功率一定时，带速越低，带所受的拉力越大，所以提高带速可以有效地提高带传动的工作能力。但带速过高时，带在单位时间内的绕转次数增多，使带的寿命下降。另外带速过高会使带的离心力增大，带与带轮间的压力减小，导致带传动的工作能力下降。带传动的传动比 $i \leqslant 7$，传动效率 $\eta \approx 0.94 \sim 0.97$。

第二节　V 带和 V 带轮

　　V 带传动是由一条或数条 V 带和 V 带轮组成的摩擦传动，依靠带的两侧面与带轮轮槽侧面相接触而工作。V 带安装在相应的轮槽里，仅与轮槽的两侧接触，而不与槽底接触。与平带传动相比，在相同压紧力和相同摩擦系数的条件下，V 带传动能力比平带大得多。因此 V 带的应用十分广泛。

一、V 带结构和类型

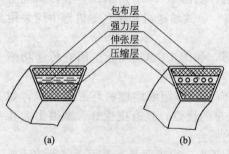

图 12-3　V 带的结构

　　标准 V 带都制成无接头的环形，其横截面为等腰梯形或近似为等腰梯形，两侧面为工作面。V 带的结构由伸张层、强力层、压缩层和包布层四部分组成，如图 12-3 所示。位于形心附近的编织物称为强力层或抗拉体，用于承受带的拉力；强力层的上下是纯橡胶的顶胶和底胶，或称为伸张层和压缩层，用于增加带的弯曲弹性；最外面是用浸胶布带控制外形的包布层。强力层的编织物若是多层挂胶的帘布，称为帘布结构［见图 12-3（a）］；强力层的编织物若是一排浸胶的绳索，称为线绳结构［见图 12-3（b）］。前者承载能力大，制造方便；后者柔韧性好，抗弯强度高，适用于转速较高、带轮直径小的场合。

　　常用 V 带的主要类型有普通 V 带、窄 V 带、宽 V 带、联组 V 带、齿形 V 带、大楔角 V 带、汽车 V 带等 10 余种。一般机械多用普通 V 带，其楔角（V 带两侧边的夹角 α）为 40°。

　　普通 V 带的尺寸已标准化（GB/T 11544），分为 Y、Z、A、B、C、D、E 七种型号，截面尺寸和承载能力依次增大。各型号普通 V 带的截面尺寸见表 12-1。普通 V 带的截面高度 h 与其节宽 b_p 的比值已标准化（为 0.7）。

表 12-1　V 带（基准宽度制）的截面尺寸（摘自 GB/T 11544）

带型	节宽 b_p/mm	基本尺寸		
普通 V 带		顶宽 b/mm	带高 h/mm	楔角 θ
Y	5.3	6	4	
Z（旧国际 O 型）	8.5	10	6	
A	11.0	13	8	
B	14.0	17	11	40°
C	19.0	22	14	
D	27.0	32	19	
E	32.0	38	23	

V 带在带轮上将产生弯曲变形，外层受拉伸长，内层受压缩短，中部必有一长度不变的中性层。中性层面称为节面，节面的宽度称为节宽 b_p（见表 12-1）。在 V 带轮上与节宽 b_p 对应的带轮直径称为基准直径 d_d。V 带在规定的张紧力下位于带轮基准直径上的周线长度称为基准长度 L_d，它是 V 带的公称长度，用于带传动的几何计算和带的标记。普通 V 带的基准长度 L_d 的标准系列值和每种型号带的长度范围见表 12-2。

表 12-2　普通 V 带（基准宽度制）的基准长度系列（摘自 GB/T 11544）

基准长度 L_d/mm	K_L/mm					基准长度 L_d/mm	K_L/mm			
	Y	Z	A	B	C		Z	A	B	C
200	0.81					1600	1.04	0.99	0.92	0.83
224	0.82					1800	1.06	1.01	0.95	0.86
250	0.84					2000	1.08	1.03	0.98	0.88
280	0.87					2240	1.10	1.06	1.00	0.91
315	0.89					2500	1.30	1.09	1.03	0.93
355	0.92					2800		1.11	1.05	0.95
400	0.96	0.79				3150		1.13	1.07	0.97
450	1.00	0.80				3550		1.17	1.09	0.99
500	1.02	0.81				4000		1.19	1.13	1.02
560		0.82				4500			1.15	1.04
630		0.84	0.81			5000			1.18	1.07
710		0.86	0.83			5600				1.09
800		0.90	0.85			6300				1.12
900		0.92	0.87	0.82		7100				1.15
1000		0.94	0.89	0.84		8000				1.18
1120		0.95	0.91	0.86		9000				1.21
1250		0.98	0.93	0.88		10000				1.23
1400		1.01	0.96	0.90						

普通 V 带的标记内容和顺序为型号、基准长度和国家标准号。例如，B 型普通 V 带，基准长度为 1000mm，其标记为：B1000 GB/T 11544。V 带标记通常压印在带的顶面上，以供识别和选用。

二、普通 V 带轮的材料及结构选择

（1）V 带轮的结构要求（表 12-3）　带轮应具有足够的强度和刚度，无铸造内应力；质量小且分布均匀，结构工艺性好，便于制造；带轮工作表面应光滑，以减少带的磨损。当 $5m/s < v < 25m/s$ 时，带轮要进行平衡试验（$d/b \geqslant 5$ 的刚性转子只进行静平衡，否则要作动平衡试验）；当 $v > 25m/s$ 时，带轮要进行动平衡试验。

（2）带轮的材料　带轮材料常用铸铁、钢、铝合金或工程塑料等，其中灰铸铁应用最广。当带速 $v < 25m/s$ 时，可采用 HT150；当 $v = 25 \sim 30m/s$ 时，可采用 HT200；当 $v = 25 \sim 45m/s$ 时，则应采用球墨铸铁，铸钢或锻钢，也可采用钢板冲压后焊接带轮。小功率传动时带轮可采用铸铝或工程塑料等材料制造。

表 12-3　基准宽度制 V 带轮的轮槽尺寸（摘自 GB/T 11544—2012）

型号		Y	Z	A	B	C	D	E
b_p/mm		5.3	8.5	11.0	14.0	19.0	27.0	32.0
b/mm		6	10	13	17	22	32	38
h/mm		4	6	8	11	14	19	25
θ		40°						
每米带长的质量 q/(kg/m)		0.02	0.06	0.10	0.17	0.30	0.62	0.90
h_{fmin}/mm		4.7	7	8.7	10.8	14.3	19.9	23.4
h_{amin}/mm		1.6	2.0	2.75	3.5	4.8	8.1	9.6
e/mm		8±0.3	12±0.3	15±0.3	19±0.4	25.5±0.5	37±0.6	44.5±0.7
f_{min}/mm		6	7	9	11.5	16	23	28
δ_{min}/mm		5	5.5	6	7.5	10	12	15
B/mm		$B=(z-1)e+2f$（z 为轮槽数）						
φ	32°	d_d/mm	≤60					
	34°			≤80	≤118	≤190	≤315	
	36°		>60				≤475	≤600
	38°			>80	>118	>190	>315	>475	>600

注：1. 槽间距 e 的极限偏差适用于任何两个轮槽对称中心面的距离，不论是否相邻。标准中没规定 δ 值，表中数值为推荐值。

2. 外径 $d_a=d_d+2h$。

（3）带轮的结构　带轮由轮缘、腹板（轮辐）和轮毂几部分组成。轮槽尺寸应与 V 带的 V 带轮按腹板（轮辐）的结构不同分为以下几种形式。

①S 型　实心带轮，如图 12-4(a)所示。当带轮基准直径 d_d≤（2.5～3）d（d 为轴的直径）时，可采用该类型。

②P 型　腹板带轮，如图 12-4(b)所示。当带轮基准直径 d_d≤300mm 时，可采用该类型（P 型和 H 型相似，但腹板上不开设孔）。

③H 型　孔板带轮，如图 12-4(c)所示。

④E 型　椭圆轮辐带轮，如图 12-4(d)所示。当带轮基准直径 d_d>300mm 时，可采用该类型。

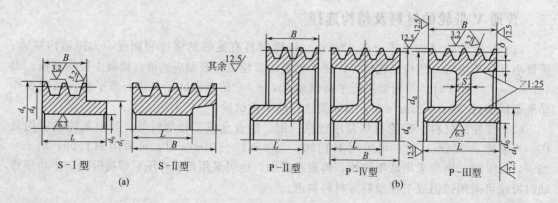

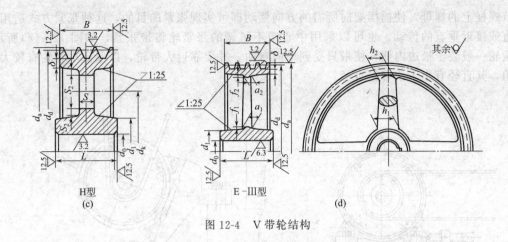

图 12-4　V 带轮结构

第三节　带传动的失效、张紧、安装与维护

一、带传动的失效

带传动的失效形式主要有两种：带在带轮上打滑和带疲劳损坏。当外载荷过大，要求传递的圆周力大于带与带轮接触弧上的极限摩擦力时，带将沿带轮表面产生全面滑动，这种滑动称为打滑。因此，打滑是由于带与带轮之间的摩擦力不足引起的，它将造成带的严重磨损，并使带的运动处于不稳定状态，导致带传动失效。打滑首先发生在小带轮上。

增大摩擦力可以防止打滑。增大摩擦力的措施主要有：适当增大窗体底端初拉力，即增大带与带轮之间的压力，摩擦力也就增大；增大带与小带轮接触的弧段所对应的圆心角（称为小带轮包角）也能增大摩擦力；也可适当提高带速。

带的疲劳是因为带受交变应力的作用。在带传动过程中，带的横截面上有两种应力：因带的张紧和传递载荷以及带绕上带轮时的离心力而产生的拉应力；因带绕上带轮时弯曲变形而产生的弯曲应力。拉应力作用在整个带的各个截面上，而弯曲应力只在带绕上带轮时才产生。带在运转过程中时弯时直，因而弯曲应力时有时无，带是在交变应力的作用下工作的，这是带产生疲劳断裂的主要原因。

一般情况下，两种应力中弯曲应力较大，为了保证带的寿命，就要限制带的弯曲应力。带的弯曲应力与带轮直径大小有关，带轮直径越小，带绕上带轮时弯曲变形就越大，带内弯曲应力就越大。为此，对每种型号的 V 带，都规定了许用的最小带轮直径。

二、带传动的张紧

为使 V 带上有一定的初拉力，新安装的带在套装后需张紧；V 带运行一段时间后，会产生磨损和塑性变形，使带松弛，初拉力减小，V 带传动能力下降。为了保证带传动的传动能力，必须定期检查与重新张紧。常用的张紧方法有定期张紧和自动张紧两种。

1. 定期张紧

如图 12-5（a）、（b）所示，为中心距可调的定期张紧形式。其中，图 12-5（a）所示是将装有小带轮的电动机装在一个滑轨上，拧动调节螺栓就可以移动电动机，从而达到张紧的目的，后再将电动机固定。这种张紧方式适用于水平或接近水平的传动。图 12-5（b）所示是把装有带轮的电动机安装在一个摇摆架上，摇摆架可以绕摆动轴摆动，需要调节时，只需拧动调节螺杆上的螺母，使摇摆架向所需的方向摆动即可实现张紧的目的，这种张紧方式适用于垂直或接近垂直的传动。也可以采用中心距不可调的张紧轮将带张紧，如图 12-5（c）所示。张紧轮一般装于松边内侧，使带只受到单向弯曲，并要靠近大带轮，以保证小带轮有较大的包角，其直径宜小于小带轮直径。

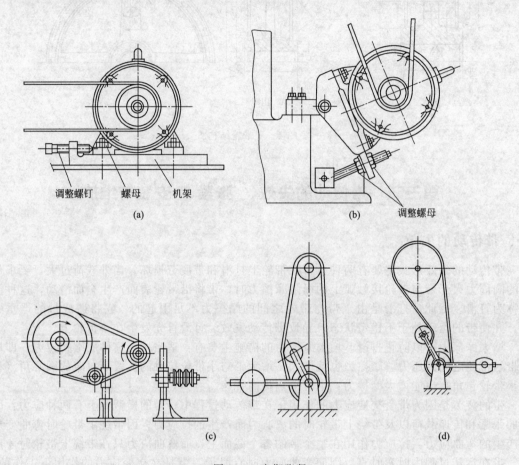

调整螺钉　螺母　机架

(a)

调整螺母

(b)

(c)

(d)

图 12-5　定期张紧

2. 自动张紧

如图 12-6 所示为带传动的自动张紧装置。其中图 12-6（a）所示是利用平衡锤 G 来实现张紧的目的，多用于中心距不可调的平带传动。

如图 12-6（b）所示是把电动机装在一个摆架上，利用电动机和摆架自身的重量使整个摆架始终保持一种绕摆动轴向下摆动的趋势而达到张紧的要求。常用于中心距可调的中小功率传动。

三、带传动的安装与维护

正确地安装、使用和维护，能够延长带的寿命，保证带传动的正常工作。其中应注意以下几点。

① 一般情况下，带传动的中心距应当可以调整，安装传动带时，应缩小中心距后把带套上去。不应硬撬，以免损伤带，降低带的寿命。

　　② 为保证带与带轮间产生足够的摩擦力，带的张紧程度应适当，使初拉力不过大或过小。过大会降低带的寿命，过小则将导致摩擦力不足而出现打滑现象。一般以大拇指能按下15mm 为宜。

　　③ 安装带轮时，两轮轴线必须保持平行，两轮轮宽对称面对齐 [见图 12-7(a)]，不要出现如图 12-7(b)、(c)的情况，使带的侧面磨损。

　　④ 传动带损坏后需立即更换。为了便于传动带的装拆，带轮应布置在轴的外伸端。

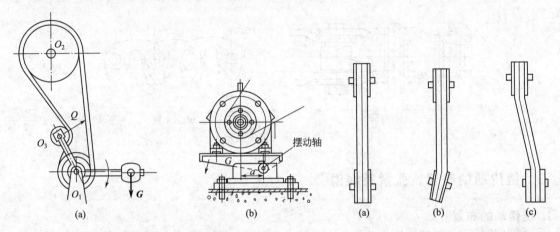

图 12-6　带传动自动张紧装置　　　　　　图 12-7　主动带轮与从动带轮的位置关系

　　⑤ 带的根数较多时，同一传动中不能使用新旧不同、长度不一（其长度公差应控制在一定范围内）的 V 带，以避免载荷分配不均，加速带的损坏。

　　⑥ 严防胶带与矿物油、酸、碱等介质接触，以免变质。胶带也不宜在阳光下暴晒。

　　⑦ 为了保证操作人员的安全，带传动应设置防护罩。

第四节　链传动

一、链传动的工作原理、类型、特点及应用

1. 链传动的原理

　　链传动由主动链轮 1、从动链轮 2 和绕在链轮上的环形链条 3 等组成（见图 12-8），以链条作为中间挠性件，依靠链条与链轮轮齿的啮合来传递平行轴间的运动和动力。

2. 链传动的主要类型

　　根据结构的不同，传动链又可分为滚子链、套筒链、弯板链、齿形链等多种，如图 12-9 所示。最常用的是滚子链。链速 v 可达 $30\sim40\text{m/s}$，常用 $v\leqslant15\text{m/s}$ 传动比最大可达 15；$P\leqslant100\text{kW}$；一般 $i\leqslant6$；效率 $\eta=0.94\sim0.98$；中心距 a $\leqslant6\text{m}$。

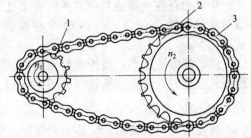

图 12-8　链传动的组成
1—主动链轮；2—从动链轮；3—环形链条

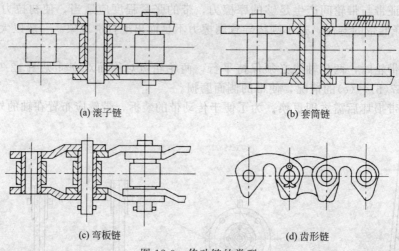

(a) 滚子链　　　　　　　　　　　　　(b) 套筒链

(c) 弯板链　　　　　　　　　　　　　(d) 齿形链

图 12-9　传动链的类型

二、链传动的布置、张紧及润滑

1. 链传动的布置

在链传动中，两链轮的转动平面应在同一平面上，两轴线必须平行，最好成水平布置，如图 12-10(a)所示。如需倾斜布置时，两链轮中心连线与水平线的夹角 α 应小于 45°，如图图 12-10(b)所示。应尽量避免垂直传动。另外，链传动应使紧边在上、松边在下，这样可以避免由于松边的下垂使链条与链轮发生干涉或卡死。

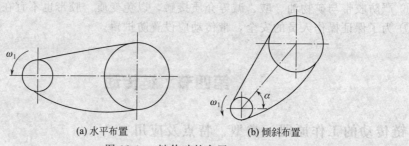

(a) 水平布置　　　　　　　　　　　(b) 倾斜布置

图 12-10　链传动的布置

2. 链传动的张紧

张紧的目的主要是避免链条的垂度过大造成啮合不良及链条的振动，同时也为了增大链条与链轮的啮合包角。当两轮轴心连线与水平面的倾斜角大于 60° 时，通常需设张紧装置。

张紧的方法很多，当传动中心距可以调整时，可通过调整中心距控制张紧程度；当中心距不能调整时，可设张紧轮（见图 12-11）。

3. 链传动的润滑

良好的润滑将会减少链传动的磨损，缓和冲击，提高承载能力，延长使用寿命。因此链传动应合理地确定润滑方式和润滑剂种类。

常用的润滑方式有以下几种。

（1）人工定期润滑　用油壶或油刷注油［见图 12-12(a)］，每班注油一次，适用于链速 v ≤4m/s 的不重要传动。

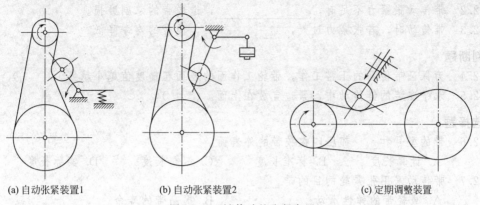

(a) 自动张紧装置1　　　　(b) 自动张紧装置2　　　　(c) 定期调整装置

图 12-11　链传动的张紧布置

（2）滴油润滑　用油杯通过油管向松边的内、外链板间隙处滴油，用于链速。$v \leqslant 10\text{m/s}$ 的传动［见图 12-12(b)］。

（3）油浴润滑　链从密封的油池中通过，链条浸油深度以 6～12mm 为宜，适用于链速 $v = 6～12\text{m/s}$ 的传动［见图 12-12(c)］。

（4）飞溅润滑　在密封容器中，用甩油盘将油甩起，经由壳体的集油装置将油导流到链上。甩油盘速度应大于 3m/s，浸油深度一般为 12～15mm［见图 12-12(d)］。

（5）压力油循环润滑　用油泵将油喷到链上，喷口应设在链条进入啮合之处。适用于链速 $v \geqslant 8\text{m/s}$ 的大功率传动［见图 12-12(e)］。

链传动常用的润滑油有 L-AN32、L-AN46、L-AN68、L-AN100 等全损耗系统用油。温度低时，黏度宜低；功率大时，黏度增高。

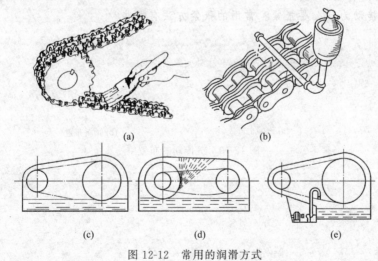

图 12-12　常用的润滑方式

 复习题

一、填空题

12.1　V 带型号是根据＿＿＿＿＿＿＿＿＿来选定的。

12.2　带传动张紧力不足时，＿＿＿＿＿＿＿＿，造成带的急剧磨损。

12.3　带传动时，若张紧力过大，＿＿＿＿＿＿＿＿，使带的寿命降低。

二、判断题

12.4　为保证带传动的正常工作，带轮工作面的表面粗糙度值越小越好。（　　）

12.5　水平安装的链传动中，紧边宜放在上面。（　　）

三、选择题

12.6　带的型号和＿＿＿都压印在胶带的外表面。

　　A. 计算长度　　　　B. 标准长度　　　　C. 假想长度　　　　D. 实际长度

12.7　带传动采用张紧轮的目的是＿＿＿。

　　A. 减轻带的弹性滑动　　　　　　　　B. 提高带的寿命

　　C. 改变带的运动方向　　　　　　　　D. 调节带的初拉力

12.8　链传动和带传动相比，属于缺点的方面是＿＿＿。

　　A. 平均传动比　　　B. 传动功率　　　C. 安装与维护

12.9　与平带传动相比，V 带传动的优点是＿＿＿。

　　A. 传动效率高　　　B. 带的寿命长　　　C. 带的价格便宜　　D. 承载能力大

12.10　与 V 带传动相比，同步带传动的突出优点是＿＿＿。

　　A. 传递功率大　　　B. 传动比准确　　　C. 传动效率高　　　D. 带的制造成本低

四、问答题

12.11　链传动的合理布置有哪些要求？

12.12　自行车为什么采用链传动及升速传动？自行车的链传动采用什么方法张紧？全链罩和半链罩各起什么作用？

12.13　链传动为什么要张紧？常用的张紧方法有哪些？

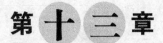

第十三章

齿轮传动

第一节　齿轮传动的原理、特点、类型、应用及传动比

一、齿轮传动的原理和特点

齿轮传动由主动齿轮和从动齿轮组成，依靠轮齿的直接啮合而将主动轴的运动和动力传递给从动轴。齿轮传动是机械传动中应用最广泛的一种传动形式。与其他机械传动相比，具有不可取代的优势，因而在工程机械、矿山机械、冶金机械以及各类机床中大量应用着齿轮传动。

齿轮传动的特点如下。

① 能保证恒定的传动比，因而传递运动准确可靠，传动平稳。

② 传递功率和圆周速度范围广，功率可以从很小到几十万 kW，齿轮圆周速度可由很低到 300m/s 以上。

③ 传动效率高，一般可达 $97\% \sim 99\%$。

④ 工作可靠，使用寿命长，结构紧凑。

⑤ 不宜用于轴间距离较远的传动。

⑥ 齿轮加工复杂，制造和安装精度要求高，因而成本较高。

⑦ 工作时有不同程度的噪声，精度较低的传动会引起一定的振动。

二、齿轮传动的类型及应用

齿轮传动的类型很多，各有其传动特点，适用于不同场合。按两齿轮轴的相对位置可分为平行轴传动、相交轴传动和交错轴传动，如图 13-1 所示；按齿轮的轮廓曲线可分为渐开线齿轮传动、摆线齿轮传动和圆弧齿轮传动；按齿轮传动是否封闭可分为开式齿轮传动和闭式齿轮传动等。其中，开式传动的齿轮是外露的或装有简单的防护罩，它不能保证良好的润滑，而且易落入灰尘、杂质，故齿面易磨损，只适用于低速传动；闭式传动的齿轮封闭在刚性很大的箱体内，能保证良好的润滑和工作条件，重要的齿轮传动都采用闭式传动。

三、齿轮传动的传动比

设主动齿轮转速为 n_1，齿数为 z_1，从动齿轮转速为 n_2、齿数为 z_2，则齿轮传动的平均传动比为

$$i = \frac{n_1}{n_2} = \frac{z_2}{z_1} \tag{13-1}$$

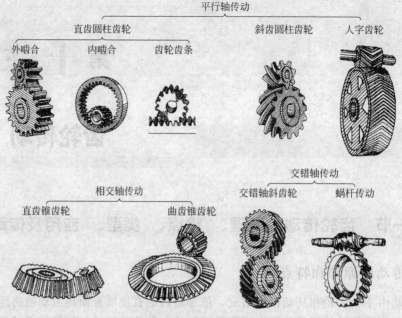

图 13-1 齿轮传动的类型

可见，一对齿轮的传动比，即是主动齿轮与从动齿轮的转速之比，与其齿数成反比。当 z_2 较大而 z_1 较小时，可获得较大的传动比，即实现较大幅度的降速。但若 z_2 过大，则将因小齿轮的啮合频率高而导致两轮的寿命相差很大，而且齿轮传动的外廓尺寸也要增大。因此，限制一对齿轮传动的传动比 $i \leqslant 8$。

第二节　渐开线直齿圆柱齿轮传动

由于渐开线齿廓有很好的啮合特性，现代齿轮传动广泛采用渐开线作为齿廓曲线。

一、标准直齿圆柱齿轮各部分名称及符号

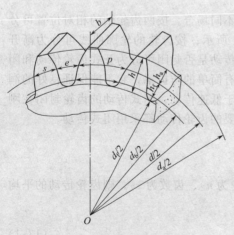

图 13-2　齿轮各部分名称和符号

如图 13-2 所示为渐开线标准直齿圆柱齿轮的一部分，其各部分的名称及符号如下。

（1）齿顶圆　齿轮各齿顶所确定的圆，其直径用 d_a 表示。

（2）齿根圆　齿轮各齿槽底部所确定的圆，其直径用 d_f 表示。

（3）齿槽宽、齿厚、齿距　齿轮相邻两齿间的空间，称为齿槽。在直径为 d_K 的任意圆周上，齿槽两侧齿廓间的弧长，称为该圆上的齿槽宽，用 e_K 表示；轮齿两侧齿廓间的弧长称为该圆上的齿厚，用 s_K 表示；而相邻两轮齿同侧齿廓间的弧长，称为该圆上的齿距，用 p_K 表示。显然，齿距等于齿厚和齿槽宽之和。即

$$p_K = s_K + e_K \qquad (13-2)$$

（4）分度圆　从上式可知，齿厚和齿槽宽在不同的圆周上量出的结果是不同的。为了作为计算齿轮各部分尺寸的基准，对于标准齿轮，规定将齿厚和齿槽宽相等处的圆作为基准圆，此圆即为分度圆，其直径用 d 表示。在分度圆上，齿厚、齿槽宽和齿距分别用 s、e 和 p 表示。

（5）齿顶高、齿根高、全齿高　轮齿被分度圆分成两部分，介于齿顶圆与分度圆间的部分称为齿顶，其径向距离称为齿顶高，用 h_a 表示；介于齿根圆与分度圆间的部分称为齿根，其径向距离称为齿根高，用 h_f 表示；齿顶圆与齿根圆间的径向距离称为全齿高，简称齿高，用 h 表示。显然有

$$h = h_a + h_f \qquad (13-3)$$

（6）齿宽　齿轮的有齿部位沿分度圆柱面的直母线方向度量的宽度，称为齿宽，用 b 表示。

二、渐开线直齿圆柱齿轮的主要参数

渐开线标准直齿圆柱齿轮的主要参数有：齿数、模数、压力角、齿顶高系数和顶隙系数。

（1）齿数　齿轮整个圆周上轮齿的总数，用 z 表示。

（2）模数　模数是齿轮几何尺寸计算中最基本的一个参数。

设分度圆直径为 d，齿距为 p，齿数为 z，则分度圆周长 $\pi d = zp$ 可得

$$d = \frac{pz}{\pi}$$

由此可知，一个齿数为 z 的齿轮，只要其齿距 p 一定，就可求出其分度圆直径为 d。由于式中 π 为一无理数，将给齿轮计算、制造和检验等带来不便。为此，令

$$m = \frac{p}{\pi} \qquad (13-4)$$

$$d = mz \qquad (13-5)$$

$$p = \pi m \qquad (13-6)$$

式中　m——模数，mm。

我国已规定了标准模数系列，如表 13-1 所示。

表 13-1　标准模数系列（GB/T 1357—2008）

第一系列/mm	1	1.25	1.5	2	2.5	3	4	5	6	8	10	12	16	20	25	32	40	50
第二系列/mm	1.75	2.25	2.75	(3.25)	3.5	(3.75)	4.5	5.5	(6.5)	7	9	(11)	14	18	22	28	(30)	36	45

注：1. 优先选用第一系列，括号内的值尽可能不用。
2. 此表适用于渐开线圆柱齿轮，对斜齿轮系指法向模数。

模数是决定齿轮几何尺寸的一个基本参数，直接影响齿轮大小、轮齿齿形的大小和强度。对于相同齿数的齿轮，模数越大，齿轮的几何尺寸越大，齿形也越大，轮齿的抗弯能力也越强，因此承载能力也越大。如图 13-3 所示为齿数相同而模数不同的齿形，从图上可以清楚地看出这一点。

（3）压力角　力的作用方向和物体上力的作用点的速度方向间的夹角称为压力角。齿轮的压力角通常是指渐开线齿廓在分度圆上的压力角，用 α 表示。压力角太大对传动不利。国家标准规定，标准齿轮的压力角为 20°。

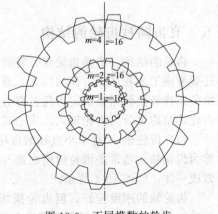

图 13-3　不同模数的轮齿

在模数和压力角规定了标准值后，即可给分度圆下一个确切的定义：分度圆就是齿轮上具有标准模数和标准压力角的圆。

（4）齿顶高系数和顶隙系数　齿轮各部分尺寸均以模数作为计算基础，因此，齿顶高和齿根高可表示为

$$\left.\begin{array}{l} h_a = h_a^* m \\ h_f = (h_a^* + c^*)m \end{array}\right\} \tag{13-7}$$

式中　h_a^*、c^*——齿顶高系数和顶隙系数。

对于圆柱齿轮，其标准值分别如下。

① 正常齿　$h_a^* = 1$，$c^* = 0.25$。

② 短齿　$h_a^* = 0.8$，$c^* = 0.3$。

三、标准直齿圆柱齿轮几何尺寸的计算

当齿轮的主要参数确定后，就可以根据如表 13-2 所示的公式计算出齿轮的几何尺寸。

表 13-2　外啮合标准直齿圆柱齿轮几何尺寸计算公式

名称	代号	公式	名称	代号	公式
齿数	z	由传动计算确定	基圆齿距	p_b	$p_b = p\cos\alpha$
模数	m	由强度计算确定	齿顶高	h_a	$h_a = h_a^* m$
压力角	α	$\alpha = 20°$	齿根高	h_f	$h_f = (h_a^* + c^*)m$
分度圆直径	d	$d = mz$	全齿高	h	$h = h_a + h_f = (2h_a^* + c^*)m$
齿距	p	$p = \pi m$	齿顶圆直径	d_a	$d_a = d + 2h_a = (z + 2h_a^*)m$
齿厚	s	$s = p/2 = \pi m/2$	齿根圆直径	d_f	$d_f = d - 2h_f = (z - 2h_a^* - 2c^*)m$
齿槽宽	e	$e = p/2 = \pi m/2$	中心距	a	$a = (d_1 + d_2)/2 = m(z_1 + z_2)/2$

四、直齿圆柱齿轮的正确啮合条件

要使一对齿轮能连续顺利的传动，仅有标准的渐开线齿廓是不够的，还需要每一对轮齿依次正确啮合、互不干扰才行。要求一对渐开线齿轮正确啮合的条件是两轮的模数和压力角必须分别相等，即

$$\left.\begin{array}{l} m_1 = m_2 = m \\ \alpha_1 = \alpha_2 = \alpha \end{array}\right\} \tag{13-8}$$

五、直齿圆柱齿轮的结构

齿轮的结构一般是指轮缘、轮毂、轮辐三部分，这部分结构除考虑强度和刚度问题外，还要考虑工艺和经济方面的因素。通常是先按齿轮直径和材料选定合适的结构形式，再由经验公式或经验数据来确定齿轮各部分尺寸。根据齿轮的尺寸、制造方法和生产批量的不同，齿轮的结构可分为齿轮轴式、实心式、腹板式、轮辐式和镶圈式等。

（1）齿轮轴　对于小直径的齿轮，若齿根圆与轴径相差不大，应将齿轮与轴制成一体，称为齿轮轴。通常是齿轮键槽底部与齿根圆周之间的径向尺寸 $e < 2.5m$ 时，可将齿轮和轴做成一体，如图 13-4 所示。

齿轮轴的刚度较好，但齿轮损坏时，轴将与其同时报废，结果造成浪费。对直径较大（$e > 2m$）的齿轮，为了便于锻造和装配，应将齿轮和轴分开制造。

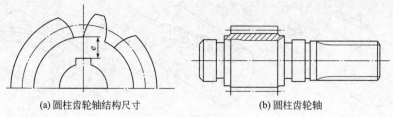

(a) 圆柱齿轮轴结构尺寸　　　　　　(b) 圆柱齿轮轴

图 13-4　齿轮轴

（2）实心式齿轮　齿顶圆直径 $d_a \leqslant 200mm$ 的齿轮，可采用锻造毛坯的实心式结构，如图 13-5 所示。单件或小批量生产且直径 $d_a < 100mm$ 的齿轮，其毛坯也可以直接采用轧制圆钢。

（3）腹板式齿轮　齿顶圆直径 $d_a \leqslant 500mm$ 的齿轮，一般采用腹板式结构，如图 13-6 所示。为了减轻重量、节省材料和便于搬运，在腹板上常制出圆孔。

（4）轮辐式齿轮　当 $d_a > 500mm$ 时，齿轮毛坯锻

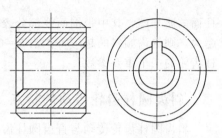

图 13-5　实心式齿轮

造不便，往往改用铸造或铸钢浇注。铸造齿轮常做成轮辐式结构，如图 13-7 所示。单件生产也可采用焊接结构的毛坯。

（5）镶圈式齿轮　对于尺寸很大（$d_a > 600mm$）的齿轮，为了节约贵重的金属材料，可采用镶圈式结构，如图 13-8 所示。它是把锻造或轧制的钢质轮缘镶套在铸钢或铸铁的轮芯上，并在镶套的接缝处加紧定螺钉。

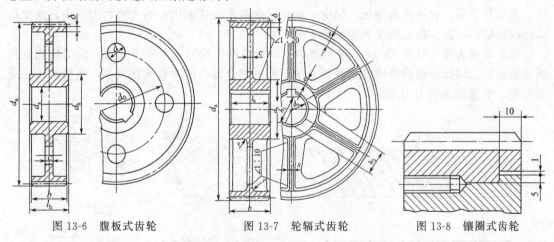

图 13-6　腹板式齿轮　　　　　图 13-7　轮辐式齿轮　　　　　图 13-8　镶圈式齿轮

第三节　斜齿圆柱齿轮传动

一、斜齿圆柱齿轮的形成

假想将一个直齿圆柱齿轮沿垂直于齿轮轴线的方向切成若干等宽的薄片，各片间沿同一方向转过一微小角度，形成一个阶梯齿轮。当齿轮片的数目无限增多时，各片间的相对转角也无限减小，这样便得到斜齿圆柱齿轮，其轮齿形状变化如图 13-9 所示。

实际上，斜齿圆柱齿轮的轮齿是按螺旋线的形式分布在圆柱体上的，分度圆柱上的螺旋线和齿轮轴线方向的夹角称为斜齿圆柱齿轮的螺旋角。如图 13-10 所示是一斜齿轮沿分度圆

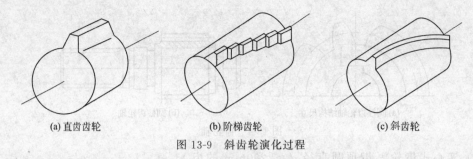

(a) 直齿齿轮　　　　　　(b) 阶梯齿轮　　　　　　(c) 斜齿轮

图 13-9　斜齿轮演化过程

柱面的展开图，其中带剖面线部分表示齿厚，空白部分表示齿槽，角 β 为齿轮的螺旋角。p 越大，则轮齿倾斜的越厉害；当 $\beta=0$ 时，齿轮就是直齿圆柱齿轮。所以螺旋角 β 是斜齿圆柱齿轮的一个重要参数。

二、斜齿圆柱齿轮传动的特点

斜齿圆柱齿轮传动与直齿圆柱齿轮相比具有以下两个主要特点：

（1）传动平稳　如图 13-11(a) 所示，直齿圆柱齿轮啮合传动时，两啮合齿面的接触线沿啮合平面移动，并始终与两齿轮轴线保持平行，在齿面上形成图中所示的痕迹。轮齿的啮合是沿整个齿宽同时接触并同时分离的，所以载荷也是在整个齿宽上突然卸下，因此直齿圆柱齿轮传动易引起冲击、振动和噪声。

一对斜齿圆柱齿轮啮合时，由于轮齿与齿轮轴线不平行，所以两轮齿齿廓曲面沿着与轴线倾斜的直线接触，如图 13-11(b) 所示。轮齿从开始啮合到终止啮合，齿面接触线由短变长，再由长变短，直至脱离接触。因此，轮齿受的载荷是逐渐由小到大再由大到小，故使传动比较平稳，冲击、振动和噪声也较小。

（2）承载力高　从图 13-11 中还可看出，斜齿圆柱齿轮每一个齿参加啮合的周期比直齿圆柱齿轮长。因此，在斜齿圆柱齿轮传动中，同时啮合的齿的对数就比较多，从而使传动更为平稳，承载能力也大为提高。

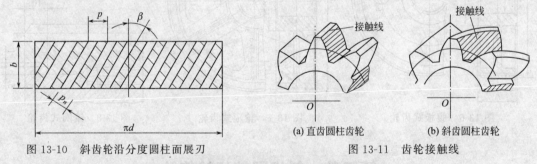

图 13-10　斜齿轮沿分度圆柱面展刃　　图 13-11　齿轮接触线

由于斜齿轮传动的平稳性和承载能力都高于直齿轮，所以它适用于高速和重载传动，宜用于大功率传动，如轧钢机、矿山机械等重型设备中。

第四节　齿轮传动的失效形式

齿轮传动是靠齿与齿的啮合而工作的，轮齿是齿轮直接参与工作的部分，因此，齿轮传动的失效主要发生在轮齿上。常见的轮齿失效形式有以下五种。

（1）轮齿折断　轮齿折断是指齿轮的一个或多个齿的整体或局部的断裂，如图 13-12 所示。它包括过载折断和疲劳折断两种。

因受到意外的严重过载而引起的突然折断，称为过载折断，常见于用铸铁、淬火钢等脆性材料制成的齿轮上。当轮齿在多次重复受载后，齿根处将产生疲劳裂纹，随着裂纹的不断扩展，将导致齿轮折断，这种折断称为疲劳折断。

（2）齿面疲劳点蚀　齿面疲劳点蚀是闭式齿轮传动中软齿面（硬度≤350HBS）齿轮传动的主要失效形式。齿轮在传递动力时，两齿面在理论上为线接触，由于弹性变形实际上是很小的面接触，所以在接触线附近产生很大的接触应力（局部挤压应力）。在齿轮啮合过程中，接触应力呈周期性变化。若齿面接触应力超过材料的接触疲劳极限时，在载荷多次重复作用下，齿面表层就会产生细微的疲劳裂纹，随着裂纹逐渐扩展，使表面金属呈麻点状的剥落，轮齿工作面出现细小的凹坑，这种在齿面表层产生的疲劳破坏称为疲劳点蚀。疲劳点蚀首先出现在齿根表面靠近节线处，如图 13-13 所示。随着点蚀的发生，轮齿间的实际接触面积逐渐减小，接触应力随之增大，从而使点蚀不断扩展，齿形遭到破坏，传递载荷能力降低，引起噪声和振动。

在开式齿轮传动中，由于齿面磨损较快，点蚀来不及出现或扩展而被磨掉，所以很少出现点蚀。

（3）齿面胶合　在高速重载传动中，由于啮合齿面间压力大、温度高而使润滑油的黏度降低，致使两齿面金属直接接触并在瞬时相互粘连，同时两齿面又做相对滑动，较软的齿面沿滑动方向被撕下而形成沟纹痕迹，如图 13-14 所示，这种现象称为胶合。胶合产生后，会很快导致齿轮的破坏。

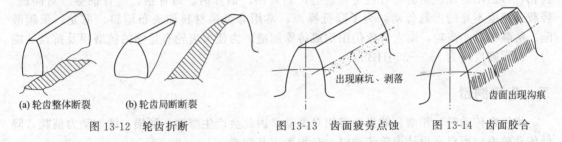

(a) 轮齿整体断裂　　(b) 轮齿局部断断裂
　出现麻坑、剥落　　　　齿面出现沟痕
图 13-12　轮齿折断　　　　图 13-13　齿面疲劳点蚀　　　图 13-14　齿面胶合

（4）齿面磨损　齿面磨损通常是磨粒磨损。在齿轮传动中，由于灰尘、铁屑等磨料性物质落入轮齿工作面间而引起的齿面磨损称为磨粒磨损。齿面过度磨损后，齿廓形状被破坏，导致严重的噪声和振动，最终使传动失效。

齿面磨损是开式齿轮传动失效的主要形式。

（5）塑性变形　硬度较低的软齿面齿轮，在低速重载时，由于齿面压力过大，在摩擦力作用下，将会导致齿面局部金属产生塑性流动而失去原来的齿形，这就是齿面塑性变形。当轮齿受到过大冲击载荷作用时，还会使整个轮齿产生塑性变形。

第五节　齿轮常用材料及润滑

一、齿轮常用材料

由轮齿的失效形式可知，要使齿面及齿根有较高的抵抗各种失效的能力，齿轮材料的性能必须满足以下基本要求：齿面要硬，齿芯要韧，同时应具有良好的加工和热处理的工艺性。机械制造中常用的齿轮材料有以下几种。

（1）锻钢 锻钢是制造齿轮的主要材料，尺寸过大或者结构形状复杂只宜铸造的齿轮除外。用锻钢制造齿轮，常用含碳量在 0.15%～0.6% 的碳钢或合金钢。可以分为两类。

① 齿面硬度≤350HBS 的齿轮称为软齿面齿轮，这种齿轮是将齿轮毛坯经正火或调质处理后切齿。因为齿面较软，刀具不致迅速磨损。软齿面齿轮制造简便、经济、生产率高，常用于一般用途：中小功率，对强度、速度及精度都要求不高的场合，如中、低速机械中的齿轮。在一对软齿面齿轮中，小齿轮的齿面硬度往往比大齿轮的齿面硬度高约 30～50HBS。这类齿轮常用的材料是 45、50、35SiMn、40Cr、40MnB、30CrMnSi、38SiMnMo 等。

② 齿面硬度＞350HBS 的齿轮称为硬齿面齿轮。这种齿轮多是先切齿，而后做齿面硬化处理，热处理方法为表面淬火、渗碳、氮化、氰化等。处理后的齿轮表层硬度高而芯部韧性好，故承载能力大且耐磨性好，常用于高速、重载及精密机器所用的重要齿轮传动。但由于热处理会使轮齿变形，所以最终还应进行磨齿等精加工。这种齿轮常用 45、40Cr、40CrNi、35SiMn 等进行表面淬火；或用 20、20Cr、20CrMnTi 等进行渗碳淬火。

（2）铸钢 铸钢的强度及耐磨性均较好，但由于铸造时内应力较大，故应经正火或退火处理，必要时可进行调质处理。铸钢常用于尺寸较大、形状复杂而不宜锻造的齿轮。常用的铸钢有 ZG310～570、ZG346～640 等。

（3）粉末合金 用金属粉末压缩成形后烧结而成的齿轮，无需切削或少切削，产品质量稳定，并可存储润滑油，工作时有自润滑性，噪声小，但耐冲击较差。常用于载荷平稳、耐磨性要求较高的场合。

（4）有色金属和非金属材料 仪器、仪表中的齿轮，以及某些在腐蚀介质中工作的轻载齿轮，常选用耐蚀、耐磨的有色金属制造，如黄铜、铝青铜、锡青铜、硅青铜等。对高速、轻载及精度不高的齿轮传动，为了降低噪声，常用非金属材料如夹布塑料、尼龙、聚碳酸酯、酚醛等做小齿轮，而大齿轮仍用钢或铸铁制造。为使大齿轮有足够的抗磨损及抗点蚀能力，齿面硬度应为 250～350HBS。

二、齿轮润滑

齿轮在传动时，相啮合的齿面有相对滑动，因此会产生摩擦、磨损，增加动力消耗，降低传动效率，所以在设计齿轮传动时，必须考虑其润滑。

开式齿轮传动常采用人工定期加油润滑，可采用润滑油或润滑脂。闭式齿轮传动的润滑方式根据齿轮圆周速度可的大小而定；当 $v\leqslant12\mathrm{m/s}$ 时多采用油浴润滑，将大齿轮浸入油池一定深度，齿轮运转时把油带到啮合区，同时也甩到箱壁上，借以散热；当 v 较大时，齿轮的浸油深度约为一个齿高，但不小于 10mm；当 v 较小时（0.5～0.8m/s），浸油深度可达 $\frac{1}{6}$ 齿轮半径；当 $v>12\mathrm{m/s}$ 时，不宜采用油浴润滑，应采用喷油润滑，用油泵将润滑油直接喷到啮合区。

润滑油的黏度应根据齿轮传动的工作条件、齿轮材料及圆周速度来选择。

第六节　蜗杆传动简介

一、蜗杆传动组成、原理、传动比

蜗杆传动由蜗杆和蜗轮组成，用于传递空间两交错轴之间的运动和动力，如图 13-15 所示。两轴的交错角通常为 90°。

蜗杆与螺杆相似，常用头数为 1、2、4、6；蜗轮则与斜齿轮相似。在蜗杆传动中，通常是蜗杆主动，蜗轮从动。

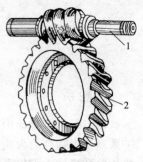

图 13-15　蜗杆传动的组成
1—蜗杆；2—蜗轮

二、蜗杆传动的类型及应用场合

根据蜗杆的形状，蜗杆传动可分为圆柱蜗杆传动［见图 13-16(a)］、环面蜗杆传动［见图 13-16(b)］和锥蜗杆传动［见图 13-16(c)］等。圆柱蜗杆又有普通圆柱蜗杆传动和圆弧圆柱蜗杆传动。普通圆柱蜗杆根据不同的齿廓曲线可分为阿基米德蜗杆、渐开线蜗杆等。其中，阿基米德蜗杆由于加工方便，应用最为广泛。圆弧圆柱蜗杆效率高（达 0.90 以上）、承载能力大（为普通圆柱蜗杆传动的 1.5～2.5 倍）、传动比范围大且体积小，适用于高速重载传动。环面蜗杆传动应用日益广泛，具有效率高（高达 0.90～0.95）、承载能力大（为普通圆柱蜗杆传动的 2～4 倍）、体积小、寿命长等优点，但需要较高的制造和安装精度。

蜗杆和螺纹一样，也有左、右旋之分，无特殊要求不用左旋。

根据蜗杆轮齿螺旋线的头数，蜗杆有单头和多头之分。

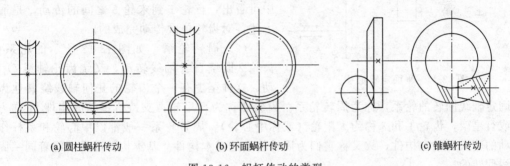

(a) 圆柱蜗杆传动　　　　　(b) 环面蜗杆传动　　　　　(c) 锥蜗杆传动

图 13-16　蜗杆传动的类型

三、蜗杆传动的特点

与齿轮传动相比，蜗杆传动有如下特点。

(1) 传动比大而准确、结构紧凑　一般传动中，$i = 10 \sim 40$，i 最大可达 80。在分度机构中，其传动比可达 600～1000。由于用较小的零件可实现大传动比运动，所以与圆柱齿轮、锥齿轮相比，蜗杆传动结构紧凑。此外，蜗杆传动和齿轮传动一样能保证传动比的准确性。

(2) 传动平稳、噪声小　蜗杆齿是连续的螺旋形齿，蜗轮和蜗杆是逐渐进入和退出啮合的，同时啮合的齿数较多，所以传动平稳，噪声小。

(3) 可以自锁　蜗杆传动具有自锁性这一特点，使得蜗杆传动在安全性要求较高的起重设备中得以广泛应用。

(4) 效率低　由于蜗杆和蜗轮在啮合处有较大的相对滑动，因此摩擦损失大，效率较低。传动效率一般为 0.7～0.9。此外，当工作条件不良时，相对滑动会导致齿面的严重摩擦和磨损，从而引起过分发热，使润滑情况恶化。

(5) 蜗轮造价高　为减少磨损，提高效率和寿命，蜗轮齿圈一般多用青铜等较贵重的金属制造，因此造价较高。

*第七节 轮系与减速器

*一、轮系

在实际机械传动中，一对齿轮组成的齿轮传动往往不能满足不同的工作要求，常常采用一系列互相啮合的齿轮组成的传动系统来满足一定的功能要求。这种由一系列啮合齿轮组成的传动系统称为齿轮系，简称轮系。

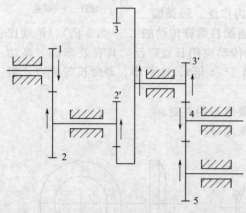

图 13-17 平面定轴轮系

1. 轮系的类型

按轮系运转时各齿轮轴线位置相对机架是否固定，将轮系分为定轴轮系和周转轮系两种基本类型。

（1）定轴轮系 当轮系运转时，各个齿轮的几何轴线相对于机架固定不动，该轮系即为定轴轮系，如图 13-17 所示为一平面定轴轮系。由图中可看出，首轮 1 到末轮 5 之间的传动，是通过上述各对齿轮依次传动完成的。

（2）周转轮系 如图 13-18 所示的轮系中，齿轮 2 既绕自身轴线转动，又绕齿轮轴线 O_1 转动。这种至少有一个齿轮的几何轴线绕其他齿轮的固定轴线回转的轮系，称为周转轮系。齿轮 2 称为行星轮，支持行星轮的构件 H 称为系杆或行星架，齿轮 1 和 3 称为太阳轮（或称中心轮）。周转轮系一般都以中心轮和系杆作为运动的输入和输出构件，故又称它们为周转轮系的基本构件。基本构件都是围绕着同一固定轴线回转的。

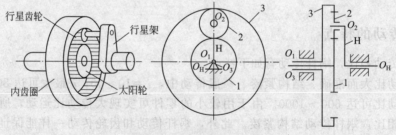

图 13-18 周转轮系

在工程实际中，除了采用单一的定轴轮系或单一的周转轮系外，有时也采用既含定轴轮系又含周转轮系的复合轮系，通常把这种轮系称为混合轮系。

2. 轮系的功用

在各种机械中轮系的应用十分广泛，其功用可以归纳为以下几个方面。

（1）实现远距离传动 当相距较远的两轴间必须应用齿轮传动时，如果只用一对齿轮传动，则两轮尺寸会很大，如图 13-18 所示（两个大齿轮）。如采用轮系（见图 13-19 中的四个小齿轮）传动，则可以减小传动的结构尺寸，从而达到节约材料、减轻机器重量的目的。

（2）获得大的传动比 当主动轴与从动轴之间需要较大的传动比时，如仅用一对齿轮传动，其传动比必然受到限制。如果采用多对齿轮组成的齿轮系，就可以很容易获得较大的传动比。

（3）实现换向传动　当主动轴转向不变时，可利用轮系改变从动轴的转向。如图 13-20 所示为车床上走刀丝杠的三星轮换向机构，通过改变手柄的位置，使齿轮 2 参与啮合［见图 13-20(a)］或不参与啮合［图 13-20(b)］，故从动轮 4 与主动轮 1 的回转方向可以相反或相同。

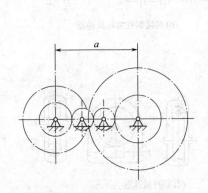

图 13-19　相距较远的两轴传动

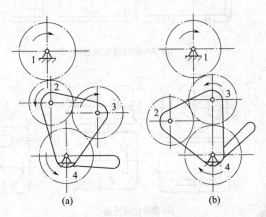

图 13-20　实现换向传动

（4）其他　轮系还有其他一些功用。如实现变速传动、用作运动的合成与分解，以及在机构尺寸较小和质量较小的条件下，实现大功率的传动等。

二、齿轮减速器简介

齿轮减速器是原动机与工作机之间的闭式齿轮传动装置，用来降低转速和增大转矩，以适应工作机的需要。由于减速器使用维护方便，因此在机械中应用十分广泛。

1. 齿轮减速器的类型

常用减速器的几种类型如图 13-21 所示。

2. 减速器的基本结构

减速器一般由箱体、轴承、轴、相互啮合的齿轮（或蜗轮蜗杆）和附件等组成。以单级圆柱齿轮减速器为例，如图 13-22 所示。为了便于箱体的制造和装拆，箱体通常制成剖分式，分为箱座和箱盖。其剖分面为通过齿轮轴线的平面。箱体材料常用灰铸铁，对承受冲击载荷的重型减速器可用铸钢。箱座与箱盖靠螺栓连接。为保证箱盖与箱座的准确定位，在箱体两端各安装一个圆锥定位销。箱体壁上安装轴承（通常为滚动轴承）的孔有比较精确的要求，这是保证箱体内部齿轮传动正常工作的前提条件。轴承的外侧有轴承端盖，它用来密封轴承，以防止异物侵入轴承。

箱体的底部作为润滑油池。为了便于检查齿轮的啮合情况及往箱内注入润滑油，在箱盖上设置检查孔。检查孔平时用盖盖严。减速器连续工作会使油温升高，产生气体，为保持箱内外气压平衡，在箱盖顶部设置排气装置，开有通气孔，并装有通气帽。为了检查箱体内油面高度，在箱座一侧设置油标尺或油面指示器，如图 13-23 所示。在箱底的一侧面开设一个放油口，供更换润滑油或清理箱底时，排净污油；当然，平时由放油螺塞堵封。在箱座与箱盖上均铸出起吊用的吊环或吊耳。

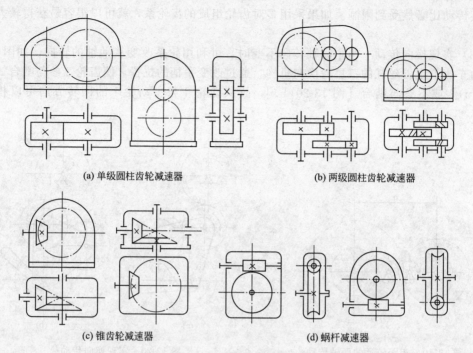

(a) 单级圆柱齿轮减速器　　　　　　　　　(b) 两级圆柱齿轮减速器

(c) 锥齿轮减速器　　　　　　　　　(d) 蜗杆减速器

图 13-21　减速器的类型

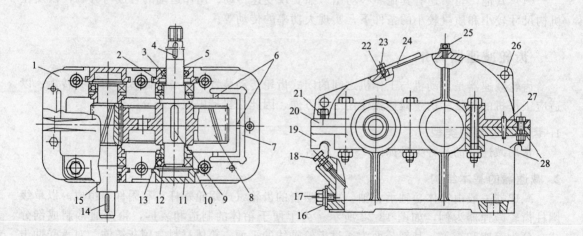

图 13-22　单级圆柱齿轮减速器

1—箱座；2—透盖；3—毡圈油封；4、9、14—键；5—轴；6—斜槽；7—回油沟；

8—大齿轮；10—调整环；11—端盖；12—轴承；13—挡油环；15—齿轮轴；

16—垫圈；17—放油螺塞；18—油尺；19—起重吊钩；20—箱盖；

21—起盖螺钉；22—垫片；23—螺钉；24—检查孔盖；

25—通气孔；26—起重吊耳；27—销；28—连接螺栓

3. 减速器的润滑

减速器的润滑包括齿轮副（或蜗杆蜗轮）啮合处的润滑以及轴承的润滑。

齿轮副啮合处大多采用润滑油润滑。润滑油可以在啮合面上形成油膜，减少摩擦与磨损，此外还起冷却作用。根据传动的圆周速度、传递载荷及工作温度选用适宜的润滑油，润

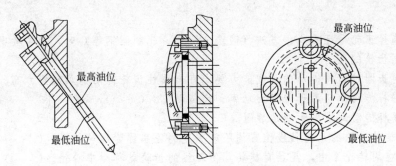

图 13-23　油标尺与油面指示器

滑油的黏度是选择润滑油的重要指标。传递载荷越大，要求润滑油黏度越大。工作温度越高，润滑油的黏度也应越大。一般情况下，速度越高，油黏度应该越小。常用的润滑方式有浸油式（见图 13-24）与喷油式（见图 13-25）。

　　当齿轮的圆周速度较高（2.5～12m/s）时，滚动轴承可采用飞溅润滑，即靠齿轮运动将润滑油溅到箱盖内壁，然后通过回油沟经轴承盖进入轴承，如图 13-26 所示；当齿轮圆周速度较低时，由于齿轮飞溅的油量少，则采用润滑脂润滑。

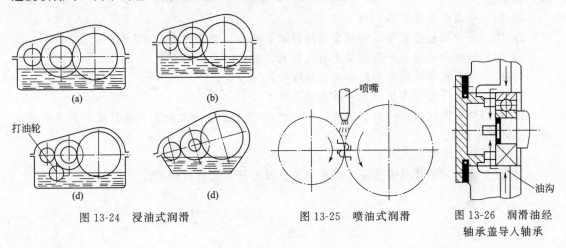

图 13-24　浸油式润滑　　　　　图 13-25　喷油式润滑　　　图 13-26　润滑油经
　　　　　　　　　　　　　　　　　　　　　　　　　　　　　　　　轴承盖导入轴承

复习题

一、填空题

　　13.1　在带传动、摩擦轮传动、链传动和齿轮传动等机械传动中，传动效率高、结构紧凑、功率和速度适用范围最广的是＿＿＿传动。

　　13.2　对齿轮轮齿材料性能的基本要求是＿＿＿＿＿＿＿。

　　13.3　齿轮传动的齿面失效形式主要有＿＿＿＿＿＿＿＿＿＿＿＿＿＿。

　　13.4　按照轮系中齿轮是否在平行平面运转，可以将轮系划分为＿＿＿轮系和＿＿＿轮系；按照轴线是否固定，可以将轮系划分为＿＿＿轮系和＿＿＿轮系。

　　13.5　单一周转轮系的组成包括＿＿＿＿＿＿＿＿。

二、判断题

13.6 选择齿轮毛坯的成形方法（锻造、铸造、轧制圆钢等）时，除了考虑材料等因素外，主要依据齿轮的几何尺寸。（   ）

13.7 斜齿圆柱齿轮传动的承载能力要比直齿圆柱齿轮传动的承载能力高。（   ）

13.8 蜗杆传动一般用于传递大功率、大传动比。（   ）

13.9 蜗杆传动通常用于减速装置。（   ）

13.10 旋转齿轮的几何轴线位置均不能固定的轮系称为周转轮系。（   ）

13.11 在周转轮系中，凡具有旋转几何轴线的齿轮就称为中心轮。（   ）

三、选择题

13.12 要实现两垂直交错轴之间的传动，可采用＿＿＿＿。

A. 直齿齿轮传动　　　B. 蜗杆齿轮传动　　　C. 斜齿圆柱齿轮传动

13.13 蜗杆传动通常是＿＿＿＿传递运动。

A. 由蜗杆向蜗轮　　　B. 由蜗轮向蜗杆

C. 可以由蜗杆向蜗轮，也可以由蜗轮向蜗杆

四、简答题

13.14 何谓齿轮模数 m？有何意义？

13.15 直齿圆柱齿轮传动和斜齿圆柱传动正确啮合的条件是什么？

13.16 蜗杆传动与齿轮传动相比有何特点？常用于什么场合？

13.17 两个模数不同的齿轮能否正确啮合？

13.18 齿轮传动的失效形式主要有哪几种？

13.19 斜齿圆柱齿轮传动有何特点？一对斜齿轮正确啮合的条件是什么？斜齿轮传动适用于何种场合？

13.20 轮系有哪些功用？

13.21 减速器箱体有哪些基本组成部分？减速器如何进行润滑？

第十四章

轴及轴毂连接

第一节 概 述

轴是各类生产设备的重要零件，主要用于支撑旋转零件，并进行运动和动力的传递。由于各类生产设备的结构互不相同，轴的结构差别也很大。在生产中，有许多设备故障是由轴的原因产生的，所以，作为各类工程技术人员都必须了解掌握轴的技术要求和性能。

一、轴的分类

1. 根据轴受载情况分类

根据轴受载情况的不同，常将轴分为三类，即心轴、转轴和传动轴。

（1）心轴 工作时只承受弯矩而不承受扭矩（即不传递转矩）的轴称为心轴。既有转动的心轴，也有固定不动的心轴；前者称之为转动心轴，如图 14-1(a)所示的火车轮轴；后者称之为固定心轴，如图 14-1(b)所示的自行车前轴。

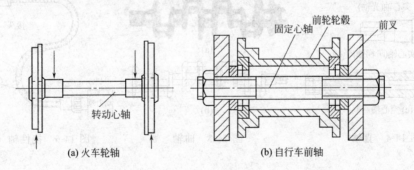

(a) 火车轮轴　　　　　　　(b) 自行车前轴

图 14-1　心轴

（2）传动轴 工作时主要承受扭矩，不承受弯矩或承受很小弯矩的轴称为传动轴。如汽车传动轴，（见图 14-2）。

（3）转轴 工作时既承受弯矩又承受扭矩（传递转矩）的轴称为转轴。转轴是机械中最常用的轴。如图 14-3 所示的是转轴的典型结构，主要由轴颈、轴头和轴身三部分组成。装配轴承的部分称为轴颈，安装传动零件（如带轮、齿轮）的部分称为轴头，连接轴颈和轴头的部分称为轴身。此外在轴上还有轴肩或轴环（用作轴上零件轴向定位的台阶部分或环形部分）、轴段（轴上截面不等的各部分）等。

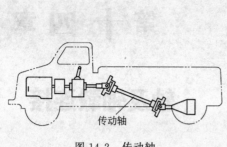

图 14-2　传动轴

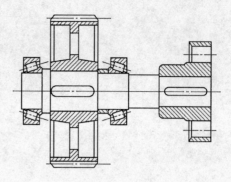

图 14-3　转轴

2. 根据轴的轴线特点及结构形状分类

根据轴的轴线特点及结构形状不同，轴又可分为直轴、曲轴和挠性轴三大类。

（1）直轴　直轴的轴线（或公共轴线）为一直线。直轴广泛用于一般的机械传动中。直轴有多种不同的结构及形式，分类如下：

① 按直轴外形的不同，直轴又可分为光轴［见图 14-4（a）］和阶梯轴［见图 14-4（b）］两种形式。阶梯轴便于轴上零件的安装与固定，应用最为广泛。

② 按直轴心部构造特征的不同，直轴又可分为实心轴［见图 14-4（a）］和空心轴［见图 14-4（c）］。

（2）曲轴　曲轴常用于往复式机械中实现运动方式的转换（如直线—旋转转换）。如图 14-5 所示。

（3）挠性轴　挠性轴是由几层紧贴在一起的钢丝卷绕而成的轴，软轴。挠性轴可以方便地将转矩和回转运动传递到空间其他任意位置。如图 14-6 所示。

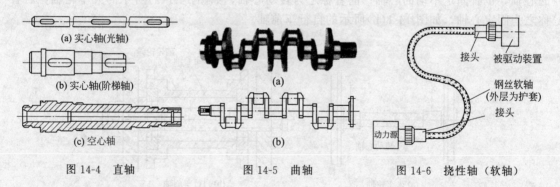

(a) 实心轴(光轴)

(b) 实心轴(阶梯轴)

(c) 空心轴

图 14-4　直轴

(a)

(b)

图 14-5　曲轴

接头　被驱动装置

钢丝软轴
(外层为护套)

接头

动力源

图 14-6　挠性轴（软轴）

二、轴的结构

1. 轴的组成

如图 14-7 所示为一齿轮轴的结构。

2. 对轴结构的主要要求

保证强度条件；具有合理的形状尺寸；轴和轴上零件要有准确的工作位置；各零件要牢固、可靠地相对固定；轴上的零件应便于装拆和调整；轴应具有良好的制造工艺性；应力集中小等。

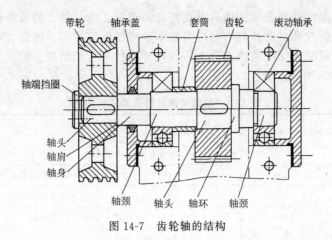

图 14-7　齿轮轴的结构

三、轴的设计要求和一般设计步骤

1. 轴的基本设计要求

足够的强度、合理的结构和良好的工艺性。不同的机械对轴的使用又常有不同的特殊要求，如机床上的主轴，要求其具有足够的刚度；汽轮机转子轴，要求其不发生共振；重型轴（大型水轮机主轴）则要求考虑毛坯制造、探伤和运输、安装等。

2. 轴设计的一般步骤

① 按工作要求选择轴的材料。
② 初步估算轴的最小直径。
③ 进行轴的结构设计。
④ 进行强度校核。

第二节　轴的材料

轴工作时所承受的载荷多为变化的，所产生的应力多为交变应力，因而轴的失效损坏常属疲劳破坏。为此，轴的材料应具有较高的抗疲劳强度、较低的应力集中敏感性和良好的加工工艺性能等特点。通常轴的材料是碳素钢或合金钢。

一、碳素钢

碳素钢不仅比合金钢价格低廉，对应力集中的敏感性较低，且可以通过热处理的方法提高其耐磨性和抗疲劳强度，因此，制造轴的主要材料是优质中碳钢，主要有 35、40、45、50 钢等，其中 45 钢应用最广泛。

二、合金钢

合金钢具有较高的力学性能和较好的热处理可淬性，常用于受力较大而直径和质量又要求较小较轻的轴，也常用于承载能力和耐磨性要求高的轴。常用的合金钢主要有 20Cr、40Cr、35SiMn 等。

另外，由于球墨铸铁和合金铸铁具有良好的铸造工艺性，便于铸成各种复杂的形状，并且还具有价廉、吸振性和耐磨性好、对应力集中敏感性低等优点。因此，对一些形状复杂的轴和大型转轴等，可采用球墨铸铁或合金铸铁代替钢材来生产制造。轴的常用材料及其主要性能见表 14-1，供选用时参考。

表 14-1　轴的常用材料及其主要性能

材料牌号	热处理方法	毛坯直径 d/mm	硬度 HBS	抗拉强度极限 σ_b/MPa	屈服极限 σ_s/MPa	弯曲疲劳极限 σ_{-1}/MPa	应用说明
Q235A				440	240	200	用于不重要或载荷不大的轴
Q275			190	520	280	220	用于不很重要的轴
35	正火		143～187	520	270	250	用于一般的轴
45	正火	≥100	170～217	600	300	275	用于较重要的轴，应用最广泛
45	调质	≥200	217～255	650	360	300	
40Gr	调质	≥100	241～286	750	550	350	用于载荷较大，而无很大冲击的轴
35SiMn 45SiMn	调质	≥100	229～286	800	520	400	性能接近于 40Gr，用于重要的轴
40MnB	调质	≥200	241～286	750	500	335	性能接近于 40Gr，用于重要的轴
35CrMo	调质	≥100	207～269	750	550	390	用于重载荷的轴
20Cr	渗碳淬火回火	≥60	表面硬度 56～62 HRC	650	400	280	用于要求强度、韧性及耐磨性均较好的轴

第三节　轴结构的选择设计

轴结构的选择包括确定轴的结构形状和所有结构的几何尺寸。进行轴结构选择前需准备有关技术资料和数据，主要包括以下内容。

① 机械传动装置简图。
② 轴的转速和传递功率。
③ 轴上传动零件的主要参数和尺寸。
④ 轴上零件的布置、定位和固定方法。
⑤ 轴上零件所受载荷的情况。
⑥ 轴的加工和装配工艺等。

进行轴结构设计的步骤和内容（或主要应考虑的问题）如下。

* 一、确定装配方案

在进行轴的结构设计时，首先要根据传动装置简图，布置轴上零件并确定装配方案。不同的装配方案对轴的结构影响很大，设计时通常要拟定两种或两种以上的方案，再加以比较后确定。如图 14-3 所示为转轴的一种结构方案，轴是从齿轮左侧装拆的，齿轮和轴上其他零件的装拆比较合理，若从右侧装拆，则会造成轴套加长。如图 14-8 所示为转轴的另一种结构方案，轴从齿轮右侧装拆，若从左侧装拆，则会造成轴套加长。所以，如何选择，应根据具体结构确定。

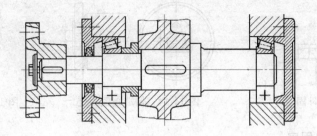

图 14-8　转轴的另一种结构方案

二、轴上零件的定位和固定

轴上零件的定位是为了保证传动件在轴上有准确的安装位置；固定则是为了保证轴上零件在运转中保持其原位置不变。作为轴具体结构，既起定位作用，又起固定的作用。

1. 轴上零件的轴向定位和固定

其作用是为了保证零件在轴上有确定的工作位置，防止零件做轴向移动，并能承受轴向力。一般采用的方法是利用轴肩、轴环、轴套（套筒）、圆螺母和止退垫圈、弹性挡圈、螺钉锁紧挡圈、轴端挡圈（压板）以及圆锥面和轴端挡圈等形式来实现轴上零件的轴向固定。

（1）轴肩和轴环　轴肩（见图 14-9）和轴环（见图 14-10）由定位面和过渡圆角组成。为了使轴上零件的端面紧靠定位面，应使轴肩、轴环的过渡圆角半径（厚度）r 小于轴上零件孔端的圆角半径 R 或倒角 C（即 $r<R$ 或 $r<C$）。对有定位要求的轴肩高度，通常可取 $h=(0.07\sim0.1)d$，并使 R 或 C 稍大。与滚动轴承配合处的轴肩高度应小于轴承内圈端面高度，以便装拆。轴环的高度选取与轴肩的相同，轴向宽度 $b\geqslant1.4h$。

（2）定位套固定　一般用在轴上两个零件的间距不大的场合，如图 14-11 所示，齿轮右侧与轴承左侧间是用定位套固定。

（3）弹性挡圈固定　如图 14-12 所示，只能承受较小的轴向力。

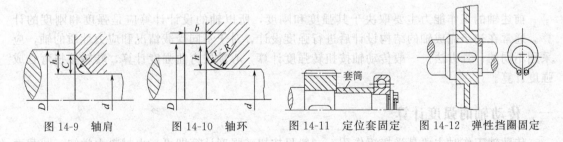

图 14-9　轴肩　　　　图 14-10　轴环　　　　图 14-11　定位套固定　　　图 14-12　弹性挡圈固定

（4）圆螺母固定　如图 14-13 所示，可承受较大的轴向力，但轴上切制螺纹处应力集中很大。为避免过份削弱轴的疲劳强度，一般用细牙螺纹，并常用双螺母和带翅垫圈防松。圆螺母多用于零件与轴承间距离较大，轴上又允许车制螺纹的轴段。

（5）轴端挡圈固定　适用于轴端零件的固定，如图 14-14 所示的轴端处的定位固定，一般不能承受较大的轴向力。

（6）紧定螺钉固定　如图 14-15 所示，能承受较小的轴向力。

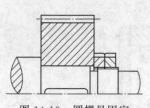
图 14-13　圆螺母固定

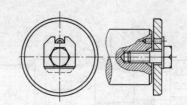
图 14-14　轴端挡圈固定

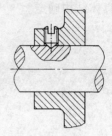
图 14-15　紧定螺钉固定

2. 轴上零件的周向固定

轴上零件的周向固定是为了防止零件与轴产生相对转动，并传递转矩。在使用时，大多数是采用键、花键、销、过盈配合、弹性环连接、成形连接等固定形式。具体内容将在本章的最后一节再讨论。

三、轴上各段的结构尺寸

轴上的结构尺寸包括径向尺寸和轴向尺寸两部分。

1. 径向尺寸

轴上各段直径（径向尺寸）的确定，一般是先按类比法或根据轴传递的功率（或转矩）大小初步估算出轴的最小直径，在此基础上，再根据轴上零件的安装、定位、固定及装拆特点和要求，确定其他各段轴的直径。

2. 轴向尺寸

轴上各段长度（轴向尺寸）的确定主要取决于轴上零件的轴向尺寸，装拆、调整零件和保证机器正常工作的必要空间，以及轴系和机器结构的总体布局等。

至于结构尺寸具体确定方法和注意事项则应参见《机械设计》专著或机械设计手册。

第四节　轴的强度计算

前述轴的工作能力主要取决于其强度和刚度，所以轴的设计计算应是强度和刚度的计算。通常在初步完成轴的结构设计后进行强度设计，对于不同受载情况和应力性质的轴，应采用不同的计算方法。一般传动轴按扭转强度计算，心轴按弯曲强度计算，转轴按扭弯合成强度计算。

一、传动轴的强度计算

传动轴工作时主要是受扭矩作用，一般只按扭转强度计算即可。由材料力学知，圆截面轴的抗扭强度条件为

$$\tau_T = \frac{T}{W_T} = \frac{9.55 \times 10^6 P}{0.2 d^3 n} \leqslant [\tau]_T \tag{14-1}$$

计算轴的直径时，式（14-1）可以写成

$$d \geqslant \sqrt[3]{\frac{9055 \times 10^6}{0.2[\tau]_T}} \sqrt[3]{\frac{P}{n}} = C \sqrt[3]{\frac{P}{n}} \tag{14-2}$$

式中 τ_T——轴的扭应力，MPa；

      T——轴传递的转矩，N·mm；

    W_T——轴的抗扭截面系数，mm³；

      P——传递的功率，kW；

      n——轴的转速，r/min；

      d——轴的直径，mm；

  $[\tau]_T$——轴材料的许用扭应力，MPa；

      C——与轴材料有关的系数，见表 14-2。

表 14-2 常用材料的 $[\tau]$ 值和 C 值

轴的材料	Q235、20	35	45	40Cr、35SiMn、42SiMn
$[\tau]$/MPa	12~20	20~30	30~40	40~52
C	158~134	134~117	117~106	106~97

注：1. 当弯矩作用相对于转矩很小或只传递转矩时，$[\tau]$ 取较大值，C 取较小值；反之，$[\tau]$ 取较小值，C 取较大值。

2. 当用 35SiMn 钢时，$[\tau]$ 取较小值，C 取较大值。

按式（14-2）求得的直径值为原始直径值，没有考虑轴上的键槽等结构对轴强度的削弱。一般情况下，开一个键槽，轴径应增大 5%；开两个键槽，增大 10%。最后取标准直径值。

例 14-1 某开式齿轮传动，已知主动轴输入功率 $P=10$kW，转速 $n_1=350$r/min，传动比 $i=4.5$，轴的材料均采用 45 号钢调质处理。试为该结构初步估算主、从动轴的最小直径（忽略转动装置中的摩擦损失）。

解 （1）计算从动轴的转速

$$n_2 = \frac{n_1}{i} = \frac{350}{4.5} = 77.78\text{r/min}$$

（2）求主、从动轴的计算直径 根据轴的材料并考虑弯矩的影响，查表 14-2，取 $C=118$，由式（14-2）知，该传动主、从动轴的最小直径分别为

$$d_1 \geqslant C\sqrt[3]{\frac{P}{n_1}} = 118\sqrt[3]{\frac{10}{350}} = 36.07\text{mm}$$

$$d_2 \geqslant C\sqrt[3]{\frac{P}{n_2}} = 118\sqrt[3]{\frac{10}{77.78}} = 59.56\text{mm}$$

计入键槽的影响，则

$$d_1 = 1.05 \times 36.07\text{mm} = 37.87\text{mm}$$

$$d_2 = 1.05 \times 59.56\text{mm} = 62.54\text{mm}$$

（3）取标准直径 d_1、d_2 分别为转矩的输入和输出端轴径，均属有配合要求的轴段，查机械设计手册，取标准直径为 $d_1=38$mm、$d_2=63$mm。

二、心轴的强度计算

心轴在工作时只承受弯矩，在一般情况下，作用在轴上的载荷方向不变，故心轴的抗弯强度条件为

$$\sigma_W = \frac{M}{W} = \frac{M}{0.1d^3} \leqslant [\sigma_{-1}]_b \tag{14-3}$$

$$d \geqslant \sqrt[3]{\frac{M}{0.1[\sigma_{-1}]_b}} \tag{14-4}$$

式中　　　d——轴的计算直径，mm；

　　　　　M——作用在轴上的弯矩，N·mm；

　　　　　W——轴的抗弯截面系数，mm³；

　　$[\sigma_{-1}]_b$——轴材料的许用弯曲应力，MPa。

　　轴固定时，若载荷长期作用，取静应力状态下的许用弯曲应力 $[\sigma_{+1}]_b$；若载荷时有时无，取脉动循环的许用弯曲应力 $[\sigma_0]_b$。轴转动时，取对称循环的许用弯曲应力 $[\sigma_{+1}]_b$、$[\sigma_0]_b$、$[\sigma_{-1}]_b$ 取值见表 14-3。

表 14-3　轴的许用弯曲应力

材料	σ_b/MPa	$[\sigma_{+1}]_b$/MPa	$[\sigma_0]_b$/MPa	$[\sigma_{-1}]_b$/MPa
碳素钢	400	130	70	40
	500	170	75	45
	600	200	95	55
	700	230	110	65
合金钢	800	270	130	75
	900	300	140	80
	1000	330	150	90
铸钢	400	100	50	30
	500	120	70	40

*三、转轴的强度计算

　　在转轴的设计中，常常先用传动轴的强度计算式（14-2）做出轴径的初步估算值，然后进行转轴的结构设计。在转轴的结构设计初步完成之后，轴的支点位置及轴上所受载荷的大小、方向和作用点均为已知，此时即可求出轴的支承反力，画出弯矩图和转矩图，并由此确定一个或几个危险断面，再应用第三强度理论所建立的圆轴弯曲和扭转组合时的强度条件，计算轴的直径。其公式为

$$\sigma_3 = \sqrt{\sigma^2 + 4\tau^2} \leqslant [\sigma] \tag{14-5}$$

$$\sigma_3 = \sqrt{\left(\frac{M}{W_z}\right)^2 + 4\left(\frac{T}{W_p}\right)^2} \leqslant [\sigma] \tag{14-6}$$

式中　　　M——合成弯矩，$M = \sqrt{M_H^2 + M_V^2}$；

M_H、M_V——分别为计算剖面上的水平面内的弯矩和垂直面内的弯矩，N·mm；

T（或 M_T）——计算剖面上的转矩（或扭矩），N·mm；

　　　　　W——抗弯截面系数，mm³，$W = \dfrac{\pi d^3}{32} \approx 0.1d^3$；

　　　　　d——轴计算剖面直径，mm；

　　　　$[\sigma]$——轴的许用弯曲应力，N/mm²，见表 14-3。

第五节　轴的刚度校核

　　有的轴除了要满足强度要求外，还提出了变形不应过大的要求。这就需要进行刚度计算。由材料力学知，轴的刚度包括弯曲刚度和扭转刚度。弯曲刚度主要影响旋转零件及轴承

的工作；扭转刚度则会影响机器的工作精度及旋转零件上载荷分布的均匀性，它们对轴的振动也有影响。

为使轴满足刚度要求，轴在载荷作用下产生的挠度 y、转角 θ 和扭转角 φ 应小于相应的许用值，即

$$y \leqslant [y]; \theta \leqslant [\theta]; \varphi \leqslant [\varphi] \tag{14-7}$$

式中　$[y]$——许用挠度；

$[\theta]$——许用转角；

$[\varphi]$——许用扭转角，由工程结构要求提出。

第六节　轴毂连接

轴毂连接主要是用来实现轴和轮毂（如齿轮、皮带轮等）之间的周向固定并用来传递运动和转矩。有些还可以实现轴上零件的轴向固定或轴向移动（导向）。常见的轮毂连接有键连接、花键连接、销连接等。轮毂连接形式或固定方式的选择主要是根据零件所传递转矩的大小和性质、轮毂与轴的对中精度要求、加工的难易程度等因素来进行。

一、键连接

键可分为平键、半圆键、楔键和切向键等类型，其中以平键最为常用。平键已标准化。设计时首先根据工作条件和各类键的应用特点选择键的类型，再根据轴颈和轮毂的长度确定键的尺寸，必要时还应对键连接进行强度校核。

如图 14-16 所示，平键的两侧面为工作面，零件工作时是靠键与键槽侧面的挤压传递运动和转矩的。键的上表面为非工作面，其与轮毂键槽的底面间留有间隙。因此，这种连接只能用作轴上零件的周向固定。

平键连接结构简单、装拆方便、对中较好，故应用很广泛。按用途的不同平键又分为普通平键、导向平键和滑键等。以普通平键应用最广。

1. 普通平键

（1）普通平键的结构和类型　如图 14-16 所示，普通平键断面呈正方形或长方形。普通平键有三种结构类型，A 型的普通平键两端是半圆形；B 型的普通平键两端是方形；C 型的普通平键一端是半圆形，另一端是方形。其中 A 型的普通平键应用较多。

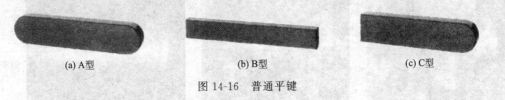

| (a) A型 | (b) B型 | (c) C型 |

图 14-16　普通平键

（2）普通平键的功用　如图 14-17 所示，普通平键一半嵌入轴上键槽，一半插入轮毂槽，顶面与轮毂槽面有间隙，两侧面是工作面，与轮毂紧密接触，借以传递转矩。

普通平键是标准件，它的规格采用 $b \times h \times L$ 标记，如图 14-18 所示。其中，b 为宽度，h 为厚度，L 为长度。

（3）键的规格选择　其宽度与厚度主要根据轴径尺寸按国家标准确定，长度选择则以略小于轮毂长度为原则，参照国家标准选择键长系列尺寸。

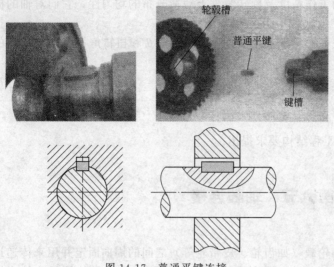

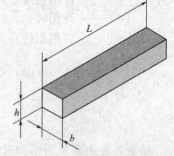

图 14-17　普通平键连接

图 14-18　普通平键的主要尺寸

2. 导向平键

（1）导向平键的结构　如图 14-19 所示，导向平键是种加长的普通平键，其端部形状有 A 和 B 型两种。导向平键的两端有沉头孔，中间有起键螺孔。

(a) A型　　　　　　　　　　　　(b) B型

图 14-19　导向平键

（2）导向平键的功用　如图 14-20 所示，轴上装有导向平键，轮毂可以沿轴滑动。它的宽度和厚度见尺寸选择，与普通平键相同，但长度要根据滑移的要求确定。由于它一般比较长，其连接方去是利用键上的一沉头孔，用圆柱头螺钉固定在轴上。

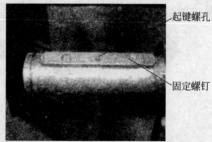

(a) 右滑动　　　　　　　　　(b) 左滑动　　　　　　　　(c) 导向平键连接

图 14-20　导向平键的功用

3. 平键连接受力分析和强度校核计算

导向平键连接的主要失效形式为组成键连接的轴或轮毂的工作面部分的磨损，极个别情况下也会出现键被剪断的现象。通常只需计算工作面上的挤压强度即可。

平键连接的受力情况如图 14-21 所示。假设载荷沿键的长度方向是均布的，根据受力情况，按挤压强度（可动连接则按磨损要求限制压强 p）进行校核计算，其计算公式和许用应力见表 14-4。

表 14-4　平键连接的强度校核计算

受力面	连接方式	失效形式	强度校核公式	连接中薄弱零件的材料	许用应力/MPa		
					静载荷	轻微冲击	冲击
工作侧面	静连接	挤压	$\sigma_{jy}=\dfrac{4T}{dhl}\leqslant[\sigma_{jy}]$	钢	125～150	100～120	60～90
				铸铁	70～80	50～60	30～45
	动连接	磨损	$p=\dfrac{4T}{dhl}\leqslant[p]$	铸钢铁	50	40	30

注：1. 表内式中，T 为转矩（N·mm）；d 为轴的直径（mm）；h 为键高（mm）；l 为键的工作长度（mm）；$[\sigma_{jy}]$、$[p]$ 分别为许用挤压应力（MPa）和许用压力（MPa）。

2. 用双键时，考虑到载荷分布不均匀，验算时按 1.5 个键计算。

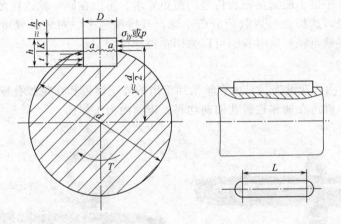

图 14-21　平键连接的受力情况

若设计的键强度不够时可以增加键的长度，但不能使键长超过 $2.5d$。若加大键长后强度仍不够或设计条件不允许加大键长时，可采用双键，把两键设在相隔 $180°$ 的位置上布置。

4. 半圆键

（1）半圆键的结构　如图 14-22 所示，半圆键的上表面为一平面，下表面为半圆弧面，两侧面平行，俗称月牙键。它与平键连接方式基本相同，但较平键制造方便，拆装容易，尤其适用带锥度轴与轮毂连接。其缺点是削弱了轴的强度，一般只在受力较小部位采用。

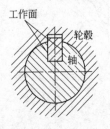

图 14-22　半圆键

（2）半圆键的功用　如图 14-23 所示，半圆键一部分嵌入轴槽，一部分插入轮毂槽，顶面与轮毂槽面有间隙，两侧面是工作面，与轮毂紧密接触，借以传递转矩。半圆键与平键不同的是，半圆键不但可以用在圆柱轴上，也可以用在圆锥轴上（见图 14-24）。

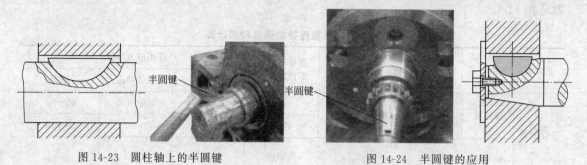

图 14-23　圆柱轴上的半圆键　　　　　图 14-24　半圆键的应用

*二、花键连接

如果使用一个平键不能满足轴所传递的扭矩要求，可以在同一轴毂连接处均匀布置两个或三个平键。但是，这样会造成载荷分布不均，且键槽越多，对轴的强度削弱就越大。那么，如何避免上述缺点呢？这时我们可以采用花键连接。

1. 花键的结构

如图 14-25 所示，花键连接是由在轴上加工出的外花键齿和在轮毂孔壁上加工出的内花键齿所构成，多个键齿在轴和轮毂孔周向均布，齿侧面为工作面。

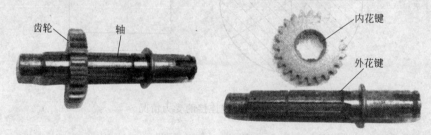

图 14-25　花键

如图 14-26 所示，根据键齿的形状不同，花键可以分为矩形齿、渐开线齿和三角形齿三种。

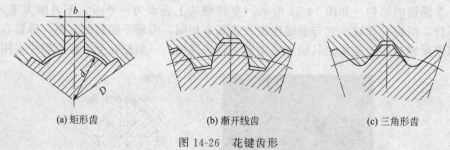

(a) 矩形齿　　　　　　　(b) 渐开线齿　　　　　　　(c) 三角形齿

图 14-26　花键齿形

2. 花键的功用

花键也像导向平键一样，适用于轮毂在轴上滑移，由于是多齿传递载荷，具有传递扭矩大，滑移的导向性好，并有较高的定心精度，广泛用于机床、汽车、拖拉机中。主要缺点是加工复杂，制造成本较高。

三、销

销主要用于固定零件之间的相对位置，称为定位销，常用作组合加工和装配时的主要辅助零件，如图 14-27(a)所示是圆柱销，如图 14-27(b)所示是圆锥销。

销也用作零件间的连接或锁定，可传递不大的载荷，如图 14-28 所示。销还可作为安全装置中的过载剪断元件，称为安全销。

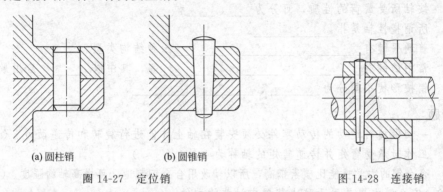

(a) 圆柱销　　　　　　　(b) 圆锥销

图 14-27　定位销　　　　　　　　　　图 14-28　连接销

按形状不同，销分为圆柱销、圆锥销和槽销，如图 14-29 所示。

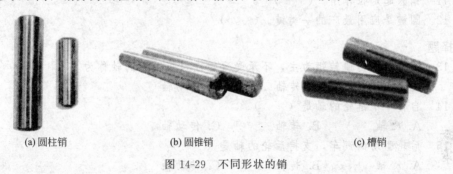

(a) 圆柱销　　　　　　(b) 圆锥销　　　　　　(c) 槽销

图 14-29　不同形状的销

如图 14-30 所示，圆锥销有 1∶50 的锥度，安装方便，定位精度高，多次装拆不影响定位精度，适用于经常拆卸的零件定位。

如图 14-31 所示，端部带螺纹的圆锥销可用于孔或拆卸困难的场合。

如图 14-32 所示，槽销上有一条压制的纵向沟槽，将槽销打入销孔后，由于材料的弹性使销挤紧在销孔中，不易松脱，故能承受振动和交变载荷。

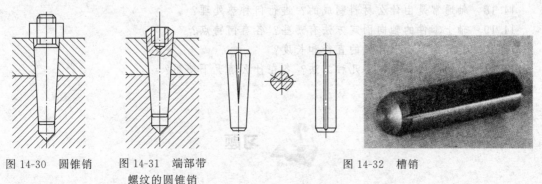

图 14-30　圆锥销　　图 14-31　端部带　　　　　图 14-32　槽销
　　　　　　　　　　　　螺纹的圆锥销

 复习题

一、填空题

14.1 轴的功用是 _____。

14.2 按轴所受载荷的性质，可分为____、____和____。

14.3 所谓挠性轴是指_____。

14.4 普通平键有_____、_____、_____三种结构类型。

14.5 常用的键有_____、_____、_____等，其中以_____应用最广。

14.6 销按形状不同分为_____、_____、_____。

二、判断题

14.7 一切做旋转运动的传动零件必须安装在轴上才能进行旋转和传递动力。（   ）

14.8 工作时承受弯矩并传递转矩的轴称为心轴。（   ）

14.9 合金钢的力学性能比碳素钢高，所以轴改用合金钢制造，可提高轴的强度。（   ）

14.10 安全销主要是用于防止装置中过载的元件。（   ）

14.11 销只起定位作用。（   ）

14.12 圆键是应用最广的一类键。（   ）

三、选择题

14.13 工作时以传递转矩为主，不承受弯矩或弯矩很小的轴称为（   ）。

　A. 心轴　　　　　B. 转轴　　　　　C. 传动轴

14.14 自行车中链轮的轴是（   ）。

　A. 心轴　　　　　B. 转轴　　　　　C. 传动轴

14.15 后轮驱动的汽车，支持后轮的轴是（   ）。

　A. 心轴　　　　　B. 转轴　　　　　C. 传动轴

14.16 后轮驱动的汽车，其前轮的轴是（   ）。

　A. 心轴　　　　　B. 转轴　　　　　C. 传动轴

四、简答题

14.17 轴的用途是什么？轴按所受载荷不同分哪三种？怎样的轴称为心轴？怎样的轴称为传动轴？怎样的轴称为转轴？常见的轴大多属于哪一种？

14.18 轴通常是由什么材料制成的？进行何种热处理？

14.19 轴上零件的轴向固定方法有哪些？各有何特点？

14.20 怎样选取轴上各段的直径和长度？

14.21 轴的强度计算有哪几种方法？各在什么情况下使用？

14.22 简述花键的功用。

习题

14-1 已知减速器输入轴上各零件的相对位置如题图所示，齿轮的模数 $m=2$mm，齿

数 $z=30$，传递功率 $P_N=15kW$，转速 $n=1450r/min$。试设计这根轴。（如轴颈直径取 $\phi30$，选用 206 轴承，轴承宽度 $B=16mm$；如轴颈直径取 $\phi40$，选用 208 轴承，轴承宽度 $B=18mm$）

14-2 试校验某搅拌器上轴的强度。已知：轴的直径 $d=45mm$，材料是 45 号钢，转速 $n=100r/min$，传递的功率 $P_N=4.5kW$。

14-3 试计算某梁料生产用高压釜上搅拌轴的直径。该轴由电动机并经蜗轮减速机带动，电动机功率为 $P_N=4.5kW$，转速为 1450r/min；该搅拌轴的功率为 3.2kW，转速为 $n=80r/min$。

14-4 某钢制输出轴与铸铁齿轮采用键连接，已知装齿轮处轴的直径 $d=45mm$，齿轮轮毂长度 $L=80mm$，该轴传递的转矩 $T=200kN\cdot m$，载荷有轻微冲击。试设计该键连接。

第十五章

轴 承

    轴承是用来支撑轴以保证轴进行回转运动的部件。其功用是支撑轴及轴上的零件，减少工作时轴与支撑之间的摩擦和磨损，提高传动效率并保持轴的回转精度。轴承是各类传动设备上的通用零件，不论是设计新产品，还是修理旧设备，作为工程技术人员都必须清楚地掌握轴承的结构和技术性能。

    根据工作时的摩擦性质，轴承可分为滑动轴承和滚动轴承两类。每类轴承按所受载荷方向的不同，又可分为向心轴承（承受径向载荷）和推力轴承（承受轴向载荷）两种。下面分别介绍这两类轴承的基本内容。

第一节　滑动轴承的类型与构造

    滑动轴承按其工作表面的摩擦状态有液体摩擦和非液体摩擦之分。

    摩擦表面完全被润滑油隔开的轴承称为液体摩擦滑动轴承，如图 15-1(a)所示。这种轴承的摩擦阻力仅来自润滑油的内部摩擦，所以摩擦系数很小。由于工作时轴承与轴颈不直接接触，因此避免了磨损。但是，要求轴承必须满足特定的工作条件，还要有较高的制造精度，才能形成液体摩擦，因此轴承结构复杂。这种轴承多用于高速、精度要求较高或低速重载的场合。

    摩擦表面不能被润滑油完全隔开的轴承称为非液体摩擦滑动轴承，如图 15-1(b)所示。这种轴承工作时与轴颈表面直接接触，摩擦系数较大，接触表面容易磨损，但结构简单，制造精度要求较低，因此加工成本较低。这类轴承一般用于转速、载荷不大和精度要求不高的场合，这也是工程上通常使用的情况，因而应用较广。本书只介绍非液体摩擦滑动轴承。

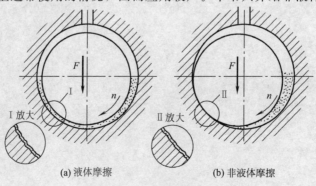

(a) 液体摩擦　　　　　　　(b) 非液体摩擦

图 15-1　滑动轴承

一、向心滑动轴承

滑动轴承一般是由轴瓦、壳体、连接零件及附属的润滑、密封等装置组成。常用的非液体摩擦滑动轴承的类型与构造如下。

1. 整体式滑动轴承

典型的整体式向心滑动轴承如图 15-2 所示，系由轴承座和轴瓦构成，安装时可用螺栓将轴承座固定在机架上。最简单的整体式滑动轴承就是直接在机架上加工出座孔，并在孔中装入套筒状轴瓦。

整体式滑动轴承的特点是结构简单，刚性好；但装拆轴时必须通过轴端，因而不够方便，磨损后无法调整轴瓦与轴颈间的间隙。多用于轻载、低速、间歇及不重要的工作场合。

2. 剖分式滑动轴承

如图 15-3 所示是一种常用的剖分式向心滑动轴承。它由轴承座、轴承盖、双头螺柱、螺栓和对开轴瓦等组成。轴承盖和轴承座的剖分面做成阶梯形，以便对中并防止工作时错位。轴承的剖分面上放有调整垫片，以便在轴瓦磨损后，调节轴颈与轴瓦的间隙。轴承盖上一般要设置有螺纹孔用以安装润滑油油杯或注入润滑油。

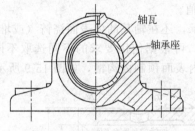

图 15-2　整体式向心滑动轴承

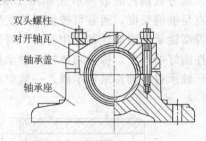

图 15-3　剖分式向心滑动轴承

3. 自动调心式滑动轴承

当轴承宽度较大（宽径比大于 1.5）时，由于轴受力变形或轴承工艺和装配原因引起轴承孔倾斜，使轴瓦两端与轴颈局部接触［见图 15-4(a)］，导致轴瓦两端急剧磨损，这时可考虑采用自动调心式滑动轴承［见图 15-4(b)］。这种轴承的轴瓦与轴承座以球面接触、能自动调整轴瓦位置使其轴线与轴颈一致，从而保证轴颈和轴瓦的均匀接触，避免过快地磨损。该轴承简称调心轴承。

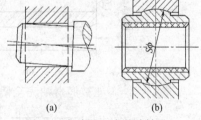

(a)　　　　　　(b)

图 15-4 自动调心式滑动轴承

二、推力滑动轴承

如图 15-5 所示，推力滑动轴承由轴承座 1、衬套 2、向心轴瓦 3 和环状推力轴瓦 4 等组成。为了便于对中，推力轴瓦 4 底部制成球面。销钉 5 用于防止推力轴瓦 4 随轴转动。润滑油从下部油管注入，从上部油管导出。这种轴承主要承受轴向载荷，也可借助向心轴瓦 3 承受一定的径向载荷。

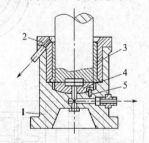

图 15-5　推力滑动轴承
1—轴承座；2—衬套；3—向心轴瓦；
4—环状推力轴瓦；5—销钉

第二节　轴瓦的材料与结构

轴瓦与轴颈配合接触并直接承受载荷，轴瓦的工作表面既是承载面又是摩擦面，工作时会受到挤压磨损，所以轴瓦是滑动轴承的主要元件。非液体摩擦滑动轴承的工作能力和使用寿命，主要取决于轴瓦的材料和结构。轴承座不直接接触轴颈，一般用铸铁（或铸钢）制造。

一、轴瓦的结构

轴瓦有整体式和剖分式两种结构。通常整体式滑动轴承采用的整体式轴瓦如图 15-6 所示，这种轴瓦亦称轴套。整体式轴瓦又分为光滑轴套和带纵向油槽轴套两种。剖分式轴承可采用的剖分式轴瓦如图 15-7 所示，轴瓦上制有油孔与油沟，以便于给轴承注润滑油，润滑油通过孔和油沟进行分散，使摩擦表面得到润滑。油孔与油沟的位置应设置在不承受载荷的区域内。剖分式轴瓦的油沟形式如图 15-8 所示。为了使润滑油能均匀分布在整个轴颈上，油沟应有足够的长度，通常可按轴瓦长度的 80% 取值。

为提高轴承的耐磨性和使用寿命，对于重要轴承，还在轴瓦的内表面浇铸（或堆焊）一层耐磨性能好的衬里，称为轴承衬。轴承衬的厚度，可根据使用要求的不同选取不同的值。为了保证轴承衬与轴瓦结合牢固，一般应在轴瓦的内表面预制内沟槽，如图 15-9 所示。

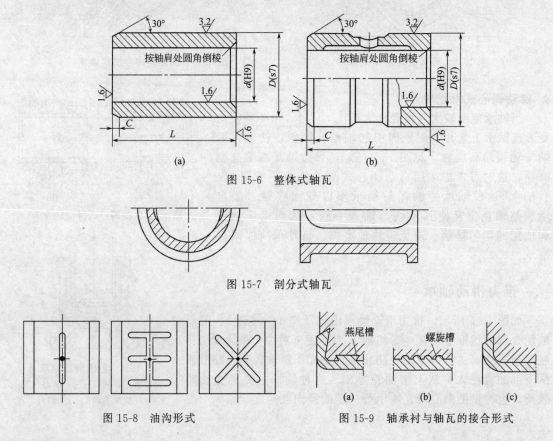

图 15-6　整体式轴瓦

图 15-7　剖分式轴瓦

图 15-8　油沟形式

图 15-9　轴承衬与轴瓦的接合形式

二、轴瓦材料

1. 对轴瓦材料的性能要求

（1）足够的强度（包括抗压强度、抗冲击韧度、抗疲劳强度和抗胶合能力）　由于轴上的载荷是通过轴瓦传递到机座上的，所以轴瓦材料应具有足够的强度才能保证轴承有较大的承载能力。

（2）良好的减摩性、耐磨性　好的减摩性是指轴瓦材料具有较小的摩擦系数，好的耐磨性是指抗磨损的能力强。

此外，轴瓦材料还应具有好的导热性、耐腐蚀性、工艺性以及价格低廉等特点。但是，任何一种材料都不可能同时具备上述性能，因此设计选用时应根据具体工作条件，按材料的主要性能来选择。

2. 常用的轴承材料

（1）轴承合金（又称巴氏合金）　该材料具有减摩性、耐磨性、跑合性（指材料消除表面粗糙不平，使相对滑动物体表面相互吻合的性能）、导热性和制造工艺性好等优点。但其价格昂贵，强度低。所以通常是将它浇铸在铸铁、钢或青铜轴瓦内表面上，成为轴承衬。这样的轴瓦具有良好的综合性能，克服了单一材料轴瓦的弱点，主要适用于中、高速和重载的工作场合。

（2）铸造铜合金　这种材料的强度高，减摩性、耐磨性和导热性都较好，但材料的硬度较高，故要求轴颈也要有较高的硬度。

（3）铸铁　铸铁的性能不如轴承合金和铸造铜合金，但其价格低廉，适用于低速、轻载条件的轴承。

（4）粉末冶金　粉末冶金制品是将粉末状的铜或铁与石墨粉调合后，经压制和烧结而形成的多孔性成型复合材料。这种轴承的孔隙中可贮存润滑油，工作时因轴瓦摩擦发热的膨胀和轴颈转动的抽吸作用，使润滑油从孔隙中被挤入摩擦表面进行润滑，故又被称为含油轴承。含油轴承能在较长时间内不添加润滑油的情况下很好地工作，所以比较清洁，不易污染环境。但其韧性较小，只能承受平稳的中小载荷和工作在中低速场合。这种轴承在纺织、医药和食品机械中应用甚广。

除了上述几种材料外，还可采用非金属材料，如塑料、尼龙等作为轴瓦材料。常用轴瓦材料的性能和应用见表 15-1。

表 15-1　常用轴瓦和轴承衬材料的性能和应用

名称	代号	$[P]$ /MPa		$[pv]$ /(MPa·m/s)	轴颈硬度 /HB	应用情况
锡锑轴承合金	ZSnSb11Cu6	平稳载荷	25	20	130～170	用于高速、重载的重要轴承，变载荷下易疲劳，价格高
		冲击载荷	20	15		
铅锑轴承合金	ZPbSb16Sn16Cu2	12		10	130～170	用于中速、中载轴承，不易受显著冲击，可做锡锑轴承合金的替代材料
锡青铜	ZQSn 10-1	15		15	300～400	用于中速、重载或变载轴承
	ZQSn 6-6-3	5		12		用于中速、中载轴承
铅青铜	ZQPb 30	21～28		30	300	用于高速、重载轴承，能承受变载荷和冲击载荷

名称	代号	$[P]$/MPa	$[pv]$/(MPa·m/s)	轴颈硬度/HB	应用情况
铝青铜	ZQA 19-4	15	12	280	最宜用于润滑充分的低速、重载轴承

第三节　滑动轴承的润滑及润滑装置

　　轴承润滑的目的是为了减少摩擦和磨损，提高传动效率和延长使用寿命。实践证明，滑动轴承使用性能的优劣及寿命的长短，与润滑情况有直接关系。润滑是轴承设计、使用和维护中的重要问题之一。

一、润滑剂的种类、性能及其选择

　　在相互运动表面间起润滑作用的介质通称为润滑剂。润滑剂分为液体润滑剂、半固体润滑剂（润滑脂）和固体润滑剂。

　　（1）液体润滑剂　液体润滑剂又称润滑油，其中以矿物油用得最多，合成润滑油也正在日益发展。

　　润滑油最主要的性能指标是黏度，用以表示润滑油流动时内部摩擦阻力的大小（详见第十章）。黏度越大，内摩擦阻力越大，流动性能越差。工业上常用液体的运动黏度来表示其特征。运动黏度是选择润滑油的主要依据。一般载荷大、温度高、速度低时，应选择黏度高的润滑油，反之选用黏度低的润滑油。

　　（2）润滑脂　是在润滑油中加稠化剂后形成的胶状润滑剂。特点是流动性小、不易流失，不需经常添加。在低速、重载、多尘和使用要求不高的场合可采用润滑脂。

　　（3）固体润滑剂　主要有石墨和二硫化钼。二硫化钼的润滑效果比一般润滑剂好，特别适用于高温、高速、重载下工作的轴承。固体润滑剂可单独使用，也可与润滑油、润滑脂混合使用。

二、润滑方式和润滑装置

　　（1）手工润滑　这种润滑方式适用于低速、轻载场合。所用的润滑装置有注油孔（见图15-10）和油杯（见图15-11）。其中压注式油杯如图15-10(a)所示，适用于润滑油；旋盖式油杯适用于润滑脂，如图15-10(b)所示。

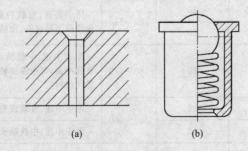

(a)　　　　　(b)

图 15-10　注油孔

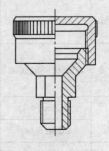

图 15-11　油杯

（2）滴油润滑　这种方式只适用于润滑油。常用的装置有针阀式油杯（见图 15-12）和油芯式油杯（见图 15-13）。前者当需供油时，将手柄立起，提起针阀，油就通过油孔自动流入；后者则利用毛细管虹吸原理，由油芯把润滑油不断引滴入轴承。

（3）油环润滑　如图 15-14 所示为油环润滑。在轴颈上装一油环，油环下部浸入油池中，当轴颈旋转时，靠摩擦力带动油环旋转，把油带入轴承。

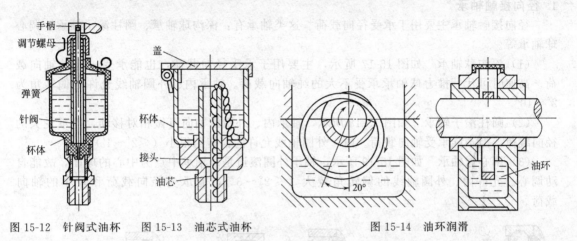

图 15-12　针阀式油杯　　图 15-13　油芯式油杯　　　　图 15-14　油环润滑

第四节　滚动轴承的基本构造和类型

一、滚动轴承的基本构造

滚动轴承是标准件。为了适应不同的载荷、转速要求及使用条件等，滚动轴承有多种结构型式，其基本构造可用如图 15-15 所示的球轴承来说明。它是由外圈 1、内圈 2、滚动体 3 和保持架 4 组成。工作时，滚动体在内、外圈滚道上滚动，保持架把滚动体彼此隔开，使其沿圆周均匀分布并避免滚动体的相互接触，减少摩擦和磨损。外圈和轴承座或机座配合，内圈和轴颈配合。通常工作时是内圈随轴颈旋转，外圈不转；有时也可以是外圈旋转而内圈不转；或者两者以不同的速度和方向相对转动。少数轴承可以没有保持架，也可以没有外圈或内圈，但不能没有滚动体，否则就不称其为滚动轴承了。常见的滚动体形状如图 15-16 所示。

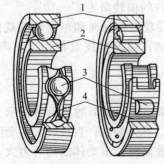

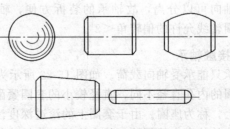

图 15-15　滚动轴承基本构造　　　　图 15-16　滚动体形状
1—外圈；2—内圈；3—滚动体；4—保持架

二、常用滚动轴承的类型

滚动轴承的类型很多，按其承受载荷的作用方向，常用轴承可分成三大类，即径向接触轴承、向心角接触轴承和轴向接触轴承。

1. 径向接触轴承

径向接触轴承主要用于承受径向载荷。这类轴承有：深沟球轴承、圆柱滚子轴承、调心球轴承等。

（1）深沟球轴承　如图 15-17 所示，主要用于承受径向载荷，也能承受一定的轴向载荷。高速时可代替推力球轴承承受不大的纯轴向载荷。轴承内、外圈轴线允许的偏转角为 $2'\sim10'$。

（2）圆柱滚子轴承　如图 15-18 所示，轴承内、外圈沿轴向可做相对移动，能承受大的径向载荷，但不能承受轴向载荷。内、外圈轴线允许的偏转角很小（$\leqslant2'\sim4'$）。

（3）调心球轴承　如图 15-19 所示，轴承外圈滚道是以轴承中点为中心的球面，故能自动调心。允许内、外圈轴线的偏转角较大（$\leqslant2°\sim3°$），能承受径向载荷和较小的轴向载荷。

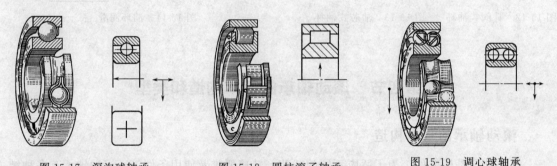

图 15-17　深沟球轴承　　　　图 15-18　圆柱滚子轴承　　　　图 15-19　调心球轴承

2. 向心角接触轴承

向心角接触轴承能同时承受径向与单向轴向载荷。这类轴承有：角接触球轴承、圆锥滚子轴承等。

（1）角接触球轴承　轴承能同时承受径向和单向轴向载荷，也能承受纯轴向载荷。轴承接触角 α（作用于滚动体上的载荷方向线与轴承径向平面间的夹角）有 15°、25° 和 40° 三种，如图 15-20 所示。接触角越大，承受轴向载荷的能力越强。轴承应成对使用、反向安装，通常分别装在两个支点上。轴承间隙可调，内、外圈轴线允许的偏转角为 $2'\sim10'$。

（2）圆锥滚子轴承　如图 15-21 所示，轴承能同时承受较大的径向和单向轴向载荷。内外圈沿轴向可以分离，故轴承的装拆方便，轴承间隙可调。轴承应成对使用、反向安装，内、外圈轴线允许的偏转角 $<2'$。

3. 轴向接触轴承

轴承只能承受轴向载荷。如图 15-22 所示为仅能承受单向轴向载荷的推力球轴承。轴承两个套圈的内孔直径不同，直径较小的套圈紧配在轴颈上，称为轴圈；直径较大的套圈安放在机座上，称为座圈。由于套圈上的滚道深度浅，当转速较高时，滚动体的离心力大，轴承对滚动体的约束力就不够，故允许的工作转速较低。

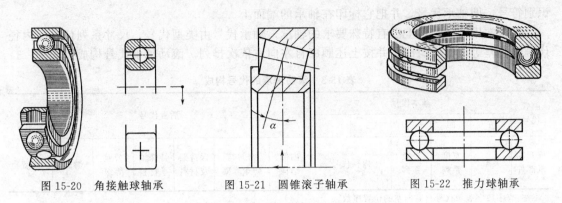

图 15-20　角接触球轴承　　　　图 15-21　圆锥滚子轴承　　　　图 15-22　推力球轴承

常用滚动轴承的名称、特性及应用见表 15-2。

表 15-2　常用滚动轴承的名称、特性及应用

名称及代号	结构简图	承载方向	主要特性和应用	名称及代号	结构简图	承载方向	主要特性和应用
调心球轴承(1)			主要承受径向载荷，也可承受较小的轴向载荷，外圈滚道为球面，故能自动调心	深沟球轴承(6)　11		12	主要承受径向载荷，也可承受较小的轴向载荷，极限转速高，制造成本较低
调心滚子轴承(2)			径向承载能力比调心球轴承要大，也有自动调心功能	角接触球轴承(7)			能同时承受径向和轴向载荷，接触角越大，承受轴向载荷的能力越强，成对使用能承受双向轴向载荷
圆锥滚子轴承(3)			内、外圈可分离，可同时承受较大的轴向和径向载荷，游隙可调整，常成对使用	推力滚子轴承(8)			能承受较大的单向轴向载荷，极限转速较低
推力球轴承(4)			内、外圈、滚动体部件可分离，只能够承受轴向载荷，不允许有轴线角偏差和轴向位移	圆柱滚子轴承(N)			能承受较大的径向载荷，不能承受轴向载荷，内、外圈允许有少量的轴向偏移
双向推力球轴承(5)			能承受双向轴向载荷，其余功能与推力球轴承相同	滚针轴承(NA)			只能承受径向载荷，由于接触线较长，径向承载能力较强，径向尺寸小，一般无保持架

三、滚动轴承的代号

为了区别不同类型、结构、尺寸和精度的轴承，国家标准（GB/T 272—1993）规定了识别符号，即轴承代号，并把它标印在轴承的端面上。

对于常用的、结构上没有特殊要求的轴承，轴承代号由类型代号、尺寸系列代号、内径代号和公差等级代号组成，并按上述顺序自左向右依次排列。滚动轴承代号构成见表15-3。

表 15-3　滚动轴承的代号构成

前置代号	基本代号					后置代号						
	五	四	三	二	一							
成套轴承部件	类型	宽度系列	外径系列	内径代号		内部结构	密封与防尘套圈	保持架及材料	特殊轴承材料	公差等级	游隙	配置

注：表中数字表示代号自右向左的位置序数。

1. 基本代号

（1）内径代号　右起第一、第二位数字表示轴承内径，其表示方法见表15-4。

表 15-4　轴承内径代号

内径代号	00	01	02	03	04～96
轴承内径/mm	10	12	15	17	数字×5

注：内径为22、28、32和500的轴承，代号直接用内径毫米数表示，但在组合代号用"/"分开。如深沟球轴承62/22，表示轴 $d=22mm$。

（2）直径系列代号　右起第三位数字表示内径相同而外径不同的轴承尺寸系列，其代号见表15-5。

表 15-5　直径系列代号

直径系列代号	0、1	2	3	4
系　列	特轻系列	轻系列	中系列	重系列

（3）宽（高）系列代号　右起第四位数字表示轴承的宽（高）系列。对向心轴承（受径向载荷），指的是内外径相同、宽度不同的尺寸系列；对推力轴承（受轴向力），指的是内外径相同、高度不同的尺寸系列，常用代号见表15-6。当宽度系列为0系列时，可不标注，但对调心或圆锥滚子轴承应标注。

表 15-6　轴承宽（高）度系列代号

向心轴承宽度代号	0	1	2	3
系　列	窄系列	正常系列	宽系列	特宽系列
推力轴承高度代号	7	9	1	2
系　列	特低系列	低系列	正常系列	正常系列

（4）轴承类型代号　右起第五位数字表示轴承类型代号。

2. 前置代号与后置代号

前置与后置代号是轴承在结构形状、尺寸、精度、技术要求与常规轴承有所不同时，为基本代号的补充代号。前置、后置代号含义可参阅国家标准（GB/T 272—1993）或有关手册。

代号方法示例如下。

7214C/P4

其中，7——角接触球轴承；

2——轻系列；

14——内径 $d=70\text{mm}$；

C——公称接触角 $\alpha=15°$；

P4——公差等级为 4 级，游隙组为"0"组。

四、滚动轴承的选用

滚动轴承类型多种多样，选用时要考虑轴承的结构及性能特点，因而从以下几方面进行选择。

（1）载荷条件　是指载荷的大小、方向和性质。载荷较小时，可选用球轴承；载荷较大且有冲击时宜选用滚子轴承；当承受纯轴向载荷时，选用推力轴承；当承受纯径向载荷时，一般选用深沟球轴承或短圆柱滚子轴承；同时承受径向及不大的轴向载荷时，可选用深沟球轴承、角接触球轴承、圆锥滚子轴承及调心球或调心滚子轴承；当轴向载荷较大时，可选用接触角较大的角接触球轴承及圆锥滚子轴承，或者选用向心轴承和推力轴承组合在一起，这在较高轴向载荷或特别要求有较大轴向刚度时尤为适宜。注意：推力轴承不能承受径向载荷，圆柱滚子轴承不能承受轴向载荷。

（2）转速条件　选择轴承时应注意极限转速。球轴承与滚子轴承相比有较高的极限转速，高速或要求旋转精度高时，应优先选用球轴承。高速轻载时，宜选用超轻、特轻或轻系列轴承；低速、重载时，可选用重和特重系列轴承。保持架的材料和结构对轴承的选择也有影响。酚醛实体保持架能承受更高的转速。

（3）调心性能要求　若轴的弯曲变形大，或两轴承座孔的同轴度误差较大时，应选用调心轴承，且成对使用。

（4）经济性　一般球轴承较滚子轴承便宜，调心滚子轴承最贵；同型号的轴承精度等级越高，价格越高；在满足使用要求的前提下，尽量选用精度低、价格便宜的轴承。

五、滚动轴承的润滑、密封与维护

1. 滚动轴承的润滑

滚动轴承必须进行润滑。其润滑剂主要是润滑油和润滑脂两类（如前所述）。

润滑脂一般在装配时加入，并每隔三个月加一次新的润滑脂，每隔一年对轴承部件彻底清洗一次，并重新充填润滑脂。

当采用润滑油时，供油方式有油浴润滑、滴油润滑、喷油润滑、喷雾润滑等。油浴润滑是将轴承局部浸入润滑油中，油面不应高于最低滚动体的中心。滴油润滑是在油浴润滑基础上，滴油补充润滑油的消耗，设置挡板控制油面不超过最低滚动体的中心，为使滴油畅通，常选用黏度较小的润滑油。喷油润滑是用油泵将润滑油增压后，经油管和特别喷嘴向滚动体供油，流经轴承的润滑油经过滤冷却后循环使用。喷雾润滑是用压缩空气将润滑油变成油雾送进轴承，这种方式的装置复杂，润滑轴承后的油雾可能散逸到空气中，污染环境。

2. 轴承的密封

密封的作用是阻止灰尘、水、酸气和其他杂物进入轴承，防止内部润滑剂的漏出而污染设备和增加润滑剂的消耗。

常用的密封方式有毡圈密封、唇形密封圈密封、沟槽密封、迷宫密封、挡圈密封及毛毡圈加迷宫的组合密封等，如图 15-23 所示。

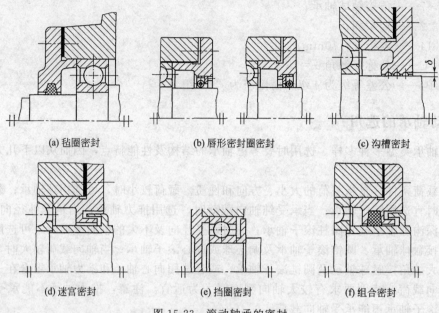

(a) 毡圈密封　　　　　　(b) 唇形密封圈密封　　　　　　(c) 沟槽密封

(d) 迷宫密封　　　　　　(e) 挡圈密封　　　　　　(f) 组合密封

图 15-23　滚动轴承的密封

各种密封方式的原理、特点及适用场合如下。

（1）毡圈密封　利用安装在梯形槽内的毡圈与轴之间的压力来实现密封，用于脂润滑。

（2）唇形密封圈　密封原理与毡圈密封相似，当密封唇朝里时，目的是防止漏油；密封唇朝外时，主要目的是防止灰尘、杂质进入。这种密封方式既可用于脂润滑，也可用于油润滑。

（3）沟槽密封　密封靠轴与盖间的细小环形隙密封，环形隙内充满了润滑脂。间隙越小越长，效果越好。用于脂润滑。

（4）迷宫密封　是将旋转和固定的密封零件间的间隙制成迷宫形式，缝隙间填入润滑油（脂）以加强密封效果。适合于油润滑和脂润滑的场合。

（5）挡圈密封　主要用于内密封、脂润滑。挡圈随轴转动，可利用离心力甩去油和杂物，避免润滑脂被油稀释而流失及杂物进入轴承。

有时单一的密封方式满足不了使用要求时，可将上述密封方式组合起来使用。其中，毡圈加迷宫的组合密封用得较多。

3. 轴承的维护

为了尽可能长时间地维持轴承良好的工作状态，须对轴承进行保养、检修，以预防事故的发生，确保运转的可靠性，提高生产能力和经济性。

维护保养的内容包括监视运转状态、补充或更换润滑剂和定期拆卸检查。作为运转中的检修事项，有轴承的旋转音、振动、温度、润滑剂的状态等。

轴承检修包括如下内容。

（1）轴承的清洗　拆卸下轴承检修时，首先记录轴承的外观，确认润滑剂的残存量，取样检查用的润滑剂之后，洗轴承。清洗剂一般使用汽油、煤油。

（2）轴承的检修和判断　为了判断拆卸下来的轴承是否可以使用，要在轴承洗干净后检查。检查滚道面、滚动面、配合面的状态、保持架的磨损情况、轴承游隙的增加及有关尺寸精度下降的损伤和异常。非分离型小型球轴承，则用一只手将内圈支持水平，旋转外圈确认是否流畅。圆锥滚子轴承等分离形轴承，可以对滚动体、外圈的滚道面分别检查。大型轴承因不能用手旋转，注意检查滚动体、滚道面、保持架、挡圈等外观，轴承的重要性愈高愈须慎重检查。

　　轴承安装是否正确，影响着其精度、寿命及其性能。因此，设计及组装时对于轴承的安装要充分研究，要按照作业标准进行安装。作业标准的项目通常包括：清洗轴承及轴承关联部件；检查关联部件的尺寸及精加工情况；安装；安装好轴承后的检查；供给润滑剂。

　　轴承使用注意事项如下。

　　(1) 保持轴承及其周围清洁。

　　(2) 小心谨慎地使用，若使用中轴承受到强烈冲击，会产生伤痕及压痕，成为造成事故的潜在原因。严重的情况下，会裂缝、断裂。

　　(3) 使用恰当的操作工具。

　　(4) 要注意轴承的锈蚀。

 复习题

一、填空题

　　15.1　大型水轮发电机主轴的轴承采用_____。

　　15.2　在滑动轴承轴瓦及轴承衬材料中，用于高速、重载轴承，能承受变载荷及冲击载荷的是_____。

　　15.3　巴氏合金通常用作滑动轴承的_____。

二、判断题

　　15.4　滚动轴承的滚动体在内、外圈滚道上滑动形成了滚动摩擦。（　　）

　　15.5　滚动轴承的装配方法应根据轴承的结构、尺寸及配合性质决定。（　　）

三、选择题

　　15.6　在（　　）情况下，滑动轴承润滑油的黏度不应选得较高。

　　　　A. 重载　　　　　　　　　　　　B. 高速

　　　　C. 工作温度高　　　　　　　　　D. 承受变载荷或振动冲击载荷

　　15.7　与滚动轴承相比，下述各点中，（　　）不能作为滑动轴承的优点。

　　　　A. 径向尺寸小　　　　　　　　　B. 间隙小，旋转精度高

　　　　C. 运转平稳，噪声低　　　　　　D. 可用于高速情况下

　　15.8　（　　）只能承受轴向载荷。

　　　　A. 圆锥滚子轴承　　B. 推力球轴承　　C. 滚针轴承　　　D. 调心球轴承

四、简答题

　　15.9　滑动轴承有什么特点，适用于何种场合？

　　15.10　轴瓦上开设油孔和油沟的原则是什么？

第 十 六 章

其他常见的零件和部件

机械设备中其他常见的零件和部件还有联轴器、离合器、制动器、销和弹簧等。联轴器和离合器主要用来连接两轴或轴与回转零件，使其一同回转并传递转矩。用联轴器连接的两轴，在运转时不能分离，只有停车后经过拆卸才能分离。而离合器则在机器运转中根据工作需要能随时使两轴分离或接合。如图 16-1 所示的是它们的应用实例。4 是齿轮减速器，其作用是将电动机 1 的高速回转变成卷筒 6 的低速回转。减速器的输入轴通过联轴器 2 与电动机1 的轴连接起来。为了便于操作，减速器的输出轴通过离合器 5 与卷筒 6 的轴连接。当电动机连续回转时，可以随时控制卷筒的启停。而制动器 3 的主要功能是用来停止运动部件的运转。联轴器、离合器、弹簧都是机器中的常用部（或零）件。本章主要介绍它们的类型、结构、特点、适用场合及选择方法，为今后选用类似部件提供基础。

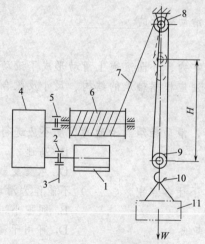

图 16-1 常见的部件

1—电动机；2—联轴器；3—制动器；4—齿轮减速器；5—离合器；6—卷筒；
7—钢丝绳；8、9—挂轮；10—吊钩；11—重物

第一节 联轴器

一、联轴器的功用

联轴器用来连接两根轴，使它们一起旋转以传递转矩。联轴器是一种固定连接装置，在机器运转过程中被连接的两根轴始终一起转动不能分离，只有机器停车并将连接拆开后，两

轴才能分离。

二、联轴器的分类

联轴器所连接的两轴，由于制造和安装误差以及承载后变形和热变形等影响，往往不能保证严格的对中，两轴将会产生某种形式的相对位移误差，如图 16-2 所示，这就要求联轴器在结构上具有补偿能力。

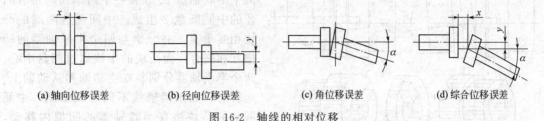

(a) 轴向位移误差　　　　(b) 径向位移误差　　　　(c) 角位移误差　　　　(d) 综合位移误差

图 16-2　轴线的相对位移

根据工作性能，联轴器可分为刚性联轴器和挠性联轴器两大类。

1. 刚性联轴器

刚性联轴器不能补偿两轴的相对位移，要求所连接两轴对中性要好，对机器安装精度要求高。

(1) 套筒联轴器　套筒联轴器利用套筒将两轴套接，然后用键或销（见图 16-3）将套筒和轴连接。其结构简单，制造容易，径向尺寸小，但两轴线要求严格对中，装拆时必须做轴向移动。套筒联轴器在机床中应用较多，适用于工作平稳、启动频繁的传动场合。

(2) 凸缘联轴器　凸缘联轴器（见图 16-4）是由两个带凸缘的半联轴器用螺栓连接而成。按其对中方法不同，有两种结构型式（见 GB/T 5843—2003）：如图 16-4(a) 所示为对中榫型，它由一个端面制有凸肩的半联轴器与另一个端面制有相应直径的凹槽的半联轴器相配合而对中，这种联轴器可用普通螺栓连接，也可用铰制孔用螺栓连接；如图 16-4(b) 所示为两半联轴器用铰制孔用螺栓连接而对中。当联轴器用于比较隐蔽处或机器有防护罩时，常用无防护边的结构 [见图 16-4(a)、(b)]。如果在操作人员可能与之接触的敞开条件下使用时，最好选用带有防护边的结构 [见图 16-4(c)]。

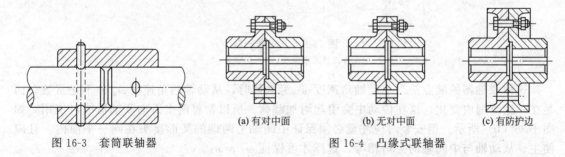

图 16-3　套筒联轴器

(a) 有对中面　　　　(b) 无对中面　　　　(c) 有防护边

图 16-4　凸缘式联轴器

凸缘联轴器的结构简单，使用方便，刚性好，能传递较大的转矩，但对两轴安装要求精度较高，径向尺寸大，不能缓冲减振。通常用于振动不大、速度较低、两轴能很好地对中的场合。

凸缘联轴器材料可用灰铸铁或碳钢，后者用于外缘圆周速度 $v > 30 \text{m/s}$ 处。

2. 挠性联轴器

这类联轴器可以补偿径向、轴向或（和）角度位移的安装偏差。当承载元件都由刚性材料制造时，并无缓冲减振能力。由于要补偿相对位置偏差，因而联轴器中不可避免地要有相对滑动的接触面，因此应对联轴器进行润滑，以降低摩擦和磨损，提高联轴器的传动效率。

（1）无弹性元件挠性联轴器

① 十字滑块联轴器　内齿的凸缘盘3组成。两个套筒分别用键与两个轴端相连接，两个凸缘盘用螺栓连成一体，依靠内外齿的啮合来传递转矩。通常齿形采用压力角为20°的渐开线。由于同时啮合的齿数很多，所以可以传递很大的转矩，因而常用于重型机械中。

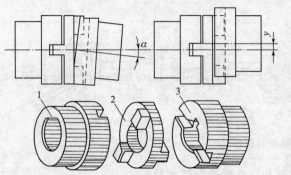

图 16-5　十字滑块联轴器
1、3—半联轴器；2—中间圆盘

如图 16-5 所示，它由端面开有凹槽的两个半联轴器 1、3 和一个两端面均带有凸牙的中间圆盘 2 组成。中间圆盘两端的凸块相互垂直，并分别与两个半联轴器的凹槽互相嵌合，而凸块的中线通过圆盘中心。两个半联轴器分别装在主动轴和从动轴上。运转时，如果两轴线不同心或偏斜，中间圆盘的凸块将在半联轴器的凹槽内移动，以补偿两轴的相对位移。因此，凹槽和凸块的工作面要求有较高的硬度（46～50HRC）并加润滑剂。当转速较高时，中间圆盘的偏心将会产生较大的离心力，加速工作面的磨损，并给轴和轴承带来较大的附加载荷。联轴器常用 45 钢制造，承力表面经表面硬化处理。要求不高时，也可用 Q275 钢制造。

② 万向联轴器　如图 16-6（a）所示为万向联轴器的结构简图。它主要由两个分别固定在主、从动轴上的叉形接头和一个十字形零件（称十字头）组成。这种联轴器允许两轴间问有较大的夹角 α（最大可达 35°～45°），机器工作时即使夹角发生改变仍可正常传动，但 α 过大会使传动效率显著降低。

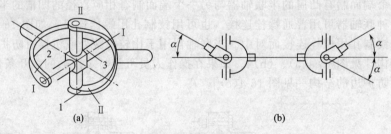

图 16-6　万向联轴器
1、2—叉形接头；3—十字头

这种联轴器的缺点是当主动轴角速度 ω_1 为常数时，从动轴的角速度 ω_2 并不是常数，而是在一定范围内变化，这在传动中会引起附加载荷。所以常将两个万向联轴器成对使用，如图 16-6（b）所示。但安装时应注意必须保证中间轴上两端的叉形接头在同一平面内，且应使主、从动轴与中间轴的夹角相等，这样才可保证 $\omega_1 = \omega_2$。

③ 齿式联轴器　齿式联轴器是无弹性元件挠性联轴器中应用较广泛的一种，它是利用内外啮合来实现两个半联轴器的连接。如图 16-7（a）所示，它由两个具有内齿的外壳 2、3 和具有两个外齿的主联轴器 1、4 组成。2、3 间用螺栓 5 连成一体，两个半联轴器分别装在上动轴和从动轴上，外壳与半联轴器通过内、外齿的相互啮合而相连。工作时，靠啮合的轮齿传递转矩，轮齿的齿廓常采用压力角 $\alpha = 20°$ 的渐开线齿廓，轮齿间留有较大的齿侧间隙，外齿轮的齿顶做成球面，球面中心位于轴线上，如图 16-7（b）所示，故能补偿两轴的综合

位移。当齿式联轴器的轴径为 $18\sim560$mm 时，允许的径向位移 $y=0.4\sim6.3$mm，角位移 $\alpha\leqslant30'$。

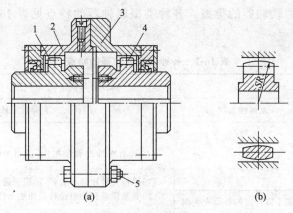

图 16-7 齿式联轴器
1、4—主联轴器；2、3—外壳；5—螺栓

这种联轴器能传递较大的转矩，但结构较复杂，制造较困难，在重型机器和起重设备中应用较广。

(2) 有弹性元件挠性联轴器

① 弹性圆柱销联轴器 如图 16-8 所示，它的结构与凸缘联轴器相似，只是用套有弹性圈的柱销代替了连接螺栓。这种联轴器能吸收振动和补偿较大的轴向位移，允许的角位移 $\alpha\leqslant40'$、径向位移 $y\leqslant0.14\sim0.20$mm。它多用于经常正反转、启动频繁、转速较高的场合。

② 尼龙柱销联轴器 如图 16-9 所示，这种联轴器可以看成是由弹性圈柱销联轴器简化而成的。即采用尼龙柱销代替弹性圈和金属柱销。为了防止柱销滑出，在柱销两端配置挡圈。这种联轴器结构简单，安装、制造方便，耐久性好，也有吸振和补偿辅向位移的功能。常用于轴向窜动较大、经常正反转、启动频繁、转速较高的场合，可代替弹性圈柱销联轴器。

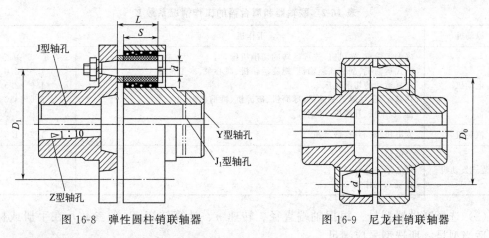

图 16-8 弹性圆柱销联轴器　　　　图 16-9 尼龙柱销联轴器

三、联轴器的选择

绝大多数联轴器均已标准化。不过标准的级别不同，有些仅为规格化的规定。对于大多数联轴器来讲，设计者的任务是选用，而不是设计。选用联轴器的基本步骤如下。

1. 选择联轴器的类型

根据传动载荷的大小、轴转速的高低、被连接两部件的安装精度等，参考各类联轴器的特性，选择一种合用的联轴器的类型。各种类型联轴器的特点见表 16-1，可供选择类型时参考。

表 16-1 各种类型联轴器的特点

刚性联轴器	挠性联轴器	
	无弹性元件	有弹性元件
(1)传递转矩大 (2)运转可靠 (3)工作寿命长 (4)对冲击载荷敏感		(1)具有缓冲性和吸振性,适用于频繁启动和正反转的工作场合 (2)弹性元件比较薄弱,不适用于低速和大转矩的场合 (3)安装误差和相对位移会加快元件的损坏
要求安装精度和回转构件刚度高	能不同程度的补偿安装误差和相对位移	

2. 联轴器的型号选择

联轴器的类型确定后，应根据轴端直径、转矩大小、转速、空间尺寸等要求确定联轴器型号。具体步骤如下。

(1) 计算名义转矩 T

$$T = 9550P/n \qquad (16\text{-}1)$$

式中　P——传递功率，kW；

　　　n——轴的转速，r/min；

　　　T——名义转矩，N·m。

(2) 计算转矩 T_c

$$T_c = KT \qquad (16\text{-}2)$$

式中　K——工作情况系数，由表 16-2 查取。

表 16-2 联轴器和离合器的工作情况系数 K

原动机	工作机	K
电动机	皮带运输机、鼓风机、连续运转的切削机床	1.25～1.5
	链式运输机、刮板式运输机、螺旋运输机、离心泵、木工机床	1.5～2.0
	往复运动的切削机床	1.5～2.5
	往复式泵、往复式压缩机、球磨机、破碎机、冲剪机	2.0～3.0
	锤、起重机、升降机、轧钢机	3.0～4.0
汽轮机	发电机、离心机、鼓风机	1.2～1.5
往复式发动机	发电机	1.5～2.0
	离心泵	3～4
	往复式工作机	4～5

(3) 选择联轴器型号　根据轴端直径、转速 n、计算转矩 T_c 等参数，在手册或标准，选择适当型号。所选型号应满足

$$T_c \leqslant [T] \qquad (16\text{-}3)$$
$$n \leqslant [n] \qquad (16\text{-}4)$$

式中　$[T]$——许用最大转矩，N·m；

　　　$[n]$——许用最高转速，r/min；

［T］与［n］由《机械设计手册》或标准中查得。

例16-1　选择如图16-1所示的减速器与电动机轴之间的联轴器。已知：电动机功率 $P=75\mathrm{kW}$，转速 $n_1=720\mathrm{r/min}$，电动机轴直径 $d_1=42\mathrm{mm}$。工作机为卷扬机。

解　（1）选择 HL 型弹性柱销联轴器（GB/T 5014—2003）。

（2）由表16-2，取工作情况系数 $K=1.3$。

计算扭矩　$T_c=KT=K\times9550P/n=1.3\times9050\times7.5/720=129.3$（N·m）

（3）根据电机轴直径 $d_1=42\mathrm{mm}$，查标准，选用联轴器型号为 HL3。其许用最大转矩 $[T]=630\mathrm{N\cdot m}$，许用最高转速 $[n]=5000\mathrm{r/min}$，均满足要求。

第二节　离合器

离合器用于各种机械的主、从动轴之间的接合和分离，并传递运动和动力。除了用于机械的启动、停止、换向和变速之外，它还可用于对机械条件的过载保护。对离合器的基本要求是：分离和接合迅速、平稳，耐磨性好，散热性好，结构简单，调整维护方便，尺寸小。常用的离合器有牙嵌式和摩擦式两大类。

一、牙嵌式离合器

如图16-10所示，牙嵌式离合器由两个端面上带牙的半离合器组成，一个半离合器固定在主动轴上，另一个用导向键或花键与从动轴连接，通过操纵机构使其轴向移动，实现离合器的分离和接合；主动轴端的半离合器上固定一个对中环，以实现两轴的对中，从动轴可以在环上自由转动。

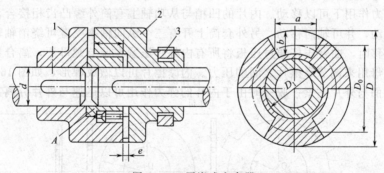

图16-10　牙嵌式离合器
1、2—半离合器；3—拨环

牙嵌式离合器依靠相互嵌合的牙来传递运动和转矩。常用的牙形有矩形、梯形、锯齿形、三角形等，如图16-11所示。梯形牙强度较高，传递转矩较大，离合较容易，并能自动补偿牙因磨损后产生的间隙而碱小冲击，应用最广。

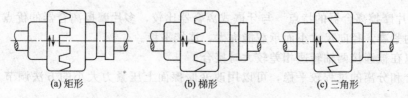

(a) 矩形　　　　　　　　(b) 梯形　　　　　　　　(c) 三角形

图16-11　牙嵌式离合器的牙型

牙嵌式离合器尚未标准化，但主要尺寸可从手册中查取。必要时可以进行牙的强度校核和耐磨性计算。

二、摩擦离合器

1. 单盘摩擦离合器

如图 16-12 所示，单盘摩擦离合器主要由主摩擦盘 1 和从摩擦盘 2 组成。依靠施加于操作环 3 上的外力 F_Q 使两盘之间摩擦力，从而传递转矩。这种离合器结构简单，传递转矩大时两盘直径很大，主要用于直径不受限制的地方。

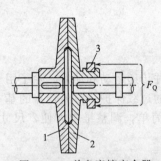

图 16-12　单盘摩擦离合器

1—主摩擦盘；2—从摩擦盘；3—操作环

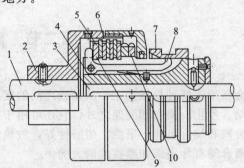

图 16-13　多片摩擦离合器

1—主动轴；2—外鼓轮；3—从动轴；4—套筒；5—主动轴盘片；
6—从动轴盘片；7—滑环；8—曲臂压杆；9—压板；10—调节螺母

2. 多片摩擦离合器

（1）多片摩擦离合器的结构及工作原理如图 16-13 所示，多片摩擦离合器有两组摩擦片，外片的外齿与上动轴鼓轮内齿相嵌合，孔壁不与任何零件接触，故外片可随主动轴一起转动，在轴向力作用下可以移动。内片的凹梢与从功轴上套筒外缘凸齿相接合，故内片可随从动轴一起转动，并可轴向移动。另外套筒上开有三个纵向槽来安置可绕销轴转动的曲臂压杆。当滑环左移时，曲臂压杆通过压板将所有内外片压紧在调节螺母下，离合器即进入接合状态。调节螺母用来调节摩擦片之间的压力。内摩擦片可以做成碟形，如图 16-14 所示，受压时可被压平面与外片贴紧；脱开时由于内片的弹力作用可以迅速与外片分离。

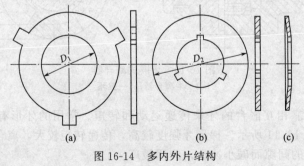

(a)　　　　　　(b)　　　　(c)

图 16-14　多内外片结构

（2）多片摩擦离合器的特点　与牙嵌式离合器比较，多片摩擦离合器的优点如下。

① 结构紧凑，径向尺寸小而承载能力大，连接平稳。

② 可以在被连接两轴转速相差较大时接合。

③ 接合和分离的过程较平稳，可以用改变摩擦面上压紧力大小的方法调节从动轴的加速过程。

④ 过载时的打滑可避免其他零件损坏。

其缺点如下。

① 结构较复杂，成本较高。

② 当产生滑动时，不能保证被连接的两轴精确地同步转动。

第三节　制动器

制动器是用来迫使机械停止运动，或降低运动速度的装置。在车辆、起重机等机械中广泛采用各种形式的制动器。

一、对制动器的要求

制动器的构造和性能必须满足以下要求。

① 能产生足够的制动力矩。

② 松闸与合闸迅速，制动平稳。

③ 构造简单，外形紧凑。

④ 制动器的零件有足够的强度和刚度，而制动器摩擦带要有较高的耐磨性和耐热性。

⑤ 调整和维修方便。

二、几种典型的制动器

按制动零件的结构特征，制动器可分为闸带式、外抱块式和内胀式等。

1. 闸带式制动器

这种制动器如图 16-15 所示。当力 F_Q 作用时，利用杠杆机构收紧闸带而抱住制动轮，靠带和轮间的摩擦力达到制动的目的。闸带制动器结构简单，径向尺寸小，但制动力矩不大。为了增加摩擦力，闸带材料一般在钢带上覆以石棉或夹铁纱的帆布。

2. 外抱块式制动器

如图 16-16 所示为外抱块式制动器示意图。主弹簧 3 通过制动臂 4 使闸瓦块 2 压紧在制动轮 1 上，使制动器经常处于闭合（制动）状态。当松闸器 6 通入电流时，利用电磁作用把顶柱顶起，通过推杆 5 推动制动臂 4，使闸瓦块 2 与制动器松脱。

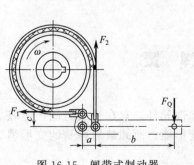

图 16-15　闸带式制动器

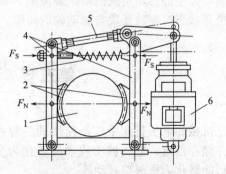

图 16-16　外抱块式制动器

1—制动轮；2—闸瓦块；3—主弹簧；
4—制动臂；5—推杆；6—松闸器

图 16-17　内胀式制动器
1、8—销轴；2、7—制动蹄；3—摩擦片；
4—泵；5—弹簧；6—制动轮

瓦块的材料可用铸铁，也可在铸铁上覆以皮革或石棉带，瓦块磨损时可调节推杆 5 的长度。

3. 内胀式制动器

图 16-17 所示为内胀式制动器的工作简图。两个制动蹄 2、7 分别通过两个销轴 1、8 与机架铰接，制动蹄表面装有摩擦片 3，制动轮 6 与需制动的轴固连。当压力油进入双向作用的泵 4 后，推动左右两个活塞，克服弹簧 5 的作用使制动蹄 2、7 压紧制动轮 6，从而使制动轮（或轴）制动。油路卸压后，弹簧 5 的拉力使两制动蹄与制动轮分离而松闸。这种制动器结构紧凑，广泛应用于各种车辆以及结构尺寸受限制的机械中。

第四节　联轴器、离合器、制动器的使用和维护

联轴器、离合器、制动器的类型很多，其中大多数已标准化，可供使用者选用。正确地使用、维护这些常用部件对于减少故障、延长使用寿命、提高生产效率、降低生产成本及节能减排等，都是很有意义的。本节主要讨论联轴器、离合器、制动器的使用和维护时的一些共性问题。

① 联轴器与离合器的安装误差应严格控制，对于刚性联轴器更应该注意。由与所连接两轴的相对位移在负载后还可能增大，故通常要求安装误差不大于许用补偿量的 1/2。

② 对于转速较高的联轴器，使用前要进行动平衡试验。

③ 联轴器在工作后应检查两轴对中情况，其相对位移不应大于许用补偿量。要定期检查传动零件是否有损坏，以便及时更换。有润滑要求的，要定期检查润滑情况。

④ 要定期检查离合器的操纵系统是否操作灵活、工件可靠。

⑤ 多片式摩擦离合器在工作时不应有打滑或分离不彻底现象。要经常检查作用在摩擦片上的压力是否足够和摩擦片磨损情况，以及回位弹簧是否灵敏。主、从动片之间的侧隙要经常注意调整。

⑥ 制动器往往是机械设备中重要的安全装置，与安全生产密切相关，要经常检查其工作状况。制动器全部传动系统的动作要灵敏，要按时向转动部件注油润滑，调整弹簧弹力，合理调整松开状态时制动瓦块与制动轮的间隙。

第五节　弹　簧

弹簧是机械和电子行业中广泛使用的一种弹性元件，它在受载时能产生较大的弹性变形，吸收并储存能量，把机械功或动能转化为变形能；而卸载后弹簧的变形消失并回复原状，将变形能转化为机械功或动能。

弹簧有以下的主要功能。

（1）减振和缓冲　如缓冲器、车辆的缓冲弹簧等。

（2）控制运动　如制动器、离合器以及内燃机气门控制弹簧等。

（3）储存或释放能量　如钟表发条、定位控制机构中的弹簧等。

（4）测量力和力矩　用于测力器、弹簧秤等。

按弹簧的受力性质不同，弹簧主要分为拉伸弹簧、压缩弹簧、扭转弹簧和弯曲弹簧；按形状可分为螺旋弹簧、碟形弹簧、环形弹簧、板弹簧、平面蜗卷弹簧及扭杆弹簧等。此外还有空气弹簧、橡胶弹簧等。

弹簧的载荷与变形之比称为弹簧刚度，弹簧刚度越大，则弹簧越硬。

普通圆柱螺旋弹簧由于制造简单，且可根据受载情况制成各种形式，结构简单，故应用最广。弹簧的制造材料一般来说应具有高的弹性极限、疲劳极限、冲击韧性以及良好的热处理性能等，常用的有碳素弹簧钢、合金弹簧钢、不锈弹簧钢以及铜合金、镍合金和橡胶等。弹簧的制造方法有冷卷法和热卷法。弹簧丝直径<8mm 的一般用冷卷法，>8mm 的用热卷法。有些弹簧在制成后还要进行强压或喷丸处理，可提高弹簧的承载能力。

弹簧的主要类型和特点见表 16-3。

表 16-3　弹簧的主要类型和特点

类型		承载形式	简图	特点及应用
螺旋弹簧	圆柱形	压缩	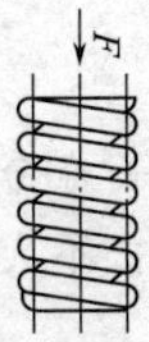	刚度稳定，结构简单，制造方便，应用最广
		拉伸	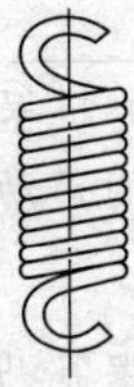	
		扭转	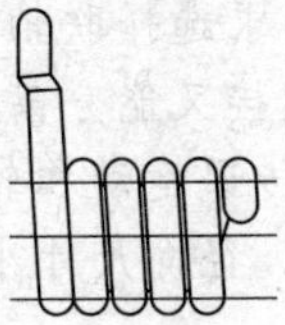	在各种装置中用于压紧、储能或传递转矩
	圆锥形	压缩		结构紧凑，稳定性好，刚度随载荷增大而增大，多用于需要承受较大载荷和减振的场合
其他弹簧	环形弹簧	压缩	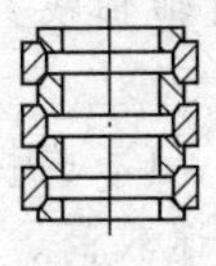	能吸收较多能量，有很高的缓冲和吸振能力，常用作重型车辆和飞机起落架等的缓冲弹簧
	碟形弹簧	压缩	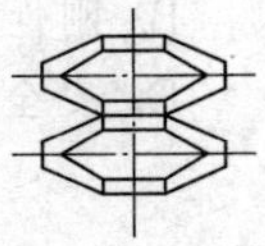	刚度大，缓冲吸振能力强，适用于载荷很大而弹簧的轴向尺寸受限制的场合，如常用作重型机械、大炮等的缓冲和减振弹簧

续表

类型	承载形式	简图	特点及应用
其他弹簧 盘簧	扭转		变形角大,能储存的能量大,轴向尺寸较小,多用于钟表、仪器中的储能弹簧
板簧	弯曲		缓冲和减振性能好,主要用作汽车、拖拉机、火车车辆等悬挂装置中的缓冲和减振弹簧

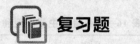 **复习题**

一、填空题

16.1 两轴对中准确、载荷平稳、要求有较长寿命时,联轴器一般应选用_____。

16.2 两轴轴线有一定偏移,载荷平稳而冲击不大时,联轴器一般选用_____。

16.3 尼龙柱销联轴器常用于_____、_____、_____、_____的场合。

16.4 低速、重载、不易对中处最好使用_____联轴器。

16.5 齿式联轴器用于_____、_____的机器中。

16.6 制动器一般是利用____力来停止物体的运动,或降低其速度的。

二、判断题

16.7 要求被连接轴的轴线严格对中的联轴器是凸缘联轴器。( )

16.8 根据机器设备的工作条件和使用要求选择联轴器类型。( )

16.9 联轴器和离合器都是使两轴既能连接又能分离的。( )

16.10 牙嵌离合器依靠相互嵌合的牙来传递运动和转矩。( )

16.11 多盘式离合器的优点是结构紧凑,径向尺寸小而承载能力大,连接平稳。
( )

三、选择题

16.12 联轴器和离合器的主要作用是( )。
A. 缓和冲击和振动　　　　　　　　B. 补偿两轴的同轴度误差或热膨胀
C. 连接两轴,传递转矩　　　　　　D. 防止机器发生过载

16.13 在载荷比较平稳、冲击不大,但两轴轴线具有一定程度的相对偏移的情况下,通常宜用( )联轴器。
A. 刚性可移式　　B. 刚性固定式　　C. 弹性　　　　D. 安全

16.14 在载荷具有冲击、振动,且轴的转速较高、刚度较小时,一般选用( )。
A. 刚性固定式联轴器　　　　　　　B. 刚性可移式联轴器
C. 弹性联轴器　　　　　　　　　　D. 安全联轴器

四、简答题

16.15 机械设备中常见的部件有哪些?

16.16 联轴器与离合器的主要区别是什么？

16.17 要求被连接轴的轴线严格对中的联轴器是什么？

16.18 制动器的功用是什么？对制动器有哪些要求？

16.19 正确地使用和维护联轴器、离合器、制动器有何意义？其中联轴器与离合器在使用和维护中应注意哪些问题？

 习题

16-1 电动机经减速器驱动水泥搅拌机工作。已知电动机的功率 $P=11kW$，转速 $n=970r/min$，电动机轴的直径和减速器输入轴的直径均为 42mm，试选择电动机与减速器之间的联轴器。

16-2 齿轮减速器的输出轴用联轴器与破碎机的输入轴连接，传递功率 $P=40kW$，转速 $n=140r/min$，轴的直径 $d=80mm$，试选择联轴器的型号。

第四篇

液压与气压传动

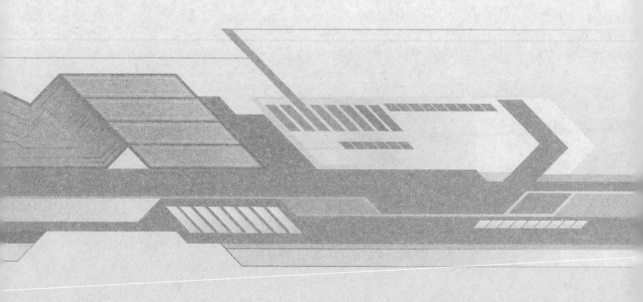

第三篇 液压与气压传动基础知识

液压与气压传动都是以有压流体（压力油和压缩空气）为工作介质，进行运动和动力传递的一种传动方式。

液压与气压传动技术广泛地应用于工业领域的各个方面。首先是在各类机械产品中得到广泛应用，目的在于增强产品的自动化程度、可靠性、动力性能，操作灵活、方便、省力，可实现多维度、大幅度的运动。其次是在各类企业生产设备中的应用：提高生产设备的效率与自动化水平，提高重复精度与生产质量。如金属切削机床、单机液压自动化设备、各类自动/半自动生产线及焊接、装配、数控设备等。

本篇共有三章，分别就液压传动与气压传动基础知识进行阐述。

第**十七**章

液压传动基本知识

第一节　液压传动的基本概念

一、概述

液压传动与传统的机械传动有原则区别。为了从感性上认识液压传动，不妨举几个常见的工程实例。

各种自卸载重汽车在卸货时，司机只要一按电钮，车厢就慢慢升起，货物一倒而空。举起沉重的车厢，靠的就是液压传动。万吨轮船上的方向舵是掌握航向的部件，需要几百kN·m 的操纵力矩才能转动它。依靠人力是办不到的，但舵手却轻而易举地转动舵轮，靠的也是液压传动。

万吨水压机之所以产生万吨压力，只能靠液压传动装置。飞机的方向舵、副翼、襟翼及起落架的操纵机构中都广泛采用液压传动。

在生产自动线上，灵活的机械手不停地给料、下料，四面八方转动自如，按照人们的意志完成各种动作。使机械手自由行动的，也大多是液压传动。

这一切说明液压技术已作为一项成熟技术广泛地深入到了生产、科研领域中。

液压传动经过 60 年的发展，技术已日臻完善，成为一门独立的系统科学，并有液压专业技术人员从事这项工作。作为一般的工程技术人员必须具备液压传动的基本知识，以便能正确地选择、使用和维护液压装置，并为深入研究液压传动奠定基础。

二、液压传动的工作过程

以如图 17-1 所示的液压千斤顶为例。可以看出，千斤顶中大小两个液压缸 9 和 2 内分别装有活塞 10 和 3。不仅活塞能在缸体内滑动，而且配合面间又能实现可靠的密封，液体不会产生泄漏，加之单向阀 4、5 和截止阀 8 的作用，便形成了两个密封容腔。当用手向上扳动杠杆 1 时，小活塞向上移动，于是小缸下腔 A 增大形成部分真空，这时压油单向阀 4 关闭，大活塞 10 保持不动，而吸油单向阀 5 打开，油箱 7 内的油液就在大气压力 p_a 的作用下吸入小缸的下腔 A 并填满空间，便完成了一次吸油动作。当压下手柄，小活塞下移时，A 腔压力增大。此时，右面单向阀 5 关闭，防止了油液向油箱倒流，而单向阀 4 被打开，A 腔的油液经管道 6 被压入大缸下腔 B，推动大活塞 10 向上移动，顶起重物 G（负载）。如此反复提、压杠杆 1，便可使重物不断地升高，达到起重的目的。适当地选择大小活塞面积和杠杆比，就可以很小的外力 F 升起很重的负载 G。

千斤顶工作时，截止阀 8 关闭。当需要将大活塞（重物）放下时，打开截止阀 8，大缸中的油液在重力作用下经此阀流回油箱，大活塞下降到原位实现回程。

三、液压传动装置的组成

上述的液压千斤顶实质上就是一个简单的液压传动装置。由其工作过程可见，小缸、小活塞、单向阀以及杠杆机构等组成手动液压泵，不断地从油箱吸油并将油液压入大缸，向大缸提供具有一定流量的压力油液。大活塞和大缸用以带动负载，使之获得所需要的运动，所以称为执行元件。此例是一个实现直线运动的液压缸，其活塞的运动速度由流入液压缸的流量决定。千斤顶工作过程中，方向不断发生变换，有时还需要加快重物升降速度，这就需要方向阀、调速阀等控制元件，称之为控制装置。此外，还必须有一些不可缺少的辅助元件，如油箱、管接头等，统称为辅助装置。所以，一个完整的液压传动装置是由四部分装置所组成的。

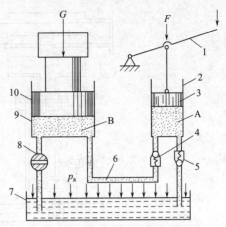

图 17-1　液压千斤顶工作原理图
1—杠杆；2、9—缸体；3—小活塞；
4、5—单向阀；6—管道；7—油箱；
8—截止阀；10—大活塞

1. 动力装置——液压泵

它供给液压系统压力油，是将电动机输出的机械能转换为油液的液压能的装置。

2. 执行装置

液压缸或液压马达，是将油液的液压能转换为驱动工作部件的机械能的装置。实现直线运动的执行元件叫液压缸；实现旋转运动的执行元件叫作液压马达。

3. 控制调节装置

各种控制阀，如方向控制阀、压力控制阀、流量控制阀等，用以控制调节液压系统油液的流动方向、压力和流量，以满足执行元件运动的要求。

4. 辅助装置

辅助装置包括油箱、滤油器、蓄能器、热交换器、压力表、管件和密封装置等。

四、液压传动系统的图示方法

液压传动系统的图示方法有两种：一种是半结构式原理图，另一种是职能符号式原理图。如图 17-2（a）所示，液压传动系统图中各元件的图形基本上表示了它的结构原理，故称结构原理图。这种原理图直观性强，容易理解，但图形比较复杂，特别是当系统中元件较多时，绘制很不方便。为了简化原理图的绘制，液压系统图中各元件可采用图形符号来表示。一般液压系统图应按照国标所规定的液压图形符号来绘制。如图 17-2（a）所示的液压系统，若用图形符号绘制时，其系统职能符号图如图 17-2（c）所示。利用图形符号绘制结构原理可以使液压系统简单明了，便于绘制。换向阀图形符号如图 17-2（b）所示。

液压系统图中的图形符号只表示各元件的连接关系，而不表示系统管道布置的具体位置或元件在机器中的实际安装位置；液压系统图各元件的符号通常以元件的静止位置或零位置来表示。当无法用图形符号表示或者有必要特别说明系统中某一重要元件的结构及动作原理时，也允许局部采用结构原理图表示。关于各种元件的图形符号将在以后讲述元件时具体介绍。

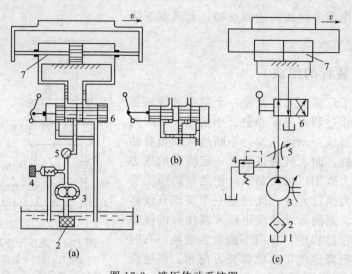

图 17-2　液压传动系统图

1—油箱；2—滤油器；3—液压泵；4—溢流阀；5—节流阀；6—换向阀；7—液压缸

五、液压传动的优缺点

与机械传动、电气传动相比，液压传动的优点如下。

（1）从结构上看　与机械传动相比，传递同样载荷时，液压传动装置体积小、重量轻、结构简单，安装方便，便于和其他传动方式联用，易实现较远距离操纵和自动控制。

（2）从工作性能上看　速度、扭矩、功率均可做无级调节，能迅速换向和变速，调速范围宽，动作快速性好。

（3）从维护使用上看　元件的自润滑性好，能实现系统的过载保护，使用寿命长；元件易实现系统化、标准化、通用化，便于设计、制造、维修和推广使用。

液压传动的缺点如下。

（1）由于存在油液的漏损和阻力损失，因此系统的效率较低。

（2）液压元件的加工精度和装配精度要求较高，成本较高。

（3）系统受温度的影响较大。故液压传动不宜在高温和低温的场合使用。

（4）系统的故障原因有时不易查明。

总之，液压传动的优点是比较突出的。随着科学技术的提高，某些缺点会得到不同程度的克服，因此，液压传动在现代化生产中有广阔的发展前途。

第二节　液压油

液压传动是以油液作为工作介质的，为此必须了解液压油的物理性质，研究油液的运动规律。

一、液压油的物理性质

下面要介绍的液压油的物理性质（密度、压缩性、黏性等）都是与液体的力学特性关系很密切的性质。

1. 液体的密度

单位体积液体内所含有的质量称为密度，用符号 ρ 表示，单位为 kg/m³。

设有一均质液体的体积为 V，单位为 m³，所含的质量为 m，单位为 kg，则其密度为

$$\rho = m/V \tag{17-1}$$

液体的密度随压力的升高而增大，随温度的升高而减小。但是由于压力和温度对密度变化的影响都极小，一般情况下可视液体的密度为一常数。矿物油的密度 $\rho = 850 \sim 960$ kg/m³。

2. 液体的可压缩性

液体受压力作用时，其体积会减小的性质称为压缩性，液体压缩性的大小用体积压缩系数 k，即单位压力变化下液体体积的相对变化量来表示，单位为 m²/N。体积压缩系数的倒数称为体积弹性模量 K，即 $K = 1/k$，单位为 Pa。

在实际应用中，常用 K 值来表示液体抵抗压缩能力的大小。液压油液的 K 与温度和压力有关：温度升高，K 值减小。在一般液压传动中，油液的可压缩性可以忽略不计。但是当受压油液容积较大、压力变化较大、液压执行机构的传动精度要求较高时，则必须考虑油液可压缩性的影响。另外，在分析液压冲击时，液体的可压缩性也是一个重要的因素。

3. 液体的黏性

(1) 液体黏性的意义　液体在外力作用下流动时，液体分子间的内聚力阻碍分子间的相对运动而产生内摩擦力。液体的这种性质，称为液体的黏性。液体只有在流动时表现出黏性，静止液体是不呈现黏性的。

(2) 液体的黏度　黏度是表示液体粘性大小的物理量，液压油的黏度大，粘性就大。黏度是选择液压油的重要依据，其大小直接影响液压系统的正常工作、工作效率和灵敏度。常用的黏度有三种：动力黏度、运动黏度和相对黏度。

① 动力黏度　它是用液体流动时所产生的内摩擦力大小来表示的黏度，用 μ 表示。它的物理意义是：面积各为 1cm²，相距为 1cm 的两层液体，以 1cm/s 的速度相对运动，此时所产生的内摩擦力。

μ 的单位在法定计量单位中，用"帕斯卡·秒"表示，简称帕·秒（Pa·s）。

② 运动黏度　在相同温度下，液体的动力黏度 μ 与它的密度 ρ 之比，称为运动黏度，用 γ 表示，即

$$\gamma = \mu/\rho \tag{17-2}$$

γ 的法定计量单位是米²/秒（m²/s），或毫米²/秒（mm²/s）。

工程上，常用运动黏度表示油的牌号。液压油的牌号，是用它在某一温度下的运动黏度平均值来表示的，例如 N32 号液压油，就是指这种油在 40℃ 时的运动黏度平均值为 32mm²/s。我国液压油牌号过去是按 50℃ 时的运动黏度来划分的，例如，旧牌号 20 号液压油，就是指它在 50℃ 时的运动黏度平均值为 20mm²/s。新牌号是按 40℃ 运动黏度划分。

③ 相对黏度　相对黏度又称条件黏度。我国用恩氏黏度计进行测量，故又称恩氏黏度。

恩氏黏度的测定方法是：将被测的油放在一个特制的容器里（恩氏黏度计），加热至 t℃后，由容器底部一个直径 $d = 2.8$mm 的孔流出，测量出 200cm³ 体积的油液流尽所需时间 $t_油$ 与流出同样体积的 20℃ 的蒸馏水所需时间 $t_水$ 相比，其比值就是该油在温度 t℃时的恩氏黏度，用符号 ^0E_t 表示。

$$^0E_t = t_油/t_水 \tag{17-3}$$

工程中常采用先测出液体的恩氏黏度，再根据关系式或用查表法，换算出黏度或运动黏度（见机械出版社出版的《机械设计手册》）。

4. 黏度和温度的关系

油液的黏度对温度的变化极为敏感，温度升高，油的黏度下降。油的黏度随温度变化的性质称为油液的黏温特性。不同种类的液压油有不同的黏温特性，黏温特性较好的液压油，黏度随温度的变化较小，因而温度变化对液压系统性能的影响较小。油液的黏度与温度的关系如图 17-3 所示。

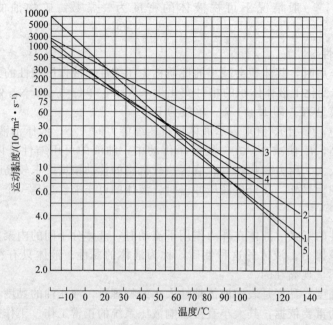

图 17-3　几种国产油液的黏温特性
1—石油型普通液压油；2—石油型高黏度指数液压油；
3—水包油乳化液；4—水-乙二醇液；5—磷酸酯液

二、对液压油的基本要求及选用

1. 液压油液的要求

液压油液是液压系统的重要组成部分，它除了传递能量外，还起着润滑摩擦的作用，故要求液压油液具有如下特性。

（1）合适的黏度，良好的黏温特性（一般要求黏度指数值在 90 以上）。

（2）良好的抗泡性和空气释放性，即要求油液在工作中产生的气泡少且气泡能很快破灭或溶混于油中的微小气泡容易释放出来。

（3）较低的凝点，即要求油液有良好的低温流动性。

（4）良好的氧化安全性（抗氧化性）。

（5）良好的抗磨性。

（6）良好的防腐、防锈性。

2. 液压油液的选用

正确而合理地选用液压油，是保证液压设备高效率正常运转的前提。选择液压油时，可以根据液压元件生产厂的样本和说明书所推荐的品种和牌号来选用液压油，或者根据液压系统的工作压力、工作温度、液压元件种类及经济性等因素全面考虑。一般是先确定使用的黏度范围，再选择合适的液压油品种。同时还要考虑液压系统工作条件的特殊要求，如在高压系统，要求油液抗磨性好；在寒冷地区工作的系统则要求油的运动黏度指数值高、凝固点低、低温流动性好等。

在选用液压油时，黏度是一个最重要的参数。黏度的高低将影响运动部件的润滑、缝隙的泄漏以及造成流动时的压力损失、系统的发热升温等。所以，在工作压力较高、环境温度较高或运动速度较低时，为减少泄漏，应选用黏度较高的液压油，否则相反。

在选用油的品种时，一般要求不高的液压系统可选用机械油、汽轮机油或普通液压油。对于要求条件较高或专用液压传动设备可选用各种专用液压油，如抗腐蚀液压、低温液压油航空液压油、稠化液压油等。这些油都加入了各种改善性能的添加剂而使其性能较好。几种主要品种液压油的特性和用途见表17-1，供选用液压油品种时参考。

总之，应尽量选用较好的液压油，这样做虽然初始成本要高些，但由于寿命长，对元件损害小，所以从整个使用周期看，其经济性要比选用劣质油好些。

表17-1　几种主要品种液压油的特性和用途 (GB 11118.1—2011)

分类	名称	代号	组成和特性	应用
石油型	精制矿物油	L-HH	无抗氧剂	循环润滑油,低压液压系统
	普通液压油	L-HL	HH油,并改善其防锈和抗氧性	一般液压系统
	抗磨液压油	L-HM	HL油,并改善其抗磨性	低、中、高液压系统,特别适合于有防磨要求、且带叶片泵的液压系统
	低温液压油	L-HV	HM油,并改善其黏温特性	能在−40～−20℃的低温环境中工作,用于户外工作的工程机械和船用设备的液压系统
	高黏度指数液压油	L-HR	HL油,并改善其黏温特性	黏温特性优于L-HV油,用于数控机床液压系统和伺服系统
	液压导轨油	L-HG	HM油,并具有黏-滑特性	适用于导轨和液压系统共用一种油品的机床,对导轨有良好的润滑性和防爬性
	其他液压油		加入多种添加剂	用于高品质的专用液压系统
乳化型	水包油乳化液	L-HFAE		需要难燃液的场合
	水包油乳化液	L-LFB		
合成型	水-乙二醇液	L-HFC		
	磷酸酯液	L-HFDR		

三、使用液压油的注意事项

（1）应保持液压油的清洁，防止金属屑和纤维等杂物进入油中。换油时要彻底清洗油箱，加入新油时必须过滤。

（2）油箱内壁不要涂刷油漆，以免油中产生沉淀物质。

（3）为防止空气进入系统，回油管口应在油箱液面以下，并将管口切成斜面；液压泵和吸油管路应严格密封。

（4）定期检查油液质量和油面高度。

（5）应保证油箱的温升不超过液压油允许的范围，通常不超过70℃，否则应采取冷却措施。

第三节　液压传动的基本参数及压力损失

一、液压传动中最基本的参数

液压传动中最基本的参数是流量和压力。

1. 流量

流量是指单位时间内流过管道或液压缸某一截面的油液体积，通常用 Q 表示。若在时间 t 内，流过管道液压缸的油液体积为 V，则流量为

$$Q = V/t \tag{17-4}$$

流量单位为 m^3/s（米³/秒），它和目前使用的单位 L/min（升/分）换算关系为

$$1 m^3/s = 6 \times 10^4 L/min$$

2. 额定流量

按试验标准规定，连续运转（工作）所必须保证的流量称为额定流量。它是液压元件基本参数之一。额定流量应符合公称流量系列，如 1、1.6、2.5、4、6、50、63、80、100 等（单位为 L/min）。

3. 平均流速 v

油液通过管道或液压缸的平均流速可用下式计算

$$v = Q/A \tag{17-5}$$

式中　v——液流平均流速，m/s（米/秒）；

　　　Q——流入液压缸或管道的流量，m^3/s；

　　　A——活塞（或液压缸）的有效作用面积或管道的通流面积，m^2。

由于油液与容器壁和油液之间的摩擦力大小不同，所以流动时，在同一截面上各点真实流速并不相等，但可以用平均流速这个概念作近似计算。

4. 活塞（或液压缸）运动速度与流速的关系

活塞（或缸）的运动是由于流入的油液迫使密封容器面积增大所导致的结果，显然活塞（或缸）的运动速度和所流入的油量有关。为了说明它们的关系，仍以千斤顶为例（见图 17-4）。在千斤顶压油过程中，假设在时间 t 内，活塞 2 移动的距离为 H_2，则密封容积和变化所需流入的油液体积为 $A_2 H_2$（A_2 为活塞 2 有效作用面积），流入的流量 Q_2 为

$$Q_2 = A_2 H_2/t$$
$$H_2/t = Q_2/A_2$$

式中　H_2/t——活塞（缸）运动速度（用 v 表示）；

　　　Q_2/A_2——液压缸内油液的平均流速 v。

由以上分析可得：活塞（或缸）的运动速度等于液压缸内油液的平均流速。所以可以通过求平均流速的公式来求活塞（或缸）的运动速度。即

$$v = Q/A \tag{17-6}$$

式中　v——活塞（或缸）的运动速度，m/s；

　　　Q——流入液压缸的流量，m^3/s；

　　　A——活塞的有效作用面积，m^2。

式（17-6）表明，活塞（或缸）的运动速度仅仅和活塞（或缸）的有效作用面积 A 及

流入液压缸的流量 Q 两个因素有关，而与压力大小无关。因此，改变面积 A，可控制活塞（或缸）的移动速度。

式（17-6）还说明，当活塞（或缸）有效作用面积一定时，活塞（或缸）的运动速度与流入液压缸中的流量成正比，即速度取决于流量。

二、液流连续性原理

根据物质不灭定律，油液流动时既不能增多，也不会减少。而油液的可压缩性很小，故在一般的液压传动中视油液为"不可压缩的"。这样，油液流经无支管的管道时，每一横截面上通过的流量一定是相等的，此即液流连续性原理。如图 17-4 所示的管道中，流过截面 1 和 2 的流量分别是 Q_1 和 Q_2，则

$$Q_1 = Q_2 \tag{17-7}$$

用式（17-6）代入则为

$$A_1 v_1 = A_2 v_2 \tag{17-8}$$

式中　A_1、A_2——截面 1 和 2 的面积；

　　　v_1、v_2——流体流过截面 1 和 2 时的平均速度。

显然，液体在无分支管道中流动时，通过管道不同的截面的平均流速与截面大小成反比。即管径细的地方流速大，管径粗的地方流速小。

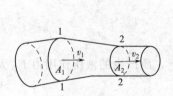

图 17-4　液流连续性原理

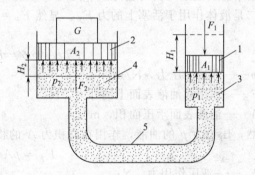

图 17-5　液压千斤顶压油过程
1、2—活塞；3、4—油腔；5—油管

例 17-1　如图 17-5 所示液压千斤顶在压油过程中，已知小活塞的面积 $A_1 = 1.13 \times 10^{-4}$ m^2。大活塞的面积 $A_2 = 9.62 \times 10^{-4}$ m^2，管道 5 的截面积 $A_5 = 0.13 \times 10^{-4}$ m^2。假定活塞 1 的下压速度为 0.2m/s。试求活塞 2 上升速度和管道 5 内液体的平均流速。

解　（1）活塞 1 所排出的流量由式（17-6）得

$$Q_1 = A_1 V_1 = 1.13 \times 10^{-4} \times 0.2 = 0.226 \times 10^{-4} \ m^3/s$$

（2）根据液流连续性原理，推动活塞 2 上升的流量 $Q_2 = Q_1$。由式（17-6）可得活塞 2 的上升速度

$$V_2 = Q_2/A_2 = 0.226 \times 10^{-4}/9.62 \times 10^{-4} = 0.0235(m/s)$$

（3）同理在管道 5 内流量 $Q_5 = Q_1 = Q_2$，所以

$$V_5 = Q_5/A_5 = 0.226 \times 10^{-4}/0.13 \times 10^{-4} = 1.74(m/s)$$

综上所述，液压传动是依靠密封容积的变化传递运动（速度或转速）的，而密封容积的变化所引起流量的变化要符合等量原则，所以液流连续性原理是液压传动的基本原理之一。

三、压力的建立与压力的传递

1. 压力的概念

油液中的压力主要是由油液自重和油液表面受外力作用所产生的。在液压传动中前者与后者相比数值很小，一般忽略不计。以后我们所说油液压力主要就是指油液表面受外力（大气压力除外）作用所产生的压力。压力的概念可用图 17-6 来说明。

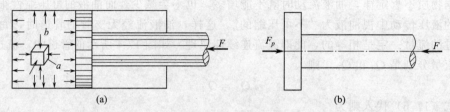

图 17-6　液体受外力作用形成的压力

油液充满于密闭液压缸的左腔，当面积为 A 的活塞上受到外力 F 作用时，由于油液几乎不可压缩，密闭的油液又无去处，所以液压缸左腔的油液就处于被挤压状态。对活塞作用一个向右的力，使活塞处于平衡状态。这个作用力的大小可以通过对活塞受力的分析得到。忽略活塞本身的重量画出的受力图［见图 17-6(b)］知，作用在活塞上的力有两个：一是外力 F，二是液体作用于活塞上的力 F_p。显然 $F_p = F$，所以油液作用在活塞单位面积上的力应为

$$F_p/A = p = F/A \tag{17-9}$$

式中　p——油液的压力，N/m^2；

　　　F——作用在油液表面上的外力，N；

　　　A——油液表面承压面积，m^2。

显然，压力为 p 的油液，作用在面积为 A 的物体上，所产生的液压作用力 F_p 为

$$F_p = pA \tag{17-10}$$

式中　F_p——液压作用力，N；

　　　p——油压力，Pa；

　　　A——油液表面承压面积，m^2。

压力的国际单位为 Pa（帕），$1Pa = 1N/m^2$，应用时常用 MPa（$1MPa = 10^6 Pa$），工程单位为 kgf/cm^2（公斤力/厘米^2）。两者换算关系为

$$1kgf/cm \approx 10^5 Pa = 0.1MPa \tag{17-11}$$

液压传动中的压力按其大小分级，如表 17-2 所示。

表 17-2　压力分级

压力等级	低压	中压	中高压	高压	超高压
压力/MPa	≤2.5	2.5~8	8~16	16~32	>32

在正常条件下，按试验标准规定连续运转（工作）的最高压力称为额定压力。液压元件大多数以此作为基本参数。

2. 静止油液中压力的特征

根据帕斯卡原理，在容器中的静止油液，当一处受到压力作用时，这个压力将通过油液等值地传到任意点。因此密封容器内的平衡液体中，各点的压力相等。这个原理称为静压传

递原理。

在如图 17-4 所示的千斤顶中，当活塞 4 顶起重物时，油腔是密闭容器。设在加压小活塞 1 的作用下，液体表面的压力为 p_1，若忽略流速影响且不计液压损失，这一压力将等值地传递到工作活塞 5 的端面上，故

$$F_1/A_1 = p_1 = F_2/A_2$$

$$F_2 = p_1 A_2 = A_2 F_1 / A_1 \qquad (17\text{-}12)$$

式中　A_1、A_2——活塞 1 和 4 的有效工作面积；

　　　F_1、F_2——活塞 1 和 4 上液压作用力。

式（17-12）为液压传动中力传递的基本公式。该式说明：

（1）工作活塞的液压 F_2 等于油压 p_1 与活塞面积 A_2 的乘积。故工作上常用提高压力 p_1 和加大活塞有效面积 A_2 的方法，以产生巨大的工作推力 F_2。

（2）因负载 $G = F_2$，故压力 $p_1 = F_2/A_2 = G/A_2$，即液压系统中的压力取决于外负载。负载大时压力也大，负载为零时压力为零。

例 17-2　如图 17-4 所示的液压千斤顶，已知 $A_1 = 1.13 \times 0^{-4}\,\text{m}^2$，$A_2 = 9.62 \times 10^{-4}\,\text{m}^2$。假定施加在小活塞上的力 $F_1 = 5.78 \times 10^3\,\text{N}$。试问能顶起多重的重物？

解　（1）小液压缸内的压力为

$$p_1 = F_1/A_1 = 5.78 \times 10^3 / 1.13 \times 10^{-4}\,\text{Pa} = 512 \times 10^5\,\text{Pa}$$

（2）大活塞向上的推力 F_2 根据静压传递原理可知，$p_2 = p_1$，则 F_2 为

$$F_2 = p_1 \cdot A_2 = 512 \times 10^5 \times 9.62 \times 10^{-4}\,\text{N} = 4.9 \times 10^4\,\text{N}$$

（3）能顶起重物的重量为

$$G = F_2 = 4.9 \times 10^4\,\text{N}$$

通过液体压力的传递，作用力放大了 $F_2/F_1 \approx 8.5$ 倍。

综上所述，液压传动是依靠油液内部的压力来传递动力的，在密闭容器中压力是以等值传递。

所以静压传递原理也是液压传动基本原理之一。

3. 液压传递系统中压力的建立

前面曾介绍在密闭容器内，静止液体受到外力挤压而产生压力。对于采用液压泵连续供油的液压传动系统，流动油液在某处的压力也是因为受到其后各种形式负载的挤压而产生的。负载的形式有工作阻力、摩擦力、弹簧力等。如图 17-7 所示的液压系统中，进入液压缸左腔的油液可能直接来自液压泵，也可能自液压泵输出后，中间经过许多液压阀后流来的。不论哪种情况，分析得出的结论都是同样适用的。

在图 17-7 所示系统中，假定负载阻力 F 为零，液压泵输入液压缸左腔的油液没有受到什么阻挡就能推动活塞向右运动，这样该处的压力就建立不起来。

输入缸左腔的油液由于受到右面外界负载 F 的阻挡，不能立即推动活塞向右运动，但液压泵总是不断地供油，液压缸左腔中的油液必然受到挤压，这和图 17-4 所示系统中油液受到挤压情况相似，随着泵的不断供油，挤压作用不断加剧，油液压力由小到大迅速升高，作用在活塞有效面积 A 上的液压

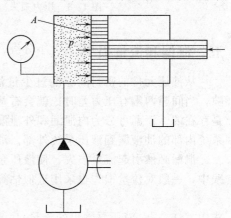

图 17-7　液压系统中压力的形成

作用力 F_p 也迅速增大。当这个力足以克服外界负载时，液压泵输出的油液就迫使液压缸左腔的密封容积增大，从而推动活塞向右运动。在一般情况下活塞运动的速度是均匀的，作用在其上的力相互平衡，所以液压作用力 F_p 等于负载阻力 F，由此可知油液对活塞的压力，也就是油液所产生的压力为 $p = F/A$，和式（17-7）相同。如果活塞在运动过程中，负载 F 保持不变，则油液就不再受更大的挤压，压力也就不会继续上升。所以液压系统中某处油液的压力是油液由于前面受负载的阻挡，后面受到液压泵输出的油液推进，即所谓"前阻后推"的状态下产生的。

综上所述，液压系统中某处油液的压力是由于受到各种形式的负载的挤压而产生的；压力的大小取决于负载，并随负载而变化；压力建立过程是从无到有，从小到大迅速进行的。

四、压力损失及其与流量的关系

当液体流过一段较长的管道或通过阀孔、弯管和管接头时，流动液体各质点之间及流体与管壁之间会产生摩擦和碰撞，从而引起能量损失，表现为压力损失（即压力降低，见图17-8）。若以 Δp 表示压力损失，则 $\Delta p = p_1 - p_2$，且 Δp 与 Q 之间的关系为

$$\Delta p = R_y Q^n$$

或

$$Q^n = \Delta p / R_y \tag{17-13}$$

式中 Q——通过管路的流量；

R_y——管路中的液阻，是一个与管道截面形状、大小、管路长短及油液性质等因素有关的系数；

n——指数，由管道的结构形式决定，一般 $1 \leqslant n \leqslant 2$。

式（17-13）表达了在管路中流动液体的压力损失、流量与液阻三者之间的关系。若流量不变，液阻增大时，压力损失增大；若压力损失不变，液阻增大时，则流量减小。液压传动中常用改变液阻的办法来控制流量或压力（详见下一章）。

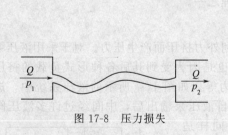

图 17-8　压力损失

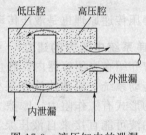

低压腔　　高压腔

外泄漏

内泄漏

图 17-9　液压缸中的泄漏

五、泄漏和流量损失

从液压元件的密封间隙漏过少量油液的现象叫作泄漏。由于液压元件总存在着一些间隙，当间隙两端有压力差时，就会有些油液从这些间隙中流出。所以液压系统中泄漏现象总是存在的。泄漏可分为内泄漏和外泄漏。内泄漏是元件内部高、低压腔间的泄漏。外泄漏是系统内部的油液漏到液压系统外部。液压缸中的两种泄漏现象如图17-9所示。

泄漏必然引起流量损失，使液压泵输出的能量不能全部流入液压缸等执行元件。工作实践中，一般对流量损失也采用近似估算的方法，即

$$Q_泵 = K_漏 Q_缸 \tag{17-14}$$

式中 $Q_泵$——液压泵输出的流量；

$Q_缸$——液压缸的最大流量；

$K_{漏}$——系统的泄漏系数，一般 $K_{漏}=1.1\sim1.3$，系统复杂或管路较长取大值，反之取小值。

六、液压传动功率的计算

功率就是单位时间内所做的功，用 P 表示。单位为瓦（W）或千瓦（kW）。

1. 液压缸的输出功率

因为功率等于力和速度的乘积，对于如图 17-7 所示的液压缸，它的输出功率 $P_{缸}$ 就等于负载阻力 F 乘以活塞（缸）的运动速度 v。即

$$P_{缸}=Fv \tag{17-15}$$

由于 $F=p_{缸}A$、$v=Q_{缸}/A$，所以液压缸输出功率 $P_{缸}$ 又可写为

$$P_{缸}=p_{缸}Q_{缸} \tag{17-16}$$

式中　$P_{缸}$——输出功率，W；

$\quad\quad p_{缸}$——液压缸的最高工作压力，Pa；

$\quad\quad Q_{缸}$——液压缸的最大流量，m^3/s。

2. 液压泵的输出功率

输出功率 $P_{泵}$ 为

$$P_{泵}=p_{泵}Q_{泵} \tag{17-17}$$

式中　$P_{泵}$——输出功率 W；

$\quad\quad p_{泵}$——液压泵的最高工作压力，Pa；

$\quad\quad Q_{泵}$——液压泵输出的最大流量，m^3/s。对输出流量为定值的定量泵来讲，即为该泵的额定流量。

3. 驱动液压泵的电动机功率的计算

由于泵在工作中也存在着因泄漏和机械摩擦所造成的流量损失及机械损失，所以驱动液压泵的电动机所需的功率比液压泵输出功率要大，两者之比用 $\eta_{总}$ 表示，即

$$\eta_{总}=P_{泵}/P_{电} \tag{17-18}$$

式中　$\eta_{总}$——液压泵的总效率。一般计算时，外啮合齿轮泵的 $\eta_{总}$ 取 $0.63\sim0.9$，叶片泵的 $\eta_{总}$ 取 $0.75\sim0.85$，柱塞泵的 $\eta_{总}$ 取 $0.8\sim0.9$。或参照液压泵的产品目录；

$\quad\quad P_{泵}$——液压泵的输出功率；

$\quad\quad P_{电}$——驱动液压泵的电动机功率。

$$P_{电}=P_{泵}/\eta_{总}=P_{泵}Q_{泵}/\eta_{总} \tag{17-19}$$

由式（17-19）即可计算出驱动液压泵的电动机功率。

例 17-3　如图 17-7 所示液压系统，已知活塞向右运动速度 $v=0.04m/s$，外界负载 $F=9720N$，活塞 1 有效工作面积 $A=0.008m^2$，$K_{漏}=1.1$，$K_{压}=1.3$。现有一定量液压泵的额定压力为 25×10^5Pa，额定流量为 $4.17\times10^{-4}m^3/s$（25L/min），试问此泵是否适用？如果泵的总效率为 0.8，驱动它的电动机功率应为多少 kW？

解　（1）输入液压缸

$$Q_{缸}=Av=0.008\times0.04m^3/s=3.2\times10^{-4}m^3/s$$

（2）液压泵应供给的能量为

$$Q_{泵}=K_{漏}Q_{缸}=1.1\times3.2\times10^{-4}m^3/s=3.52\times10^{-4}m^3/s$$

（3）液压缸的工作压力为

$$p_{缸}=F/A=9720/0.8\times10^{-2}Pa=12.15\times10^5Pa$$

（4）液压泵的最高工作压力为

$$p_泵 = K_压 P_缸 = 1.3 \times 12.15 \times 10^5 Pa = 15.8 \times 10^5 Pa$$

（5）因 $p_泵 < p_额$、$Q_泵 < Q_额$，所以此泵适用。

（6）驱动液压泵电动机功率的计算

$$P_电 = P_额 Q_额 / \eta_总 = 25 \times 10^5 \times 4.17 \times 10^{-4} / 0.8 W = 1303 W \approx 1.3 kW$$

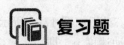 复习题

一、填空题

17.1 油液的压力是由于____和____受到外力作用而产生的。

17.2 液压传动系统一般由____、____、____、____四部分组成。

17.3 液压泵是液压系统的____，它是把电动机或其他原动机输出的____转换成____的装置。

17.4 按照结构不同，常用液压泵有____、____和____。

17.5 液压传动系统中使用的液压泵种类繁多，按其输出流量分为____和____。

17.6 ____是液压系统中的执行元件，它将液压能转换为____的机械能，输出运动和力，结构简单。

17.7 按照用途不同，压力控制阀可分为____、____和____。

二、简答题

17.8 何谓液压传动？液压系统可分为哪些部分？它们的作用是什么？

17.9 液压传动的主要优缺点是什么？

17.10 简述流量控制阀的作用及分类。

17.11 方向控制阀在液压系统中的作用是什么？它分为哪几种？简述其工作原理。

17.12 液压辅助元件有哪些？

17.13 液压传动中，活塞运动的速度是怎样计算的？有人说"作用在活塞上的推力越大，活塞运动速度就越快"，这样的说法对吗？为什么？当活塞面积一定时要改变活塞运动速度应采用什么方法？

17.14 油路中的压力损失有哪几种？分别受哪些因素影响？

 习题

液压千斤顶的工作原理如题 17-1 图所示。为什么小小液压千斤顶能够举起大的重物？在图示的情况下，小活塞的直径 $D_5 = 1.3 cm$，大活塞（柱塞）的直径 $D_4 = 3.4 cm$，$W = 4.9 \times 10^4 kN$，问杠杆端应加力 F 为多大？

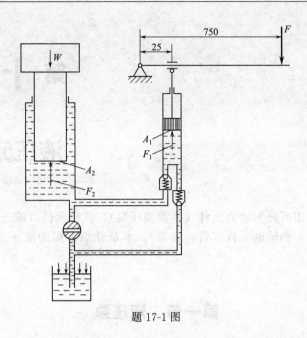

题 17-1 图

第十八章

液压元件

液压元件按其功用可分为动力元件（各类液压泵）、执行元件（液压马达与液压缸）、控制元件（各类液压阀）和辅助元件（管、表等）。本章介绍常用的液压元件的工作原理、特点和应用。

第一节　液压泵

液压泵是将电动机（或其他原动机）输入的机械能转换为液体压力能的能量转换装置。在液压系统中，液压泵是动力元件，作为动力源，向液压系统供给液压油，是液压系统的"心脏"，是液压系统重要组成部分。与电机相比，液压泵相当于发电机。

一、液压泵的工作原理及必备条件

1. 液压泵的工作原理

如图 18-1 所示的是一个简单的柱塞泵的工作原理图。柱塞 2 安装在泵体 3 内组成密封的容积。柱塞在弹簧 5 的作用下紧靠在偏心轮 1 的外圆表面上。驱动轴的带动下，柱塞 2 做往复直线运动。当柱塞向下运动时，密封容腔的容积慢慢增大，油箱内的油液在大气压力作用下，经吸油管顶开吸油阀进入密封容腔，实现吸油，此时排油阀在弹簧作用下关闭；当柱塞向上运动时，密封容腔的容积慢慢减小，容腔内的油液受压，压力升高，将吸油阀关闭，同时压力油顶开排油阀流入系统，实现压油。原动机带动偏心轮连续旋转时，泵就能进行连续地吸、压油。

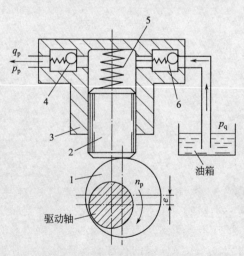

图 18-1　泵的工作原理图

1—偏心轮；2—柱塞；3—泵体；
4—排油阀；5—弹簧；6—吸油阀

根据以上分析可以看出，具有周期性变化的密封容积是泵吸、压油的根本原因。这种靠容积变化原理来进行吸、压油的液压泵称为容积式液压泵。泵的输油量和密封容腔的数目、密封容积的变化量和变化的速度成正比。吸油阀 6，排油阀 4 是保证密封容腔交替实现吸、压油过程所必需的，称其为配流装置，此例为阀式配油。为保证泵正常吸油，油箱必须与大气相通。

2. 液压泵工作必备的条件

可以看出，液压泵是靠密封容积的变化来进行工作的，其工作的必备条件如下。

（1）应具备密封容积　如图18-1所示的油腔密封容积能交替变化。泵的输油量和密封容积变化的大小及单位时间变化次数成正比。

（2）应有配流装置　它保证在吸油过程中密封容积与油箱相通，同时关闭供油通路；压油时，与供油管路相通而与油箱切断。吸油过程中，油箱必须和大气相通，这是吸油的必要的条件。

压油过程中，实际油压决定于输出油路中所遇到的阻力，即决定于外界负载，这是形成油压的条件。

二、常用液压泵的种类

液压泵的种类很多，按其结构不同可分柱塞泵、叶片泵、齿轮泵、螺杆泵及凸轮转子泵等；按输出的流量能否调节可分为定量泵和变量泵；按额定压力的高低可分为低压泵、中压泵和高压泵。液压泵的图形符号见表18-1。

本节主要介绍常用的柱塞泵、叶片泵和齿轮泵的工作原理、特点、应用及选择等内容。

表 18-1　液压泵的图形符号

名称　　特性	单向定量	双向定量	单向变量	双向变量
液压泵				

1. 压力最高的柱塞泵

柱塞泵是利用柱塞在有柱塞孔的缸体内作往复运动，使密封容积发生变化而吸油和压油的。在液压系统中所用的柱塞泵大都是多柱塞泵，但工作原理与如图18-2所示的单柱塞泵相同。

按照柱塞的排列和运动方向可分为径向柱塞泵和轴向柱塞泵两大类。轴向柱塞泵按其结构可分为斜盘式和斜式。其中斜盘式轴向柱塞泵应用较广泛。

（1）轴向柱塞泵工作原理　如图18-2所示为斜盘式轴向柱塞泵其工作原理。将几个相同的柱塞（为简明起见，图中只画出二根）装在缸体（转子）的通孔

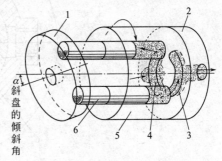

图 18-2　斜盘式轴向柱塞泵的工作原理
1—斜盘；2—配油盘；3—压油窗；
4—吸油窗；5—缸体；6—柱塞

中，柱塞沿缸体圆周均匀分布。柱塞的左端在弹力作用下紧贴在斜盘的端面上，斜盘与缸体的轴线有交角 γ。配油盘上面有两个窗口：一个为压油窗，另一个为吸油窗，分别与排油管和进油管相通。泵工作时，斜盘和配油盘均固定不动。在图18-2所示状态下，自左向右视可见右油窗通压油管，左油窗通吸油管。当柱塞转到左半部时，根部密闭容腔增加，油自吸油窗吸入。转到右半部时，柱塞根部的密闭容腔缩小，油液获得的压力能经压油窗压出。每转一周，柱塞完成吸压油一次。如果改变斜盘的倾斜角 γ，由于柱塞的行程发生变化，可使输油流量改变。可见柱塞泵是故柱塞泵可作为变量泵。

（2）柱塞泵的特点和应用　由于柱塞和柱塞孔均为圆柱面，容易得到高精度的配合，密封性能好，在高压下工作有较高的容积效率。同时，只要改变柱塞的工作行程就能改变泵的

流量，故易于实现流量的调节及液流方向的改变。所以柱塞泵具有压力高、结构紧凑、效率高以及流量调节方便等优点。缺点是结构复杂，价格较高。柱塞泵用于需要高压大流量和流量需要调节的液压系统中。国产 CY 型斜盘式液压泵的工作压力可达 320×10^5 Pa。

2. 运转平稳的叶片泵

叶片泵也是一种容积泵。它是利用转子的转动和叶片在转子滑槽中的伸缩来完成密闭容积变化的。分为单作用式和双作用式两种。

（1）单作用式叶片泵　如图 18-3 所示为单作用式叶片泵的工作原理图。主要由传动轴 5、转子 1 和壳体（定子）2、叶片 4 配油盘 6 等零件组成。转子的径向开有均匀分布的狭槽，槽内装有可沿狭槽在转槽内滑动的叶片。转子装在传动轴 2 内，但两者有一个偏心距 e，各叶片的顶端紧贴定子内表面，使得二叶片间形成一密闭容腔。当转子在传动轴带动下以逆时针方向转动时，这一密闭容腔就发生变化。当转至图 18-3 所示情况时，在右侧各相邻叶片之间的容积逐渐增大，形成真空，油从油箱经吸油管和配油盘的下油窗（吸油窗）吸入。在左半部分，二相邻叶片间的密闭容腔逐渐缩小，压迫油液，使其获得压力能，经配油盘的压油窗，压油管流向工作油路。改变偏心距 e 即可改变油泵的输油量，所以单作用式叶片泵是变量泵。这种泵左半部（压油区）为高压区，右半部（吸油区）为低压区，因此转子受到一径向不平衡力。所以这种泵的工作压力不能太高。为了改善受力情况，提高压力，可采用下面介绍的双作用叶片泵。

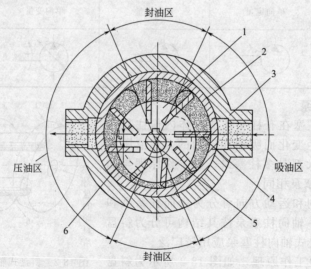

图 18-3　单作用式叶片泵的工作原理图

1—转子；2—定子；3—泵体；4—叶片；5—传动轴；6—配油盘

（2）双作用叶片泵　如图 18-4（a）所示的是双作用叶片泵工作原理图。定子内表面为腰鼓形，定子与转子是同心的。在定子的两端同样装有配油盘。与单作用式不同的是每一配油盘上对称地开有四个配油窗口，即二个吸油窗，二个压油窗。当转子转动时，相邻两叶片间容积随定子形状的改变而不断作周期性的变化。这样，每转一转，完成二次吸油和压油过程。双作用叶片泵由于转子受力平衡，所以泵的输出压力比单作用叶片泵高。目前一般可达到 $7 \sim 10$ MPa。图 18-4(c)所示的是其职能符号。

（3）叶片泵的特点和应用　由于叶片泵的密闭容腔是由两个叶片、定子、转子和前后二配油盘等六个零件组成，因此泄漏处较多，工作压力不如柱塞泵高。而且由于相对滑动的零件增多，对油液的清洁程度也就有一定要求。否则就容易产生"咬煞"现象。

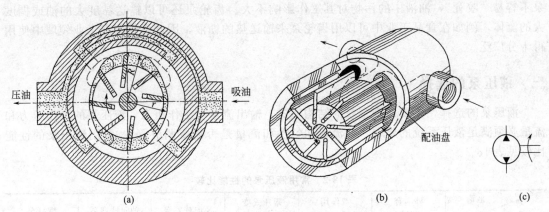

图 18-4　双作用叶片泵的工作原理

　　由以上的分析还可以看出，与柱塞泵相比，叶片泵有一个显著的优点：即运转平稳。从理论上来计算，叶片泵中的各个密闭容腔在转动的每一瞬间所压出的油量是基本相同的。所以输出流量和压力都比较均匀。而柱塞泵在转动过程中，柱塞的运动不是均匀的，而是忽快忽慢，因此每一瞬间压出的油量也是不相同的，以致泵的总输出流量和压力也是在变化的。这就产生了流量和压力的脉动现象。在工作管路中的油液就不均匀稳定。

　　叶片泵由于运转平稳，流量均匀，并能容易地获得较高的工作压力而且价格比柱塞泵便宜。因此在中低压的液压系统中使用十分广泛，例如，组合机床、磨床、液压车床、液压刨床、注塑机和机械手等。

3. 结构简单的齿轮泵

　　(1) 齿轮泵的工作原理　　齿轮泵属于定量泵，分外齿合式和内齿合式两种，如图 18-5 是外啮合齿轮泵。通常由壳体、齿轮以及端盖（图中未画出）等组成。齿轮的宽度与壳体相同，其两端面由端盖密封，齿顶由壳体的内圆柱面密封，齿轮的各个齿槽形成密封工作容积。齿轮泵的工作原理最为简单，就是依靠一对相同齿轮啮合运动来完成其吸油、压油的过程。当齿轮按箭头方向旋转时，在右面容腔由于啮合着的牙齿逐渐脱开，把牙齿的凹部让出来，产生吸油作用，使油液填满齿谷，形成一小密闭容腔。随着齿轮转动，就把齿谷中的油液带到左面容腔。在这个过程中，各齿谷的容积都发生变化，挤压齿谷中的油液形成压油。如果齿轮不断旋转，就能不断地自右腔把油吸入，再从左腔把油压出。右腔叫吸油腔，左腔叫压油腔。

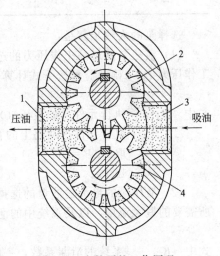

图 18-5　齿轮泵的工作原理
1—压油腔；2—齿轮；3—吸油腔；4—齿轮

　　(2) 齿轮泵的特点和应用　　由于压油腔内的压力大于吸油腔，因此，齿轮泵和单作用叶片泵一样，二腔对齿轮的作用力是不平衡的，致使齿轮轴单边受力，轴承受力后产生变形，使得油泵工作性能变坏。加上在齿轮端面与端盖之间为保证齿轮自由旋转，也存在着间隙，油也会从此间隙中泄漏。因此在各种泵中它的工作效低，一般齿轮泵的输出压力不高，常为 2.5MPa。

　　但是齿轮泵的优点是构造简单，加工容易，价格便宜，结构紧凑，在同样流量的各种泵中，齿轮泵的体积最小，因而用于体积要求紧凑、重量必须很轻的机器上（如飞机）。齿轮泵不容易"咬死"，油液中的污物对其工作影响不大。齿轮泵还可以输送黏度大的油或稠度大的流体，例如在食品工业中可以用齿轮泵来输送热的糖液，因此齿轮泵在工业领域中使用得十分广泛。

三、液压泵的选择

液压泵的选择，主要是确定泵的结构型式、输出流量和工作压力。液压泵的工作压力和流量必须满足液压系统的要求（如流量均匀性和流量是否需要调节等）。常用液压泵的性能比较见表 18-2。

表 18-2 常用液压泵的性能比较

性能 \ 类型	外啮合齿轮泵	双作用叶片泵	限压式变量叶片泵	径向柱塞泵	轴向柱塞泵	螺杆泵
输出压力	低压	中压	中压	高压	高压	低压
流量调节	不能	不能	能	能	能	能
效率	低	较高	较高	高	高	较高
输出流量脉动	很大	很小	一般	一般	一般	最小
自吸特性	好	较差	较差	差	差	好
对油污染的敏感性	不敏感	较敏感	较敏感	很敏感	很敏感	不敏感
噪声	大	小	较大	大	大	最小

*选择泵的大致步骤是：

（1）液压泵的最高工作压力的选择　液压泵的工作压力 P_B 是由系统中执行元件的最高工作压力 P_1 来确定。可按下式计算

$$P_B \geqslant P_1 + \sum \Delta P \tag{18-1}$$

式中　P_1——执行元件（如液压缸）的最大工作压力（进口处）；

$\sum \Delta P$——执行元件进油路上的管路损失之和，初算时可按经验数据选取：管路简单时，取 $\sum \Delta P = (2 \sim 5) \times 10^5$ Pa，管路复杂、流速较大时，取 $\sum \Delta P = (5 \sim 15) \times 10^5$ Pa。

（2）液压泵的最大输油量的选择　液压泵的最大流量 Q_B 可根据液压系统中各回路实际所需要的最大流量，以及系统中的泄露情况来决定，通常可按下式计算

$$Q_B \geqslant K_V (\sum Q_{max}) \tag{18-2}$$

式中　K_V——系统的泄漏系数，一般取 $K_V = 1.1 \sim 1.3$；

$\sum Q_{max}$——同时工作的各执行元件所需的最大流量之和。

（3）选择液压泵的规格　由上述计算结果，可选定泵的压力级别（低压、中压、中高压、高压），然后由产品目录或各生产厂产品样本中查找符合所需压力和流的泵。所选泵的额定压力应比 P_B 高出 $25 \sim 60\%$，因液压泵的额定压力（铭牌值），只表明泵结构强度所能允许的最大工作压力。流量可与系统所需的 Q_B 相当。

（4）确定泵用电动机功率　选好液压泵的型号和规格后，即可按下式确定拖动液压泵的电动机功率

$$P_B = p_B Q_B / 612 \eta_B \times 10^{-5} \, \text{kW} \tag{18-3}$$

式中　P_B——计算所得的液压泵最大工作压，Pa；

Q_B——在压力 p_B 下，泵的最大实际流量，L/min；

η_B——泵的总效率（产品技术规格中标明）。所选电动机的转速应满足泵的要求。

四、使用液压泵的注意事项

实践证明，单靠液压泵产品自身的高质量还不能完全保证达到使用液压泵的满意的效果，还必须正确地使用和维护，下面提出几点注意事项。

（1）液压泵的使用转速和压力都不能超过规定值。

（2）若泵有转向要求时，不得反向旋转。

（3）若泵入口规定有供油压力时，应当给予保证。

（4）要了解泵承受径向力的能力，不能承受径向力的泵，不得将带轮和齿轮等传动件直接装在泵的输出轴上。

（5）泵与电动机连接时，要保证同轴度，或采用挠性连接。

（6）停机较长的泵，不应满载启动，待空转一段时间后再进行正常使用。

（7）泵的吸油口一般应设立过滤器，但吸油阻力不能太大，否则不能正常工作。

（8）注意排除油液中的空气。油液中混有空气将使泵的排油量减小。也易使泵产生噪声。

（9）在使用中，保证液压油清洁，防止污染；一般情况下，工作油温不要超过 50℃，最高不要超过 65℃，短时间最高油温不要超过 80～90℃。

*五、液压泵的故障分析与排除

液压泵的故障产生原因是多种多样的，总的来看，造成故障的原因有两方面。

1. 由液压泵本身原因引起的故障　如泵零件加工的精度不高、表面粗糙、配合间隙不适当、形位误差（见附录 B）等不符合技术要求。特别是泵经过一段时间的使用，有些质量问题将暴露出来，突出的现象是技术要求遭到破坏。

2. 引起泵出故障的外界因素，包括操作者对液压传动缺少应有的知识；没有严格遵守泵的使用操作规程；液体油黏度过高或过低；环境不清洁等。

3. 液压泵的故障排除方法见所用的液压泵说明书。

第二节　液压缸和液压马达

液压缸和液压马达的作用与液压泵相反，是将液压能转变为机械能的转换装置，在液压传动系统中属于执行元件。

一、液压缸

液压缸是液压系统中应用最广的执行元件。按照液压缸的结构形成，可分为活塞式、柱塞式和摆动液压缸。按照液压缸的驱动方式，可分为单作用液压缸和双作用液压缸两大类。单作用液压缸的压力油仅向活塞的一侧供油，因此只能靠压力油实现液压缸的单向动作，而反行程只能利用外力（如自重、负荷或弹簧力）的作用来完成，它有节约动力的优点。双作用液压缸的活塞两侧可分别承受液压，往复运动均靠压力油液来推动，能实现各种复杂运动，故应用甚广。液压缸的类型、图形符号和工作特点如表 18-3 所示。

表 18-3 液压缸的类型、图形符号和工作特点

	名称	图形符号	工作特点
单作用液压缸	活塞液压缸	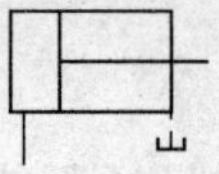	活塞仅单向运动,由外力使活塞反向运动
单作用液压缸	柱塞液压缸	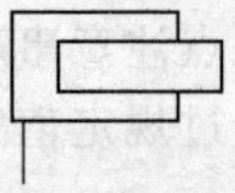	柱塞仅单向运动,由外力使柱塞反向运动
单作用液压缸	伸缩液压缸		有多个互相联动的活塞,其行程可较长,由外力使活塞返回
推力液压缸 双作用液压缸 单活塞杆	液压缸	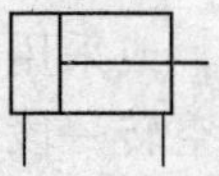	活塞双向运动,行程终了时不减速
推力液压缸 双作用液压缸 单活塞杆	带不可调缓冲式液压缸	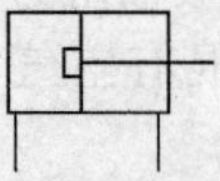	活塞终了时减速制动,减速值不变
推力液压缸 双作用液压缸 单活塞杆	带可调缓冲式液压缸	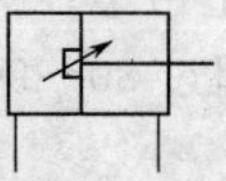	活塞终了时减速制动,但减速值可调节
推力液压缸 双作用液压缸 单活塞杆	差动液压缸	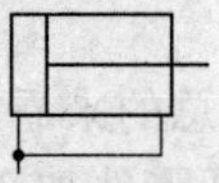	液压缸有杆腔的回油与液压泵输出油液一起进入无杆腔,能提高运动速度
推力液压缸 双作用液压缸 双活塞杆	等行程、等速度液压缸	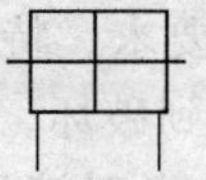	活塞左右移动速度和行程皆相等
推力液压缸 双作用液压缸 双活塞杆	双向液压缸	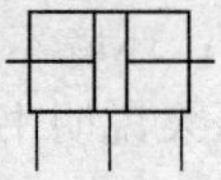	两个活塞同时向相反方向运动
推力液压缸 双作用液压缸	伸缩套筒式液压缸	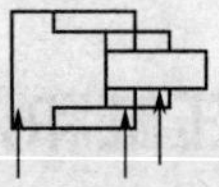	有多个互相联动的活塞,活塞可双向运动。在相同轴向尺寸下,可增加行程
推力液压缸 双作用液压缸	弹簧复位液压缸	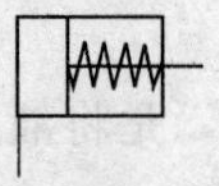	活塞单向作用,由弹簧使活塞复位
摆动液压缸	单叶片摆动液压缸	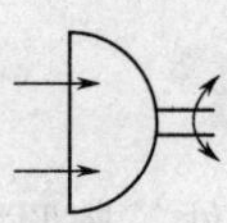	摆动液压缸也叫摆动马达,把液压能变为回转的机械能,输出轴只能做小于360°的摆动
摆动液压缸	双叶片摆动液压缸		摆动液压缸也叫做摆动马达,把液压能转变为回转的机械能,输出轴只能做小于180°的摆动

以下讨论几种应用较广泛的液压缸。

1. 活塞式液压缸

活塞式液压缸按结构可以分为单活塞杆和双活塞杆液压缸两种形式。

（1）双杆液压缸 又分实心双杆和空心双杆两种。如图 18-6（a）所示为实心双杆液压

缸的结构图。它由导向套 3，缸筒 6，活塞 5，活塞杆 7，支架 8，密封圈 2，密封纸垫 4，法兰盖 1 等组成。缸筒固定在床身上，活塞杆和工作台通过支架连接在一起。压力油经孔 a 或 b 进入液压缸左腔或右腔，推动活塞带动工作台往复运动。如图（b）所示为双杆液压缸的图形符号。

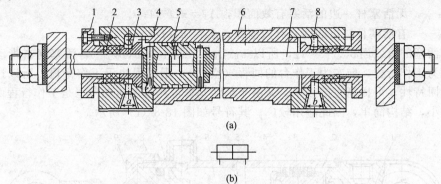

图 18-6　实心双杆液压缸结构图

1—法兰盖；2—密封圈；3—导向套；4—密封纸垫；5—活塞；6—缸筒；7—活塞杆；8—支架

双杆液压缸的特点是：液压缸两腔的活塞杆直径和活塞有效作用面积相等。因此，当液压缸两腔的流量相同时，活塞（或缸）往复运动的速度相等。根据式（18-5）可求得活塞的移动速度

$$v = Q/A \quad (\text{m/min}) \tag{18-4}$$

式中　A——活塞有效面积，$A = \pi (D^2 - d^2)/4$。

在供油压力相等的条件下，活塞两个方向所产生的推力也相同，可求得

$$F_1 = F_2 = (p_1 - p_2)A = (p_1 - p_2)\pi(D^2 - d^2)/4 \tag{18-5}$$

$$v_1 = v_2 = 4q_V/\pi(D^2 - d^2) \tag{18-6}$$

式中　F_1、F_2——活塞上的作用力，其方向见图 18-7；

　　　　p_1、p_2——液压缸进、出口压力；

　　　　v_1、v_2——活塞的运动速度，其方向见图 18-7；

　　　　A——活塞有效面积；

　　　　D——活塞直径；

　　　　d——活塞杆直径。

若将缸体固定在床身上，活塞杆和工作台相连，缸的左腔进油，则推动活塞向右运动；反之，缸的右腔进油，推动活塞向左运动。其运动范围为活塞有效行程的 3 倍，如图 18-7（a）所示。这种连接的占地较大，一般用于中、小型设备。若将活塞杆固定在床身上，缸体与工作台相连时，其运动范围为液压缸有效行程的 2 倍［见图 18-7（b）］。这种连接的占地小，常用于大、中型设备。

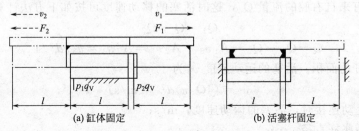

图 18-7　实心双杆液压缸

（2）单活塞杆液压缸　其结构如图 18-8(a)所示，由于仅在缸的一端有活塞杆，所以活塞两边有效面积不等，因此在流量 Q 相同的情况下，活塞往复移动速度不等。其向左和向右的移动速度 v_1 和 v_2 分别为

$$v_1 = Q/A_2 (\text{m/min}), \quad v_2 = Q/A_2 (\text{m/min})$$

式中　A_1——无活塞杆一边的活塞有效面积，$A_1 = \pi D^2/4$；

　　　A_2——有活塞杆一边的活塞有效面积，$A_2 = \pi(D^2 - d^2)/4$。

因为活塞的有效面积 $A_1 > A_2$，所以 $v_1 < v_2$〔见图 18-8(b)〕。若活塞向右带动工作台向右运动为工作行程，向左为工作台的回程（空程），则回程快于工作行程。所以这种液压缸具有急回特性，可提高生产效率。又由于单活塞杆液压缸的运动范围是工作行程两倍，占地面积较小，结构简单，因此应用较广。其符号如图 18-8（c）所示。

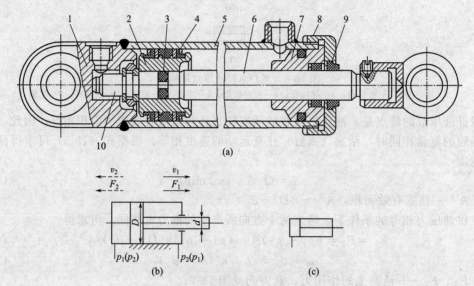

图 18-8　单活塞杆液压缸

1—缸底；2—活塞；3—O 形密封圈；4—Y 形密封圈；5—缸体；6—活塞杆
7—导向套；8—缸盖；9—防尘圈；10—缓冲柱塞

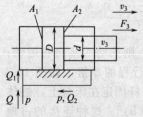

图 18-9　差动液压缸

（3）差动液压缸　如果单出杆液压缸的左右两腔同时通进压力油（见图 18-9），由于活塞两侧有效作用面积 A_1 和 A_2 不相等，推力就不等，就会产生推力差，在此推力差的作用下，使活塞向右移动。此时，从缸右腔排出的油液也进入左腔，使活塞实现快速运动。这种连接方式称为差动连接。这种两腔同时通压力油，利用活塞两侧有效作用面积差进行工作的单出杆液压缸称为差动液压缸。

由图 18-9 所示可知，进入液压缸左腔的流量 Q_1 除泵所供给的流量 Q 外，还有来自右腔的流量 Q_2，这时活塞的移动速度可按如下方法计算

$$Q_1 = Q + Q_2$$

$$Q = Q_1 - Q_2 = A_1 v_3 - A_2 v_3 = A_3 v_3 = v_3 \pi d^2/4$$

A_3 为活塞杆的面积。活塞的运动速度 v_3 为

$$v_3 = (4Q/\pi)d^2 \quad (\text{m/s}) \tag{18-7}$$

式中　v_3——差动连接时，活塞的运动速度，m/s；

　　　d——活塞杆直径，m；

　　　Q——泵的输出流量，m^3/s。

比较式（18-4）和式（18-7）可知：同样大小的液压缸当差动连接后，活塞的运动速度 v 大于非差动连接时的速度 v_1，因而可以获得快速运动。在实际生产中（如组合机床），常采用液压缸差动连接形式来实现快进、工进、快退运动。若想使快速进退速度相等，可使活塞无杆腔有效作用面积为活塞杆面积的两倍，也就是 $D \approx 1.4d$。差动连接的推力可按如下公式计算

$$F_3 = A_3 p = (\pi d^2 / 4) p \tag{18-8}$$

式中　F_3——差动连接的推力，N；

　　　d——活塞杆的直径，m；

　　　p——工作压力，Pa。

2. 柱塞式液压缸

活塞式液压缸中，缸的内孔与活塞有配合要求，所以对其精度要求较高，当缸体较长时，加工就很困难。对于这种情况，可以采用柱塞式液压缸，其结构如图 18-10 所示。

柱塞缸的缸筒与柱塞没有配合要求，缸筒内孔不需要精加工，它适用于导程很长的场合。为了减轻柱塞的重量和柱塞的弯曲变形，柱塞常做成空心的。如图 18-10(a) 所示为单柱塞缸，柱塞的返回要靠外力，图 18-10(b) 所示为液压缸的图形符号。柱塞式液压缸成对安装使用［见图 18-10(c)］时，可实现柱塞的返回也是靠液压力。

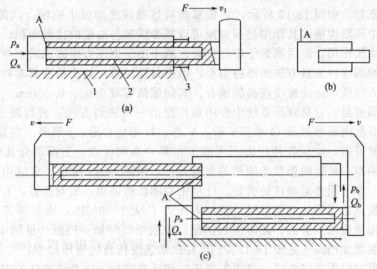

图 18-10　柱塞式液压缸结构图
1—缸筒；2—柱塞；3—导向套和端盖

*3. 摆动式液压缸

摆动式液压缸是一种输出转矩并实现往复摆动的液压执行元件，又称摆动式液压电动机或回转液压缸。摆动式液压缸常有单叶片式和双叶片式两种形式，如图 18-11(a) 所示为单叶片式。它由叶片轴、缸体、定子和回转叶片等零件组成，定子固定在缸体上，叶片和叶片轴（转子）连接在一起，当油口 A 和 B 交替输入压力油时，叶片带动叶片轴做往复摆动，输出转矩和角度。如果转子固定不动，也可让壳体摆动，其进、出油的原理是一样的［见图 18-11(b)］。单叶片缸输出轴的摆动角小于 310°，双叶片缸输出轴的摆动角小于 150°，但输出转矩是单叶片缸的两倍。如图 18-11(c) 所示为摆动式液压缸图形符号。

摆动式液压缸输出转矩大、结构紧凑，但密封性较差，一般只用于机床和工夹具的夹紧装置，转位装置，送料装置，周期性进给机构中等中、低压系统以及工程机械中。

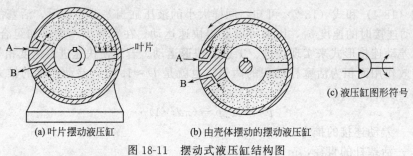

A 叶片

A

B

A

B

(a) 叶片摆动液压缸　　　　　　(b) 由壳体摆动的摆动液压缸

(c) 液压缸图形符号

图 18-11　摆动式液压缸结构图

二、液压缸的密封、排气和缓冲

1. 液压缸的密封

　　液压缸密封是指活塞、活塞杆和端盖等处的密封，用来防止液压缸内部和外部泄漏。其性能的好坏直接影响液压缸的工作性能和效率。因此要求液压缸所选用的密封元件是在一定工作压力下具有良好的密封性能的。并且，密封性能应随着压力升高而自动提高，使泄漏不致因压力升高而显著增加。此外还要求密封元件结构简单、寿命长、摩擦力小，不致产生卡死、爬行等现象。常用的密封方法有间隙密封和密封元件的密封。

　　(1) 间隙密封　如图 18-12 所示，它依靠相对运动件之间很小的配合间隙来保证密封。活塞上开有几个环形沟槽，其作用是一方面可以减少活塞与缸壁的接触面积；另一方面，由于环形槽中的油压作用，使活塞处于中心位置，减小由于侧压力所造成活塞与缸壁之间的摩擦，并可减少泄漏这种密封方法的摩擦力小，但密封性能差，加工精度要求较高，只适用于尺寸较小，压力较低，运动速度较高的场合。其间隙值可取 0.02～0.05mm。

　　(2) 密封圈密封　它是液压系统中应用最广泛的一种密封方法。密封圈是用耐油橡胶、尼龙等制成。其截面通常做成 O 形、Y 形、V 形、U 形、L 形、J 形等。它具有制造容易、使用方便，密封可靠，能在各种压力下可靠工作等一系列优点。下面简介几种常见的密封圈。O 形密封圈是一种断面形状为圆形的密封元件，如图 18-13 所示。它应用较广，可用于固定件的密封，亦可用于运动件的密封。O 形密封圈结构简单，密封性好，有自动提高密封效果的作用。缺点是当用运动密封时，若缸内压力 P 大于 10MPa，密封圈容易被挤出 [见图 18-14(a)] 而造成剧烈磨损。此时应加挡圈。单向受压时加一挡圈 [见图 18-14(b)]，双向受压时，两侧都加挡圈 [见图 18-14(c)]。在运动速度较高的液压缸中，可采用 Y 形或 V 形密封圈。Y 形密封圈适应性强，可用于液压缸和活塞密封，以及活塞杆的密封中，其结构如图 18-15 所示。

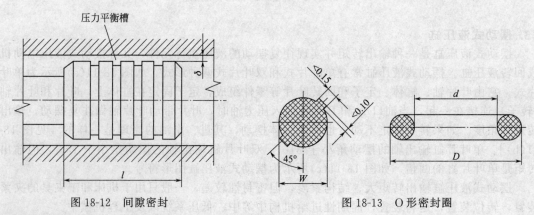

压力平衡槽

δ

l

≤0.15

≤0.10

45°

W

d

D

图 18-12　间隙密封　　　　　　　图 18-13　O 形密封圈

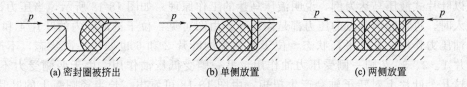

(a) 密封圈被挤出　　　　　(b) 单侧放置　　　　　(c) 两侧放置

图 18-14　O 形密封圈的正确使用

*2. 液压缸的排气

当液压系统中渗入空气后，会影响运动的平稳
性，引起活塞低速运动时的爬行和换向精度下降等，
甚至在开车时，会产生运动部件突然发生冲击的现
象。为了便于排除积留在液压缸内的空气，油液最
好从液压缸的最高点进入和引出。对运动平稳性要
求较高的液压缸常在两端装有排气塞。如图 18-16 所

图 18-15　Y 形密封圈

示为液压缸的排气塞。工作前拧开排气塞，使活塞全行程空载往复数次，空气即可通过排气
塞排出。空气排净后，需把排气塞关闭再进行工作。

*3. 液压缸的缓冲

当运动部件质量较大，运动速度较高时，为避免活塞在运动到缸筒的终端撞击缸盖，产
生噪音，影响工作精度以至损坏机件，因此需在大型、高速和高精度的液压设备的油缸端面
设置缓冲装置。

缓冲原理是活塞在接近缸盖时，增大回油阻力，以降低活塞的运动速度，从而避免活塞
缸盖。其常用缓冲结构如图 18-17 所示。它是由活塞凸台（圆锥或带槽圆柱）和缸盖凹槽圆
柱面）构成。当活塞移近缸盖时，凸台逐渐进入凹槽，将凹槽内的油液经凸台和凹槽的缝隙
挤出，增大回油阻力，产生差动作用，从而实现缓冲。

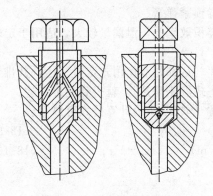

图 18-16　液压缸的排气塞

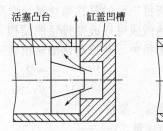

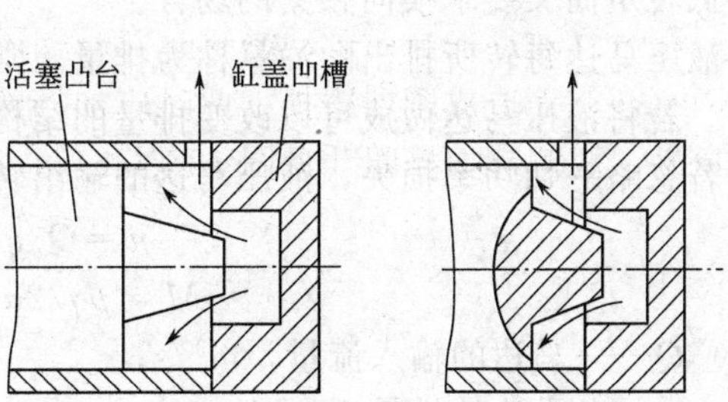

活塞凸台　　缸盖凹槽

图 18-17　液压缸的缓冲结构

三、液压马达

液压马达的结构与液压泵基本相同，但其所起的作用则与液压泵相反，它输入的是液压
能，而转换输出的是旋转形式的机械能，因此在液压传动系统中也是属于执行元件。

液压马达通常也有三种类型，即齿轮式、柱塞式（也有轴向和径向之分）和叶片式。齿
轮式、叶片式和轴向柱塞液压马达均为高速小转矩马达，而径向柱塞式马达则为低速大转
矩马达。

现以叶片式液压马达为例，说明液压马达的工作原理。如图 18-18 所示，当压力油从进油口输入时，进油腔内各点的压力都是高压 p。由图可见，位于进油腔内的叶片 4 和 8，两面均受油压作用，处于平衡状态，位于回油腔的叶片 2 和 6 也处于平衡状态，不产生扭矩。叶片 1、3、5、7 则一侧受压力油作用，另一侧受低压油作用，由于两侧受力不平衡，因此在这几个叶片上对转子轴会产生扭矩。由图 18-18 可看出，长半径圆弧上的叶片 1、5 作用面积大于短半径圆弧上的叶片 3、7 作用面积，因此对转子轴的扭矩不平衡，使转子沿顺时针方向转动，通过出口输出。

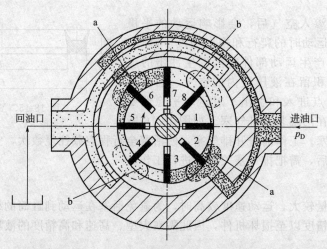

图 18-18　叶片式液压马达工作原理图

液压马达都要求能正、反转，所以叶片式液压马达的叶片要径向放置，在正转或反转时，为了保证叶片根部始终通有压力油，在吸、压油腔通入叶片根部的通路上设置了单向阀。为了确保叶片式液压马达在压力油通入后能正常起动，必须使叶片顶部一直和定子内表面紧密接触，保证良好的密封。因此在叶片根部应设置预紧弹簧。

叶片液压马达的体积小，惯性小，动作灵敏，但容积效率低，泄漏量较大，适用于定转速、低转矩而又要求换向频繁的场合。

液压马达每转所排出的油量称为排量。常用的叶片马达都是双作用式定量马达，其排量不变。若将液压马达做成可以改变排量的结构（如柱塞式液压马达），就得到变量马达。

若忽略一切功率损失，液压马达的输出转速 n 与输出转矩 M 的计算公式可以写成

$$n = Q/q \qquad (\text{r/s}) \tag{18-9}$$
$$M = pq/2\pi \qquad (\text{N} \cdot \text{m}) \tag{18-10}$$

式中　Q——马达的输入流量，m^3/s；

　　　q——马达的排量，m^3/r；

　　　p——马达的工作压力，Pa。

对于定量液压马达，排量 q 为定值，在流量 Q 和压力 p 不变时，其输出转速 n 和转矩 M 均为常数；对于变量液压马达，排量 q 的大小可以调节，因而其输出转速 n 和转矩 M 可以改变。流量和压力不变时，若排量增大，则转速降低，转矩增大。

应当注意，液压泵和液压马达的能量转换是互逆的。故理论上液压泵和液压马达可以互相通用。但实际上由于两者作用与要求不同，故在结构上也有若干不同之点，不能任意换用。

*四、液压缸的故障分析与排除

液压缸的常见故障分析及排除方法见表18-4。

表18-4　液压缸常见故障的分析和排除方法

故障现象	故障原因	排除方法
运动部件速度达不到或不运动	装配精度或安装精度超差	检查、保证达到规定的安装精度
	活塞密封圈损坏,缸内泄漏严重	更换密封圈
	间隙密封的活塞,缸壁磨损过大,内泄漏多	修研缸内孔,重配新活塞
	缸盖外密封圈摩擦力过大	适当调松压盖螺钉
	活塞杆处密封圈磨损严重或损坏	调紧压盖螺钉或更换密封圈
运动部件产生爬行	活塞式液压缸端盖密封圈压得太死	调整压盖螺钉(不漏油即可)
	液压缸中进入空气未排净	利用排气装置排气、无排气装置可在空载下反复动作若干次(应将油口向上布置安装)
运动部件换向有冲击	活塞杆与运动部件连接不牢固	检查并紧固连接螺栓
	不在缸端部换向,缓冲装置不起作用	在油路上设背压阀
冲击声	液压缸缓冲装置失灵	进行检修和调整

第三节　液压控制阀

液压机械在工作时,工作机构经常需要启动、换向和停止,各工作机构所承受的负载又经常变化,工作机构运动速度需要进行调节。为了满足这些要求,一套完整的液压系统除了具有动力元件、执行元件外,还必须有控制调节液压系统的压力、流量和液流方向的装置,从而保证液压工作机构有准确的动作和完善的性能。这些控制调节装置一般统称为控制阀,简称阀。

阀的种类很多,根据其工作特点和用途的不同可以分为以下三大类。

(1) 方向控制阀　如单向阀、换向阀等。

(2) 压力控制阀　如溢流阀、顺序阀、减压阀等。

(3) 流量控制阀　如节流阀、调速阀等。

根据安装连接方式的不同,液压阀又可分为管式连接 (螺纹连接) 和板式连接两种结构。

一、方向阀

方向阀用来控制油液的定向、换向和闭锁等,它包括单向阀和换向阀。

1. 单向阀

单向阀的作用是使油液只能沿一个方向流动,因此亦称逆止阀。有普通单向阀和液控单向阀之分。

（1）普通单向阀　如图 18-19 所示为普通型单向阀的结构图。当油液作用力大于弹簧力时，压力油顶开阀芯，自进油口 P_1 流向出油口 P_2。油液倒流时，液压作用力使阀芯压紧在阀体上，阀口关闭，油路不通。常用的单向阀有直通式 [见图 18-19（a）] 和直角式 [见图 18-19（b）] 两种。如图 18-19（c）所示为普通单向阀的职能符号。

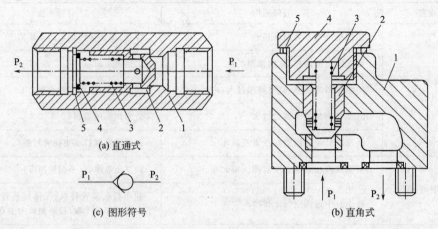

(a) 直通式

(c) 图形符号

(b) 直角式

图 18-19　普通单向阀
1—阀体；2—阀芯；3—弹簧；4—盖；5—垫圈

（2）液控单向阀　结构如图 18-20（a）所示。它与普通单向阀的不同之处在于多了一条控制油路（K 为控制口，在职能符号中用虚线表示控制油路，实线代表主油路）。一般情况下，只允许油液自进油口 P_1 流向出油口 P_2，不能反向流动。只有当接通控制油路，压力油通入控制口 K，推动控制活塞 1 并通过顶杆将单向阀阀芯顶起后，P_1 与 P_2 相通，油液才可以反向流动。注意控制压力油与进油口 P_1 或出油口 P_2 是始终不通的。当控制油路切断后，油液仍只能单向流动。其职能符号如图 18-20（b）所示。

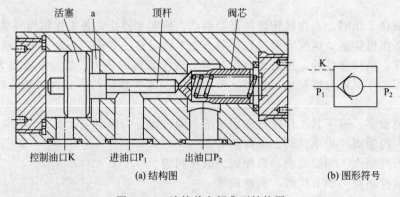

(a) 结构图

(b) 图形符号

图 18-20　液控单向阀典型结构图

2. 换向阀

换向阀的作用是通过阀芯的运动，变换阀后油流方向或截断油路来对油流进行方向控制，是油路的"指挥者"。换向阀的用途十分广泛，种类很多。换向阀的分类见表 18-5，分述如下。

表 18-5　换向阀的分类

分 类 方 式	型　　式
按阀芯运动方式	滑阀、转阀
按阀的位置数和通路数	二位二通、三位四通、三位五通等
按阀的操纵方式	手动、机动、电磁、液动、电液动
按阀的安装方式	管式、板式、法兰式

（1）按阀芯运动方式分类　滑阀式换向阀最为常见。其结构如图 18-21 所示，主要由阀体和阀芯及控制运动的元件等构成。阀体内圆孔加工有若干条沉割槽，每条沉割槽都通过相应的孔道与外部相通。滑阀阀芯是一个具有多段环形槽的圆柱体（图示阀芯有 3 个台肩，阀体孔内有 5 个沉割槽）。每条槽都通过相应的孔道与外部相通，其中 P 口为进油口，T 口为回油口，A 和 B 通执行元件的阀芯上加工几个台肩与之相配合。保证阀芯在阀体内做轴向移动时，使阀体上的通道，一些连通，另一些封闭。

当阀芯处于如图 18-21（b）所示的工作位置时，4 个油口互不通，液压缸两腔不通压力油，处于停机状态。若使换向阀的阀芯右移，如图 18-21（a）所示，阀体上的油口 P 和 A 相通，B 和 T 相通，压力油经 P、A 油口进入液压缸左腔，活塞右移，右腔油液经 B、T 油口回油箱；反之，若使阀芯左移，如图 18-21（c）所示，则 P 和 B 相通，A 和 T 相通，活塞便左移。

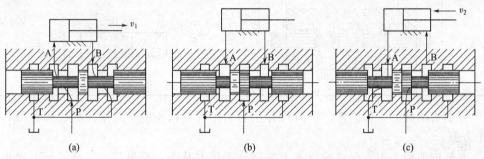

图 18-21　滑阀式换向阀换向原理

（2）按阀芯在阀体内的工作位置数和换向阀所控制的油口通路数分类　换向阀有二位二通、二位三通、二位四通、二位五通等类型。不同的位数和通路数是由阀体上的沿割槽和阀芯上台肩的不同组合形成的。将五通的两个回油口 T_1 和 T_2 沟通成一个油口 T，便成了四通阀。

换向阀要用规定的符号表示。表 18-6 列出了几种常用的滑阀式换向阀的结构原理图以及与之相对应的图形符号，现对换向阀的符号做如下说明。

表 18-6　常用换向阀的结构原理图和图形符号

位和通	结构原理图	图形符号
二位二通	A　B	B A
二位三通	A　P　B	A　B P

位和通	结构原理图	图形符号
二位四通	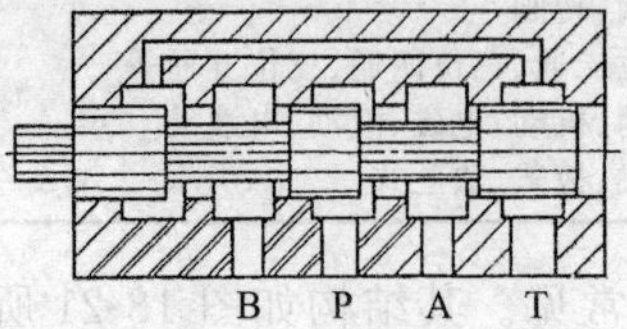	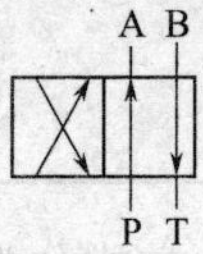
二位五通	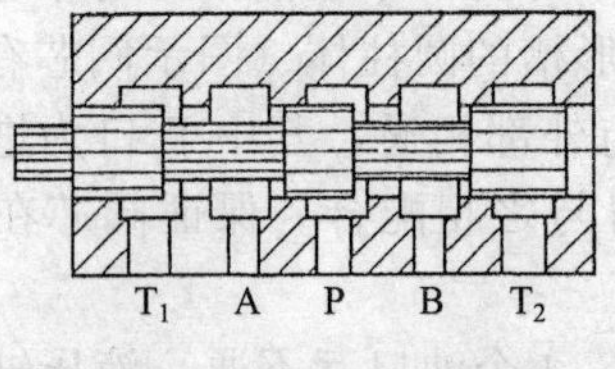	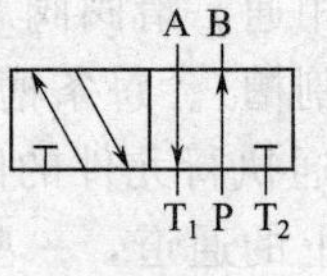
三位四通	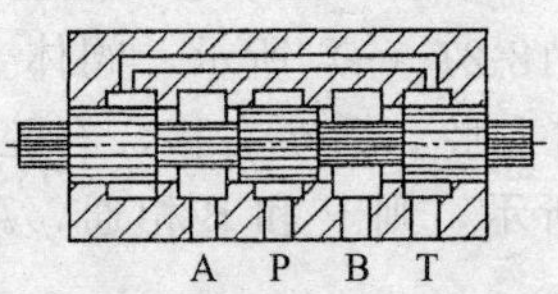	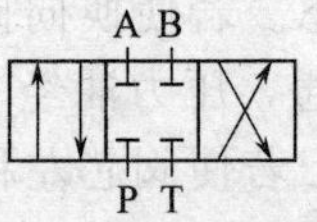
三位五通	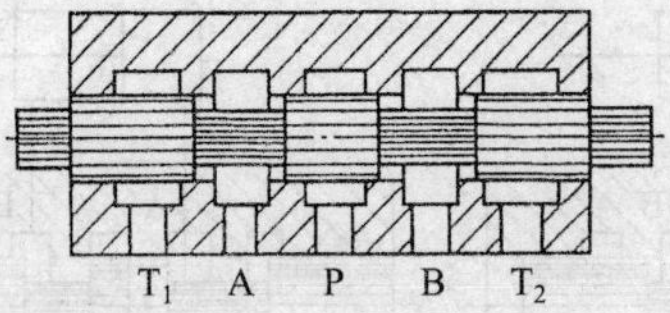	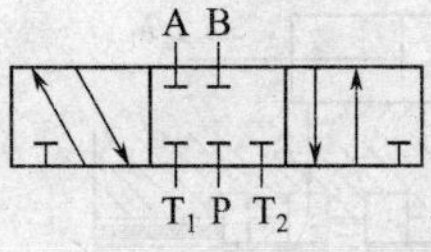

① 方框表示阀的工作位置，换向阀有几个工作位置就相应有几个方框，即位数，二位即二个方框。

② 方框内的箭头表示在这一位置上油路处于接通状态，符号"⊥"或"⊤"表示阀内通道被阀芯封闭。

③ P表示进油口，T表示通油箱的回油口，A和B表示连接其他两个工作油路的油口。

④ 控制方式和复位弹簧的符号画在方格的两侧。

⑤ 三位阀的中位，二位阀靠有弹簧的那一位为常态位。二位二通阀有常开型和常闭型两种，前者的常态位连通，用代号H表示，后者则不通，不标注代号。在液压系统图中，换向阀的符号与油路的连接应画在常态位上。

（3）按阀芯换位的控制方式分　换向阀有手动、机动、电动、液动和电液动阀等类型。以下介绍几种典型的换向滑阀。

（1）二位四通电磁换向阀　电磁换向阀用电磁铁推动滑阀移动来实现油路的切换。采用此阀，可以提高液压系统的自动化程度，在机床及其他液压装置中应用很广。

二位四通电磁阀的结构原理和职能符号如图18-22所示。滑阀有两个工作位置（称位——二位），阀体上有四个接出的通道（称通——四通），它的记号为：P为进油口，O为回油口，A、B为通往液压缸两腔的油口。

当电磁铁的线圈断电时（常态），如图18-22（a）所示可见弹簧将阀芯推向左端位置，压力油从液压泵→P→B→液压缸左腔，推动活塞右移；回油从液压缸右腔→A→O→油箱。如图18-22（c）所示为这种阀的职能符号，图中方格数目即位数，格内箭头表示阀内油液流向，方格上下的短线表示外接油路，方格左边的符号表示电磁铁驱动，右边为复位弹簧。当线圈通电时［见图18-22(b)］，衔铁1被吸合，阀芯移至右端位置，压力油由液压泵→P→A→液压缸右腔，推动活塞左移；回油则由液压缸左腔→B→O→油箱。由于阀芯的状态是由电磁铁控制的，所以也叫做电磁换向阀。二位四通换向阀是最常用的。此外，尚有二位五通（表示滑阀有两个位置，阀体上有五个通口，以下类推）、二位三通、二位二通、三位四通等，可以根据油路需要参考液压技术手册选用。下面再介绍一种用于大流量时的液动换向阀。

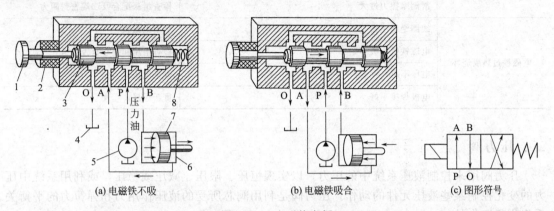

图 18-22　电磁换向阀

1—衔铁；2—电磁铁线圈；3—滑阀；4—油箱；5—泵；6—液压缸；7—活塞；8—弹簧

*（2）液动换向阀　当流量较大时，作用在阀芯上的摩擦力和液动力也很大，若用电磁铁来推动阀芯，电磁铁尺寸势必十分庞大，有时甚至不能实现。所以在油路中的工作流量较大时，常利用液压力产生很大的推力，推动阀芯移动来实现换向。所以在液压系统中，当流量较大（10.5×10^{-4} m^3/s）、高压、阀芯行程长的场合时常用这种换向阀，称为液动换向阀。如图18-23所示为三位四通弹簧对中式液动换向阀结构图。当两个控制油口X和Y都不通压力油时，阀芯2在两端弹簧4的作用下处于中位。当控制压力油从X流入阀芯左端油腔时，阀芯被推至右端，油口P和B相通，A和T相通；当控制压力油从Y流入阀芯右端油腔时，阀芯被推至左端，油口P和A相通，B和T相通，实现液流反向。

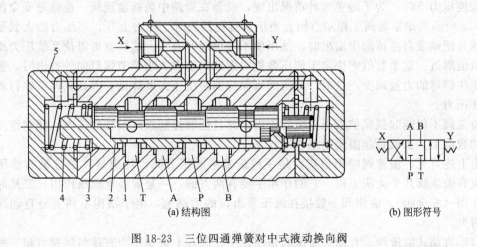

(a) 结构图　　　　　　　　　　　(b) 图形符号

图 18-23　三位四通弹簧对中式液动换向阀

1—阀体；2—阀芯；3—垫圈；4—弹簧；5—阀盖

换向阀常见故障及排除方法见表18-7。

表 18-7　换向阀的故障及排除方法

故障	原因	排除方法
换向阀不换向	电磁铁损坏或力量不足	更换电磁铁
	滑阀拉毛或卡死	清洗、修研滑阀
	有中间位置的阀的弹簧力超过电磁铁吸力或弹簧折断	更换弹簧
	滑阀摩擦力过大	检查滑阀配合及二端密封阻力
电磁铁过热或烧坏	线圈绝缘不良	更换电磁铁
	电磁铁铁心吸不紧	检查电压和铁心是否被卡
	电压不对	改正电压
	电极焊接不好	重新焊接

二、压力阀

压力阀用来控制液压系统中的压力，以实现恒压、限压、减压或稳压，或利用系统中压力的变化控制某些液压元件的动作。压力阀是利用阀芯所受的液压作用力和弹簧力的平衡关系来进行工作的。

压力阀按用途可分为溢流阀、减压阀、顺序阀和压力继电器等。

1. 溢流阀

家用的压力锅上有一只安全阀门。当锅内的蒸汽压力达到一定值后，它就自动冲开阀门，把蒸汽泄放出来使锅内压力下降，避免锅爆炸。工业用的蒸汽锅炉也都要装有安全阀门。液压系统也同样必须有类似的阀门。

前面我们已经谈到，液压系统的工作压力不由液压泵的标定值决定，而是决定于工作负载。负载愈重则压力愈高。例如，有些机床上的液压拖板的位置是由定位挡块来决定的。当碰到定位挡块后，由于活塞推不动挡块，不能继续前进，但在不断压油，因此油缸内的压力就会不断升高，也就使整个液压管路内的压力不断升高，一直到系统中某一环节破损，泄漏后才能使压力下降。为了避免这种情况出现，就要在管路中装接溢流阀，也就是安全阀。如图 18-24 所示的是溢流阀工作示意图。当活塞碰到挡块时，压力上升，当压力增大到足以顶开钢球并使油液自溢流阀中溢出时，油压就不能继续升高了。这样就可以使系统压力维持在一定数值附近。这个数值则决定于调压弹簧对钢球的顶力。当调节螺钉向外拧出时，弹簧松开，压住钢球的力量减少，这时，溢流阀所保持的系统压力就降低。因此，调节螺钉就可调整系统压力。

溢流阀不仅能起到保护液压系统的作用，而且能够控制液压系统的压力，使它维持在所需要的数值上。也就是起溢流稳压作用。

由上述可见，溢流阀应用很广，是一种最基本的压力阀，特别是在定量泵的液压系统中，没有溢流阀几乎无法工作。它的作用主要有两方面：一是起溢流稳压作用；二是起限压保护作用（安全阀）。溢流阀一般接在液压泵出口的油路上，由于结构不同可分直动式和先导式两类。

（1）直动式溢流阀　直动式溢流阀是使作用在阀芯上进油压力直接与弹簧力相平衡。

如图 18-25（a）所示的是直动式溢流阀的结构图。P 是进油口，O 是回油口，进口压力油经阀芯 3 中间小孔 a 作用在阀芯的底部端面上。当进油压力较小时，阀芯在弹簧 2 的作用下处于下端位置，将 P 和 O 两油口隔开。当进口压力升高，在阀芯下端所产生的作用力超

过弹簧压力 F_H 时，阀芯上升，阀口被打开，将多余的油排回油箱，保持进口压力近于恒定。用小孔 a 用来避免阀芯动作过快造成振动，以提高阀的工作平稳性。调整螺帽 1 可以改变弹簧力 F_H，也就调整了溢流阀进口压力 p。

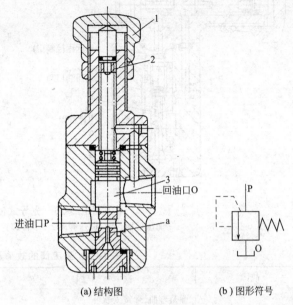

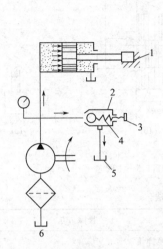

图 18-24　溢流阀工作示意图
1—定位挡块；2—溢流阀；3—调节螺钉；
4—调压弹簧；5、6—油箱

图 18-25　直动式溢流阀结构图
1—调压螺母；2—弹簧；3—阀芯

(a) 结构图　　　(b) 图形符号

直动式溢流阀的结构简单，但弹簧较硬，滑动阻力大时，不仅调压不轻便，性能也不易保证，而且随着溢流流量的变化而有较大的变化，稳定性差，故只适用于低压系统中，其额定压力为 2.5MPa。如图 18-25（b）所示为溢流阀的图形符号。

*（2）先导式溢流阀　先导式溢流阀由先导阀与主阀两部分组成。如图 18-26（b）所示为先导式溢流阀的工作原理图。压力油经 P 口进入，并经孔 g 进入阀芯下腔；同时经阻尼孔 e 进入阀芯上腔；而主阀芯上腔压力由直动式锥形溢流阀来调整并控制。当系统压力低于调定值时，锥阀关闭，经孔 e 的油液不流动，孔 e 前后压力相同，因主阀芯上下端有效作用面积相同，所以主阀芯在弹簧 4 作用下使阀口关闭，不溢流。当系统压力达到调定值时，锥阀打开，且保持不变。经孔 c 的油液因流动产生压降，当主阀芯上下腔压差；作用力大于弹簧 4 的作用力 F_{s2} 时，主阀芯抬起，实现溢流定压。由于主阀芯开度是靠上下面压差形成的液压力与弹簧力相互作用来调节，所以弹簧 4 的刚度很小。这样在阀口开度随溢流量发生变化时，压力 P 的波动很小。如图 18-26（a）所示为先导式溢流阀的结构，如图 18-26（c）所示为图形符号。锥阀 3 打开后，油液经孔 h 和回油口 d 回油箱。调节调压手柄 1 可以调节溢流阀的控制压力。在先导式溢流阀的主阀芯上腔另外开有一通口 K 与外界相通。不用时可用螺塞堵住。这时主阀芯上腔的油液压力只能由自身的先导阀 3 来控制。

但当用一油管将远控口 K 与其他压力控制阀相连时，主阀芯上腔的油压就可以由设在别处的另一个压力阀控制，而不受自身的先导阀调控。从而实现溢流阀的远程控制。此时远控阀的调整压力要低于自身先导阀的调整压力。在中压和高压系统中普遍使用先导式溢流阀。

* 溢流阀常见故障及排除方法见表 18-8。

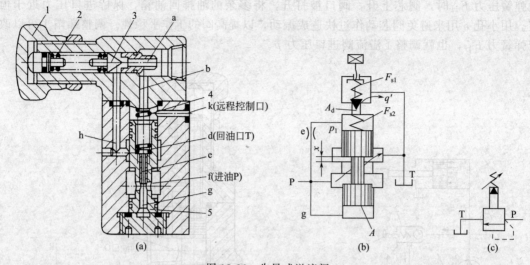

图 18-26　先导式溢流阀
1—调压手柄；2—调压弹簧；3—锥阀；4—主阀弹簧；5—主阀芯

表 18-8　溢流阀的故障及排除方法

故障	原因	排除方法
压力不稳定	弹簧弯曲、弹簧太软	更换弹簧
	锥阀（球阀）与阀座接触不好	修研磨阀座或更换锥阀
	滑阀拉毛或弯曲变形	修研磨滑阀或更换滑阀
	油液不清洁，堵塞阻尼孔	清洗滑阀
溢流阀振动	螺母松动	拧紧螺母
	压力弹簧变形	更换弹簧
	滑阀配合过紧	修研磨滑阀
调整无效	弹簧断裂或漏装	更换弹簧或补装
	滑阀卡死	检查、修研磨
	锥阀漏装	检查补装
	阻尼孔堵塞	检查清洗
	进出油口接反	检查更正

2. 减压阀

　　顾名思义减压阀是用于减低液压系统中某一部分压力的。当压力油经过有较大阻力的缝隙小孔时，必然要消耗部分油液压力能，而使压力下降。这就是减压阀减压的原理（见图18-27）。由于减压阀中缝隙的大小可根据所需压力的大小而自行调节，因而就能保持稳定的出口压力。减压阀的结构与溢流阀十分相似。但它控制阀芯移动的油压是来自减压后的油路。调节调压弹簧可以控制，减压的大小。当减压后的出口压力小于调定值时，阀芯在弹簧力作用下处于下端位置，H 处的开口最大。在出口油压超过调定压力时，阀门打开，油液自出口油路流入 b 腔再经阀芯阻尼孔从泄油口流入油箱。由于阻尼孔的降压作用，使阀前后造成压力差 $p_2 > p_1$。阀芯就向上移动，以致减小阀体与阀芯间的缝隙 H 的开口度。当 H 减小后，液体阻力增加，压力能损耗增加，从而使出口压力降低。当出口压力一降低，阀门就关闭阀芯又至新的平衡位置。

若阀体一端的遥控口接通油箱时，大量油液自 b 腔经遥控口流入油箱。此时阀芯前后压力差值最大。阀芯上移到最上位置，缝隙 H 关闭。出口无油液流出。如果在遥控口接一类似自来水龙头般的节流阀，在节流阀逐渐关小而使流出油液减少时，阀芯前后的压力差也就相应地减小，阀芯也就逐渐下降，也即使 H 的开口度逐渐增大，使出口压力逐渐增加。所以可以用手动调节与遥控口相通的节流阀来达到调节减压阀的出口压力。当应用调压弹簧阀门自动减压时，应将遥控口堵死，否则减压阀就不能工作，道理与溢流阀相同。

如图 18-27（b）所示为减压阀的职能符号。可以看出，减压阀的控制油路（虚线）是从出口油路中引来。箭头与油路线成一直线，表示阀芯在不工作时移在下端而使开口全开，主油路全通。弹簧处引出泄油线到油箱，表示减压阀为外泄，也反映了减压阀的工作特点。图形符号如图 18-28 所示。

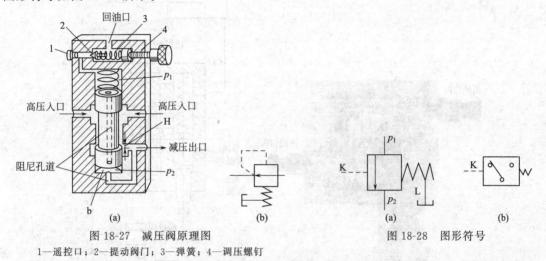

图 18-27　减压阀原理图　　　　　　　图 18-28　图形符号
1—遥控口；2—提动阀门；3—弹簧；4—调压螺钉

减压阀因具有自动稳定出口压力的性能，所以也用在需要稳定压力的场合。减压阀有直动式和先导式两类，一般情况采用先导式。常用于中、低压液压系统。

溢流阀与减压阀的区别在于：

（1）阀不工作时阀口常开（为最大开口）。

（2）控制阀口开闭的油液来自出油口。

（3）因进、出油口均有压力，故泄漏的油液从外部单独排回油箱。应用减压阀时，应使它的泄油口直接接回油箱，并保证油路通畅。

压力阀种还很多，如顺序阀、压力继电器等。在此仅作一简介。

（1）顺序阀　是用系统中的压力作为控制信号，利用压力变化来控制油路的通断，从而实现两个或两个以上执行元件的顺序动作。

（2）压力继电器　压力继电器是一种将液压信号转变为电信号的转换元件。当控制流体压力达到调定值时，它能自动接通或断开有关电路，使相应的电气元件（如电磁铁、中间继电器等）动作，以实现系统的预定程序及安全保护。

3. 流量控制阀

流量控制阀在液压系统中的作用是控制液压系统中液体的流量，简称流量阀。流量阀是通过改变阀口通流面积来调节通过阀口的流量，从而控制执行元件运动速度的控制阀。常用的流量阀有节流阀和调速阀，如图 18-29 所示。

调速阀是由减压阀和节流阀串联而成的阀，其结构原理如图 18-30 所示。

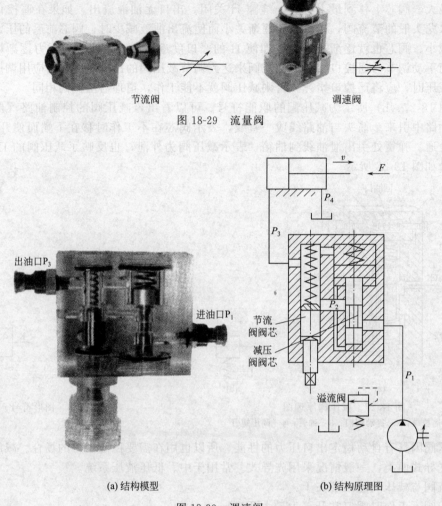

图 18-29 流量阀

(a) 结构模型　　　　　(b) 结构原理图

图 18-30 调速阀

当液压缸负载 F 增大时，节流阀的出口压力 P_3 也增大，作用在减压阀阀芯上端的液压作用力也随之增大，使阀芯下移，减压阀进油口处的开口加大，压力降减小，使减压阀出口（节流阀进口）处的压力 P_2 增大，结果保持了节流阀前后压力差 $\Delta P = P_2 - P_3$ 基本不变。

当液压缸的负载 F 减小时，压力 P_3 也减小，减压阀阀芯上端的油腔压力减小，压力降增大，P_2 随之减小，结果仍保持节流阀前后压力差 $\Delta P = P_2 - P_3$ 基本不变，从而使执行元件的运动速度保持稳定。

第四节　液压辅助装置

一、过滤器

过滤器的作用是保持油的清洁，常安装在液压泵的吸油管路上或液压泵的输出管路上以及重要元件的前面。通常情况下，泵的吸油口装粗过滤器，泵的输出管路上与重要元件之前装精过滤器（见图18-31）。

二、蓄能器

蓄能器是储存压力油的容器，可以在短时间内供应大量压力油，补偿泄漏以保持系统压力，消除压力脉动与缓和液压冲击等，如图18-32所示。

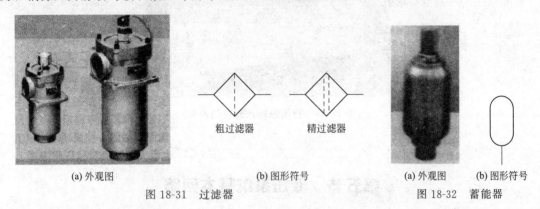

| (a) 外观图 | (b) 图形符号 | (a) 外观图 | (b) 图形符号 |

图 18-31　过滤器　　　　　　　　　　　　图 18-32　蓄能器

三、油管和管接头

常用的油管有钢管、铜管、橡胶软管、尼龙管和塑料管等。固定元件间的油管常用钢管和铜管，有相对运动的元件之间一般采用软管连接。

管接头用于油管与油管、油管与液压元件间的连接，如图18-33所示。

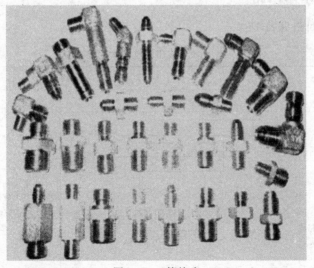

图 18-33　管接头

四、油箱

油箱除了用于储油外，还起散热及分离油中杂质和空气的作用。在机床液压系统中，可以利用床身或底座内的空间作油箱。精密机床多采用单独油箱。如图18-34所示为液压泵卧式安置的油箱。

图 18-34　液压泵卧式安置的油箱

第五节　液压系统基本回路

　　液压系统是由许多液压基本同路组成。液压基本回路是指由某些液压元件和附件所构成并能完成某种特定功能的回路。对于同一功能的基本回路，可有多种实现方法。液压基本回路按功能可分为方向控制回路、压力控制回路、速度控制回路和顺序动作回路四大类。

一、几种典型的基本回路

　　液压系统基本回路见表 18-9。

表 18-9　液压系统基本回路

类型	功用	基本回路示例	
		回路图	说明
方向控制回路	方向控制回路用来控制执行元件的启动、停止（包括锁紧）及换向，有换向回路和锁紧回路等	换向回路	利用换向阀控制液流的通、断、变向来实现液压系统执行元件的启动、停止或改变运动方向
		锁紧回路	锁紧回路是使执行元件能在任意位置上停留以及在停止工作时防止在受力的情况下发生移动。本回路采用三位四通换向阀的中位机能锁紧执行元件，当阀芯处于中位时，液压缸进、出油口均封闭，达到锁紧目的

类型	功用	基本回路示例		
		回路图	说明	

类型	功用	回路图	说明
压力控制回路	压力控制回路是利用压力控制阀来调节系统或系统某一部分的压力的回路。压力控制回路可以实现调压、减压、增压、卸荷等功能	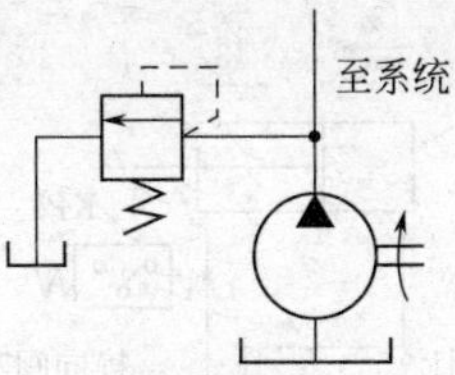 至系统 调压回路	利用溢流阀使液压系统整体或某一部分的压力保持恒定或不超过某个数值
		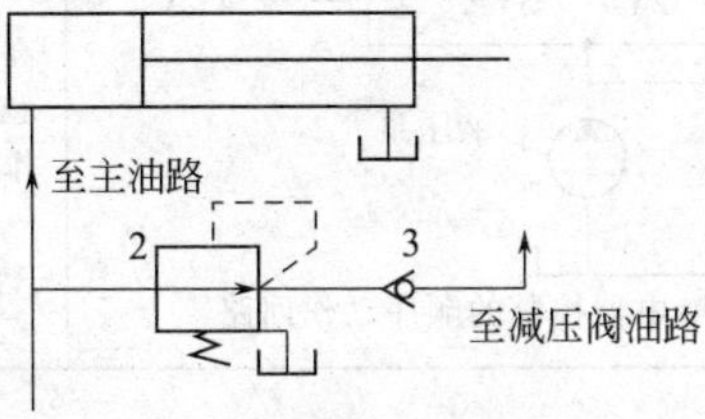 至主油路 2　　3 至减压阀油路 减压回路	采用减压阀使系统中的某一部分油路具有较低的稳定压力
速度控制回路	速度控制回路是用来控制执行元件运动速度的回路。一般通过改变进入执行元件的流量来实现。速度控制回路有调速回路、速度换接回路等	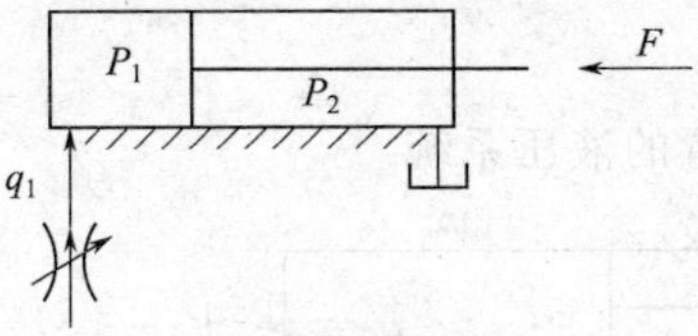 P_1　P_2　F q_1 调速回路	利用节流阀控制进入运动部件的流量来控制运动部件的速度
		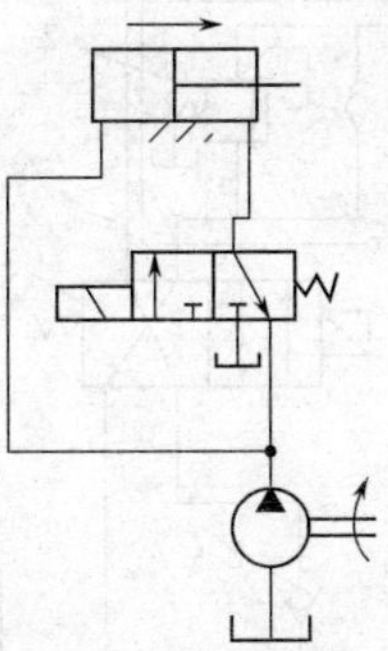 液压缸差动连接速度换接回路	这是利用液压缸差动连接获得快速运动的回路。在不增加液压泵输出流量的情况下，提高工作部件运动速度
		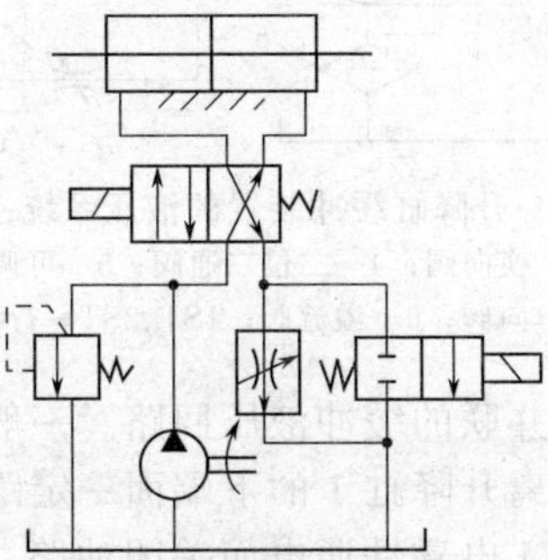 短接流量阀速度换接回路	采用短接流量阀获得快慢速运动的回路。二位二通电磁换向阀和二位四通电磁换向阀的相互配合，可以实现快速进给—工作进给—工作退回—快速退回的工作循环

续表

类型	功用	基本回路示例	
		回路图	说明
顺序动作回路	实现多个执行机构依次动作的回路是多缸顺序动作控制回路。按其控制方法不同可分为：利用顺序阀及压力继电器控制压力实现顺序动作的回路、利用行程开关或行程阀控制行程实现顺序动作的回路等	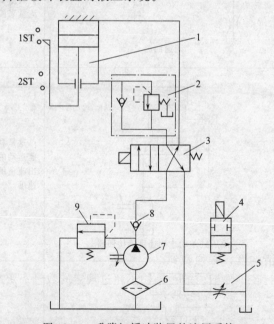 利用压力继电器控制的顺序动作回路	用压力继电器 KP1 和 KP2 分别控制电磁铁的通断电来实现顺序动作。 (1)动作①：按启动按钮，1YA 通电，换向阀 2 左位接入系统工作，活塞右移。其油路为：进油路：液压泵→换向阀 1 左位→A 缸左腔 回油路：A 缸右腔→换向阀 1 左位→油箱 (2)当动作①终止后，系统压力升高，压力继电器 KP1 动作，使电磁铁 3YA 通电，换向阀 2 左位接入系统工作，实现动作②。其油路为： 进油路：液压泵→换向阀 2 左位→B 缸左腔

*二、基本回路应用的举例

升降缸缓冲装置的液压系统。

图 18-35 所示为升降缸缓冲装置的液压系统。

图 18-35　升降缸缓冲装置的液压系统

1—升降缸；2—单向顺序阀；3—换向阀；4—二位二通阀；5—可调节流阀；6—滤油器；
7—液压泵；8—单向阀；9—溢流阀；1ST、2ST—行程开关

　　用二位二通阀 4 与可调节流阀 5 并联的缓冲液压回路。一般机械手升降缸缓冲装置常用这种液压回路。当机械手快速下降到离升降缸 1 的下端面一定距离时，与活塞杆相连接的撞块碰到行程开关 2ST，使二位二通阀 4 电磁铁通电而关闭油路，回油则要经过可调节流阀 5 而流回油箱，使活塞下降速度减慢而达到缓冲。当机械手上升时，换向阀 3 换向，压力油经

单向阀 2 的单向阀而进入升降缸 1 的下腔，而上腔的回油经二位二通阀流入油箱，实现快速上升。当活塞上升到撞块碰到行程开关 1ST 时，使二位二通阀电磁铁通电而关闭油路，此时回油经可调节流阀 5 而流回油箱，实现上升位置的缓冲。

第六节　液压系统的使用维护和保养

液压传动系统的工作是可靠的，并具有很多优点，但是在使用过程中一台液压设备能否长期保持良好的工作性能，就看对设备的使用和维护如何。对液压设备的液压系统的使用、维护和保养，应给予足够重视。本节对这些问题作一简略介绍。

一、使用液压设备应具备的基本知识

（1）使用者应充分地认识到，液压系统是液压设备的重要组成部分，因此要正确使用液压设备，除了具备液压传动的基本知识外，还应具有机械、润滑等管理、维修和检查知识。

（2）了解、看懂并会使用液压设备的说明书。

（3）液压元件如果是单件购进，且由本厂自行装配到主机上时，必须了解其结构，弄清液压元件的结构和工作原理。特别是复杂的液压元件，使用与维护者最好能直接接受使用培训，并学习使用、维护说明书，以便在操作、拆装时正确使用。

（4）掌握易发生故障的部位和故障现象。

（5）确立检查第一的思想，按时有重点地进行检查，力争在早期发现异常状态。对于大型的液压设备应作检查日记，记录异常情况、修理、换油等内容以备查看；对于新安装的液压设备，至少在运转 6 个月后详细记录维护日记，对运转状态、必须检查的部分和检查周期进行研究或确定；对于重要的、长期使用的液压设备，一年中应请专家诊断一二次，同时接受专家关于操作的适当指导并解决疑问。

二、液压系统的维护保养

必须建立健全有关维护保养的规章制度，保证液压设备的正常工作。

1. 加强对液压油的管理

油液中若存在污染物，将导致液压系统出现很多故障。据资料统计，液压系统中的故障有 75% 是由油液污染而造成的。这些故障轻则导致系统机件失灵，重则使机件损坏。为了控制液压系统中油液的清洁度，必须做到以下几点。

（1）控制液压系统运转中油液内的污染物不超过规定的数量；定期检查、添加和更换液压油，一般半年到一年换油一次，在多粉尘、潮湿、高温场合下连续工作的系统，要缩短换油周期。

（2）经常检查滤油器，正常情况下工作 500h 左右需更换滤芯。

（3）注意系统中的油液温度，油温高导致油液老化，一般液压油的温度应控制在 350℃ 范围内比较合适。

2. 排除系统中的气体

空气进入系统和气穴现象都会在油液中形成气泡，并引起噪声、振动和爬行等。另外，油液中混入一定量空气后，油液容易变质，以致不能使用。系统中有气体的原因主要是管接

头、液压泵、控制元件、蓄能器和液压缸等密封不好及油箱中有气泡或油液质量差（消泡性能不好）等因素所引起。防止空气混入的方法是：及时更换不良的密封元件，降低液压泵的高度，正确选择工作油液等，并随时注意各连接处的密封情况。液压系统应设立排气装置。

 **复习题**

一、填空题

18.1　按照结构不同，常用液压泵有＿＿＿、＿＿＿、＿＿＿。

18.2　液压传动系统中使用的液压泵种类繁多，按其输出流量分为＿＿＿和＿＿＿泵。

18.3　液压马达是液压系统中的执行元件，它将＿＿＿转换为＿＿＿的机械能，输出运动和力。

18.4　按照用途不同，压力控制阀可分为＿＿＿、＿＿＿、＿＿＿等。

二、简答题

18.5　方向控制阀在液压系统中的作用是什么？它分为哪几种？简述其工作原理。

18.6　简述流量控制阀的作用及分类。

18.7　液压辅助元件有哪些？

18.8　什么是液压基本回路？常用的基本回路按其功能可分为哪几类？

18.9　试述调压回路、减压回路的功用。

18.10　如何对液压设备进行维护保养。

第十九章

气压传动基础

本章扼要介绍气压传动的工作原理及其特点；气压传动元件的类型及其用途；典型的气压系统基本回路。

第一节　气压传动概述

气压传动系统是以压缩空气为工作介质实现动力传递和工程控制的系统，与机械、电气、液压传动相比，气压传动系统的工作介质是空气，因此具有来源方便、不污染环境、节能、高效、动作迅速、维护简单、气动元件结构简单、成本低、寿命长等优点，近年来来得到了迅速发展，在机械、轻工、航空、交通运输等行业中得到广泛应用。

气压传动是以压缩空气为能源的气动技术。气动装置提供满足一定要求的压缩空气，由控制元件控制管路中压缩空气的压力、流量和方向，经执行元件将压力能转换为机械能，来驱动工作机构运动。

气压传动不仅可以实现单机自动化，而且可以控制流水线的生产过程。它与电子、电气以及液压技术一样，是实现联动控制的一种重要方法。

一、气压传动的特点

1. 优点

（1）气压传动以空气为介质，可以从大气中取之不尽，故无介质供应的困难和费用的支出；同时，用过的空气可直接排入大气而不会污染环境，管路系统因此得以简化。

（2）气压传动反应快，动作迅速，一般只需 0.02～0.03s 就可以建立起需要的压力和速度，特别适用于一般设备的控制。这是气压传动突出的优点。

（3）压缩空气的工作压力较低，一般为 0.4～0.8MPa。因此，可降低对气动元件的材质和加工精度的要求，使元件制造容易，成本低。

（4）空气的黏度很小，在管道中流动时的压力损失较小。因此压缩空气便于集中供应和长距离输送。

（5）空气的性质受温度的影响小，高温下不会发生燃烧和爆炸，使用安全；温度变化时，其黏度变化极小，故不会影响传动性能。

（6）由于气体的可压缩性，便于实现系统的过载自动保护。

（7）气动元件维护使用方便，管路不易堵塞，不存在介质变质、补充和更换等问题。

2. 缺点

（1）由于空气的可压缩性，气动装置稳定性差；外载荷变化时，对工作速度的影响较大。

（2）由于工作压力低，气动装置的出力受到一定限制，在出力相同的情况下，较液压传动装置结构尺寸大。因此，气压传动装置总推力不宜过大（一般不宜大于 10～40kN 或 1000～4000kgf）。

（3）气动装置中的信号传递速度比光、电的控制速度慢，不适用于信号传递。一般机械设备气动信号传递速度尚能满足工作要求。

（4）气动装置的噪声大。

二、气压传动与液压传动的区别

（1）液压传动的工作介质是液压油，成本较高，外泄漏后会污染环境。气压传动以空气为工作介质，不耗费用，用完之后直接排放，也不污染环境，气压传动管路也较简单。

（2）液压油容易建立压力，高压可达 20～32MPa，通常使用的也有几十帕。空气因易泄压，所以不易建立起很高压力，工厂常用的压缩空气仅 6～8Pa，这带来气压传动装置结构大、输出力小的缺点，但气动元件也因此而造价低。

（3）液压油黏度大，流动中能耗大，不宜长距离输送。气压传动中的压缩空气因黏度小，适宜长距离输送，往往几个车间乃至整个工厂共用一个泵站输出的压缩空气，所以对某台设备来讲，气源的取得十分方便和经济。

（4）液压油不易压缩，油缸速度较稳定。而空气易压缩，气缸速度不稳定，在载荷变化和低速运动时更加严重，所以气压传动一般应用在对速度稳定性要求不高的场合。

第二节　气压传动系统的工作原理和组成

一、气压传动系统的工作原理

气压传动的工作原理是，利用空气压缩机把电动机或其他原动机输出的机械能转换为空气的压力能，然后在控制元件的控制下，通过执行元件把压力能转换为直线运动或回转运动形式的机械能，从而完成各种动作并对外做功。

二、气压传动系统的组成

如图 19-1 所示的是一个简单的气压传动系统。空气压缩机输出压缩气体→总截止阀→贮气罐（其上装有安全阀和压力表）→分水滤气器→压力控制阀叶油雾器→方向控制阀（控制气动传动方向）→流量控制阀（控制气动传动压力）→工作气缸，实现所要求的动作。

由气压传动的工作原理可知，气压传动系统与液压传动系统相似，也由四个部分组成。

（1）动力元件　是获得压缩空气的装置和设备，是气压发生装置，包括各类空压机。

（2）执行元件　包括气缸和马达。

（3）控制元件　包括各种控制阀。

（4）辅助元件　包括油雾器、分水滤气器和消声器等。

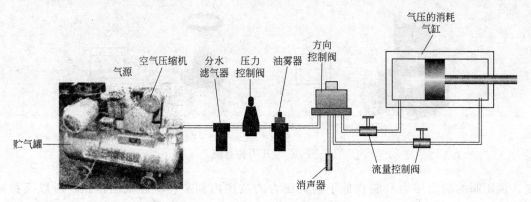

图 19-1　气压传动系统的组成

三、气动元件

1. 气动执行元件

气动执行元件包括气缸和马达，由于气缸应用广泛，这里仅对气缸进行介绍。气缸是把空气压缩机产生的气体压力能转换为机械能，驱动工作机构作往复直线运动或回转运动的一种执行元件。

气缸的种类很多，这里介绍一种常见的薄膜式气缸，它是利用压缩空气通过膜片推动活塞杆做往复直线运动。如图 19-2（a）所示，压缩气从 P 口进入，使膜片变形向下推动膜盘和活塞杆运动。当 P 口换向后通大气时，压力下降，活塞杆依靠弹簧力向上返回原位。如图 19-2（b）所示为双作用式薄膜气缸。

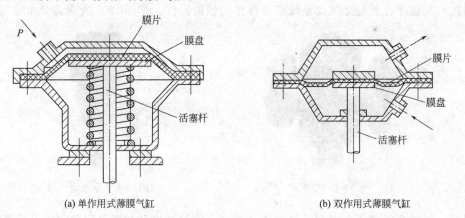

(a) 单作用式薄膜气缸　　　　　　　　　　　　(b) 双作用式薄膜气缸

图 19-2　薄膜式气缸

2. 气动控制元件

气动控制元件包括各种控制阀。气压传动中用的控制阀同液压阀一样，也分为压力控制阀、流量控制阀和方向控制阀三大类。

（1）压力控制阀　压力控制阀是调节和控制压力大小的气动元件，常用的有调压阀和溢流阀，如图 19-3 所示。

气动系统所用的压缩空气通常由空气压缩机站集中供给。所供给的气压较高，压力波动较大。因此需用调压阀将气压调节到每台设备实际需要的压力，并保持降压后压力值的稳

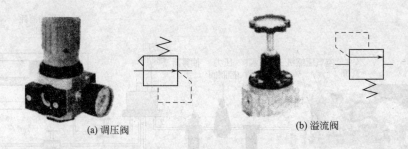

(a) 调压阀   (b) 溢流阀

图 19-3 压力控制阀

定。调压阀的输出压力只能在低于输入压力的范围内调节，即起减压作用，所以又称减压阀。

（2）流量控制阀 在气动系统中，有时要控制执行元件的往复速度（如气缸），有时要控制换向阀的切换时间，有时还要控制气动信号的传递速度等，这些都需要通过调节压缩空气流量来实现。气动控制主要是节流控制，所应用的流量控制阀包括节流阀（见图 19-4）、单向节流阀、缓冲阀、快速排气阀等。气动系统所用的节流阀与液压系统类同。

（3）方向控制阀 用于改变气流方向和通断的阀，称为方向控制阀。常用的有换向阀和单向阀。气动换向阀和液压换向阀近似，分类方法也大致相同。但由于气动所具有的特点，气动换向阀的结构与液压换向阀有所不同。

气动换向阀按阀芯结构可分为滑柱式、截止式、平面式、旋塞式和膜片式；按控制方式可分为电磁控制式、气压控制式、机械控制式和人力控制式。

3. 气动辅助元件

在气动系统中，压缩空气中的水分、油料和灰尘直接影响气动元件的可靠性和使用寿命。因此，气源净化装置是气动系统必不可少的辅助元件。如图 19-5 所示为分水滤气器。

图 19-4 节流阀   图19-5 分水滤气器

同时，气动系统中还会遇到元件润滑、消声、管路连接和布置等问题，所以油雾器、消声器、管路网络等也都是气动系统中的重要辅助装置。

第三节 气动基本回路

气动系统与液压系统一样，也是由不同作用的基本回路所组成。如表 19-1 所示为典型的气动基本回路。

表 19-1 气动基本回路

类型	回路示例	说明
换向控制回路	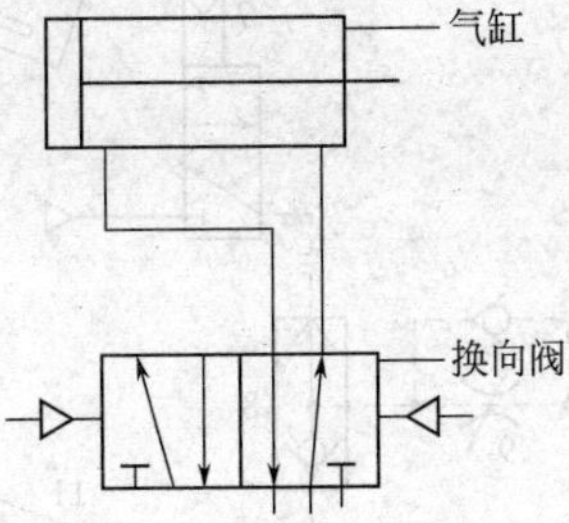	利用换向阀来控制执行元件的运动方向
压力控制回路	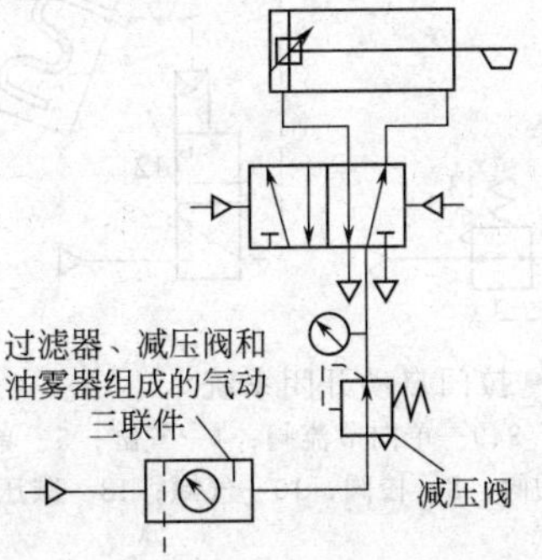	利用减压阀来控制执行元件的输出力
位置控制回路	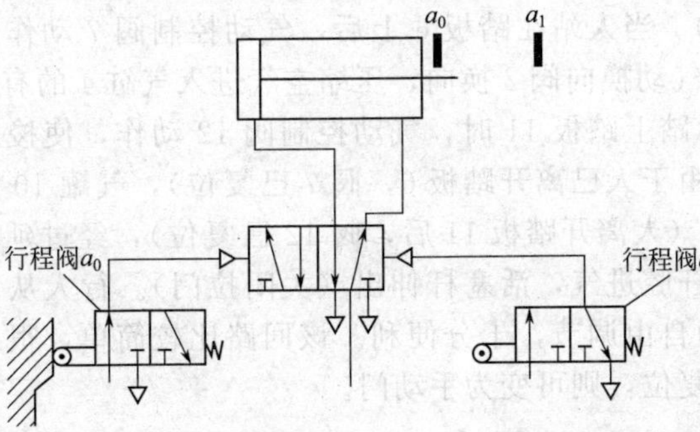	利用行程阀来控制执行元件的位置和行程
速度控制回路	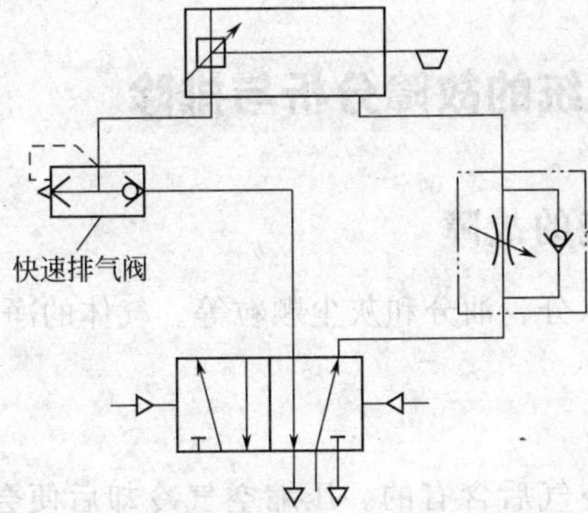	利用单向节流阀和快速排气阀来控制执行元件的往复速度

举例 拉门自动开闭系统

该装置是通过连杆机构将气缸活塞杆的直线运动转换成拉门的开闭运动,利用超低压气动阀来检测行人的踏板动作。其气动回路如图 19-6 所示。在拉门内、外装有踏板 6 和 11,踏板下方装有完全封闭的橡胶管,管的一端与超低压气动阀 7 和 12 的控制口连接。当人站在踏板上时,橡胶管内压力上升,超低压气动阀动作。

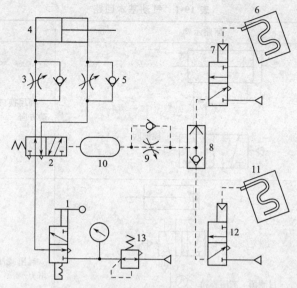

图 19-6　拉门自动开闭系统

1—手动阀；2—气动换向阀；3、9—单向节流阀；4—气缸；5—单向阀；

6、11—踏板；7、12—气动阀；8—梭阀；10—气罐；13—减压阀

　　首先使手动阀 1 上位接入工作状态，空气通过气动换向阀 2、单向节流阀 3 进入气缸的元杆腔，将活塞杆推出（门关闭）。当人站在踏板 6 上后，气动控制阀 7 动作，空气通过梭阀 8、单向节流阀 9 和气罐 10 使气动换向阀 2 换向，压缩空气进入气缸 4 的有杆腔，活塞杆退回（门打开）。当行人经过门后踏上踏板 11 时，气动控制阀 12 动作，使梭阀 8 上面的通口关闭、下面的通口接通（此时由于人已离开踏板 6，阀 7 已复位），气罐 10 中的空气经单向节流阀 9、梭阀 8 和阀 12 放气（人离开踏板 11 后，阀 12 已复位），经过延时（由节流阀控制）后阀 2 复位，气缸 4 的无杆腔进气，活塞杆伸出（关闭拉门）。行人从门的哪一边进出均可。减压阀 13 可使关门的力自由调节，十分便利。该回路比较简单，很少产生失误动作，故应用较普遍。如将手动阀复位，则可变为手动门。

第四节　气动系统的故障分析与排除

一、压缩空气中的杂质引起气动系统的故障

　　压缩空气中的杂质是指气体中所含的水分、油分和灰尘颗粒等。气体的净化是气动系统正常工作的必要条件。

1. 水分造成的故障

　　水分是空气压缩机吸入周围环境的湿空气后含有的。压缩空气冷却后便会有水滴生成，水分会使管路、气动元件、辅件和执行元件氧化锈蚀，影响元件的正常工作，缩短了元件的使用寿命，造成系统的故障。

　　为排除水分对气动系统的不利影响，必须对压缩空气进行干燥处理。采取的措施有：将空气压缩机排气管与后冷却器相连，通过冷却器使压缩空气冷却，析出水滴；安装管道时沿气流方向有一定的向下倾斜度，并在末端设置冷凝水集水罐；支管应在主管道上部采用大角度拐弯后向下引出；压缩空气进入气动系统前，先进入滤气器，清除水分；根据气动系统对

压缩空气要求不同，还可进一步清除水分，如采用冷冻式干燥器或吸附式干燥器等。

2. 油分引起气动系统的故障

由于使用了油润滑型空气压缩机，使一部分润滑油呈雾状混入压缩空气中。由于压缩空气的高温，使油受热气化随压缩空气一起输出。这时的油分和水分及尘埃中的固体颗粒混杂在一起，常引起气动系统的故障。

为消除油分造成的系统故障，可在系统中安装除油过滤器、离心式过滤器，用活性炭吸收油分。为防止油分污染环境，可在排气口安装排气洁净器，以消除油分和噪声，保持清洁的工作环境。

3. 尘埃颗粒引起气动系统的故障

空气压缩机吸入的空气中含有灰尘，这些颗粒杂质随压缩空气进入气动系统会增加元件中相对滑动零件的摩擦力，增加能量消耗和噪声，同时引起摩擦副损坏，引起密封件磨损、元件滑动表面擦伤、气体泄漏、使元件动作失灵和执行元件输出力减小等后果。

消除办法：主要采用空气过滤器，在气体进入气动系统前还应设置过滤器进一步过滤。

二、气动元件的故障

1. 减压阀的故障

减压阀是调定气动系统工作压力的重要元件。元件本身机能不良和工作介质净化程度较差，是减压阀产生故障的主要原因。常见故障及排除方法见表 19-2。

表 19-2　减压阀常见故障及排除方法

故障	原因	排除方法
压力降很大（流量不足）	阀口径小	使用口径大的减压阀
	阀下部积存冷凝水；阀内混入异物	清洗、检查滤清器
向外漏气（阀的溢流孔处泄漏）	溢流阀座有伤痕（溢流式）	更换溢流阀座
	膜片破裂	更换膜片
	二次侧背压增加	检查二次侧的装置、回路
阀体泄漏	密封件损伤	更换密封件
	弹簧松弛	张紧弹簧
异常振动	弹簧的弹力减弱或弹簧错位	把弹簧调整到正常位置，更换弹力减弱的弹簧
	阀体的中心、阀杆的中心错位	检查并调整位置偏差
	因空气消耗量周期变化使阀不断开启、关闭，与减压阀引起共振	和制造厂协商
虽已松开手柄，二次侧空气也不溢流	溢流阀座孔堵塞	清洗并检查滤清器
	使用非溢流式调压阀	非溢流式调压阀松开手柄也不溢流。因此需要在二次侧安装高压溢流阀

2. 溢流阀的故障

溢流阀是使系统中一次压力稳定的安全保护装置，一旦产生故障应立即排除。常见故障及排除方法见表 19-3。

表 19-3　溢流阀常见故障及排除方法

故障	原因	排除方法
压力虽已上升,但不溢流	阀内部孔堵塞	清洗
	阀芯导向部分进入异物	
压力虽没有超过设定值,但在二次侧却溢出空气	阀内进入异物	清洗
	阀座损伤	更换阀座
	调压弹簧损坏	更换调压弹簧
溢流时发生振动(主要发生在膜片式阀,其启闭压力差较小)	压力上升速度很慢,溢流阀放出流量多,引起阀振动	二次侧安装针阀微调溢流量,使其与压力上升量匹配
	因从压力上升源到溢流阀之间被节流,阀前部压力上升慢而引起振动	增大压力上升源到溢流阀的管道口径
从阀体和阀盖向外漏气	膜片破裂(膜片式)	更换膜片
	密封件损伤	更换密封件

3. 方向阀的故障

　　方向阀的故障会使执行元件动作失灵,换向动作无法实现。主要原因是气体泄漏,压缩空气中有冷凝水,润滑不良,混入杂质,制造质量不佳等。方向阀的常见故障和排除方法见表 19-4。

表 19-4　方向阀常见故障及排除方法

故障	原因	排除方法
不能换向	阀的滑动阻力大,润滑不良	进行润滑
	O 形密封圈变形	更换密封圈
	粉尘卡住滑动部分	消除粉尘
	弹簧损坏	更换弹簧
	阀操纵力小	检查阀操纵部分
	活塞密封圈磨损	更换密封圈
	膜片破裂	更换膜片
阀产生振动	空气压力低(先导式)	提高操纵压力,采取直动式
	电源电压低(电磁阀)	提高电源压力,使用低电压线圈
切断电源,活动铁心不能退回	粉尘夹住活动铁心滑动部分	清除粉尘

4. 执行元件的故障

　　执行元件中应用最广泛的一种是气缸,它是以往复直线运动对外做功。引起它故障的原因,既有制造质量方面的原因,又有安装不合理、工作介质净化程度不够、操作不合理、维护保养不够等原因。气缸的常见故障及排除方法见表 19-5。

表 19-5　气缸常见故障及排除方法

故障	原因	排除方法
外泄漏 （1）活塞杆与密封衬套间漏气 （2）气缸体与端盖间漏气 （3）从缓冲装置的调节螺钉处漏气	衬套密封圈磨损，润滑油不足	更换衬套密封圈
	活塞杆偏心	重新安装，使活塞杆不受偏心负荷
	活塞杆有伤痕	更换活塞杆
	活塞杆与密封衬套的配合面内有杂质	除去杂质、安装防尘盖
	密封圈损坏	更换密封圈
内泄漏 活塞两端串气	活塞密封圈损坏	更换活塞密封圈
	润滑不良 活塞被卡住	重新安装，使活塞杆不受偏心负荷
	活塞配合面有缺陷，杂质挤入密封圈	缺陷严重者更换零件，除去杂质
输出力不足，动作不平稳	润滑不良	调节或更换油雾器
	活塞或活塞杆卡住	检查安装情况，消除偏心
	气缸体内表面有锈蚀或缺陷	视缺陷大小再决定排除故障办法
	进入了冷凝水，杂质	加强对分水滤气器和油水分离器的管理，定期排放污水
缓冲效果不好	缓冲部分的密封圈密封性能差	更换密封圈
	调节螺钉损坏	更换调节螺钉
	气缸速度太快	研究缓冲机构的结构是否合适
损伤 （1）活塞杆折断 （2）端盖损坏	有偏心载荷	调整安装位置，消除偏心，使轴销摆角一致
	摆动气缸安装轴销的摆动面与载荷摆动面不一致；摆动轴销的摆动角过大，载荷很大，摆动速度又快，有冲击装置的冲击加到活塞杆上；活塞杆承受载荷的冲击；气缸的速度太快	确定合理的摆动速度 冲击不得加在活塞杆上，设置缓冲装置
	缓冲机构不起作用	在外部或回路中设置缓冲机构

 复习题

一、填空题

19.1　气动装置提供满足一定要求的＿＿＿，由控制元件控制管路中压缩空气的＿＿＿＿和＿＿＿＿，经执行元件将＿＿＿＿转换为机械能。

19.2　气压传动系统由＿＿＿、＿＿＿、＿＿＿和＿＿＿组成。

19.3　常见的压力控制阀有＿＿＿＿和＿＿＿＿。

19.4　气动控制元件包括＿＿＿＿、＿＿＿＿和＿＿＿＿。

19.5　气动辅助元件包括＿＿＿＿、＿＿＿＿、＿＿＿＿和＿＿＿＿等。

二、简答题

19.6　简述气压传动系统的工作原理。

19.7　简述气压传动的特点。

19.8　气压传动系统由哪几部分组成？与液压传动相比有何异同？

附 录

型钢表

表1 热轧槽钢 (GB/T 706—2008)

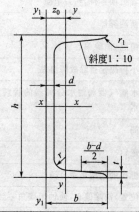

符号意义：h——高度； r_1——腿端圆弧半径；
b——腿宽度； I——惯性矩；
d——腰厚度； W——抗弯截面系数；
t——平均腿厚度； i——惯性半径；
r——内圆弧半径； z_0——y-y 轴与 y_1-y_1 轴间距。

型号	尺寸/mm						截面面积/cm²	理论重量/(kg/m)	参考数值							
									x-x			y-y			y_1-y_1	
	h	b	d	t	r	r_1			W_x /cm³	I_x /cm⁴	i_x /cm	W_y /cm³	I_y /cm⁴	i_y /cm	I_{y1} /cm⁴	z_0/cm
5	50	37	4.5	7	7.0	3.5	6.928	5.438	10.4	26.0	1.94	3.55	8.30	1.10	20.9	1.35
6.3	63	40	4.8	7.5	7.5	3.8	8.451	6.634	16.1	50.8	2.45	4.50	11.9	1.19	28.4	1.36
8	80	43	5.0	8	8.0	4.0	10.248	8.045	25.3	101	3.15	5.79	16.6	1.27	37.4	1.43
10	100	48	5.3	8.5	8.5	4.2	12.748	10.007	39.7	198	3.95	7.8	25.6	1.41	54.9	1.52
12.6	126	53	5.5	9	9.0	4.5	15.692	12.318	62.1	391	4.95	10.2	38.0	1.57	77.1	1.59
14^a_b	140	58	6.0	9.5	9.5	4.8	18.516	14.535	80.5	564	5.52	13.0	53.2	1.70	107	1.71
	140	60	8.0	9.5	9.5	4.8	21.316	16.733	87.1	609	5.35	14.1	61.1	1.69	121	1.67
16a	160	63	6.5	10	10.0	5.0	21.962	17.240	108	886	6.28	16.3	73.3	1.83	144	1.80
16	160	65	8.5	10	10.0	5.0	25.162	19.752	117	935	6.10	17.6	83.4	1.82	161	1.75
18a	180	68	7.0	10.5	10.5	5.2	25.699	20.174	141	1270	7.04	20.0	98.6	1.96	190	1.88
18	180	70	9.0	10.5	10.5	5.2	29.299	23.000	152	1370	6.84	21.5	111	1.95	210	1.84
20a	200	73	7.0	11	11.0	5.5	28.837	22.637	178	1780	7.86	24.2	128	2.11	244	2.01
20	200	75	9.0	11	11.0	5.5	32.837	25.777	191	1910	7.64	25.9	144	2.09	268	1.95
22a	220	77	7.0	11.5	11.5	5.8	31.846	24.999	218	2390	8.67	28.2	158	2.23	298	2.10
22	220	79	9.0	11.5	11.5	5.8	36.246	28.453	234	2570	8.42	30.1	176	2.21	326	2.03

型号	尺寸/mm						截面面积/cm²	理论重量/(kg/m)	参考数值							
									x-x			y-y			y₁-y₁	
	h	b	d	t	r	r_1			W_x /cm³	I_x /cm⁴	i_x /cm	W_y /cm³	I_y /cm⁴	i_y /cm	I_{y1} /cm⁴	z_0/cm
a	250	78	7.0	12	12.0	6.0	34.917	27.410	270	3370	9.82	30.6	176	2.24	322	2.07
25*b*	250	80	9.0	12	12.0	6.0	39.917	31.335	282	3530	9.41	32.7	196	2.22	353	1.98
c	250	82	11.0	12	12.0	6.0	44.917	35.260	295	3690	9.07	35.9	218	2.21	384	1.92
a	280	82	7.5	12.5	12.5	6.2	40.034	31.427	340	4760	10.9	35.7	218	2.33	388	2.10
28*b*	280	84	9.5	12.5	12.5	6.2	45.634	35.823	366	5130	10.6	37.9	242	2.30	428	2.02
c	280	86	11.5	12.5	12.5	6.2	51.234	40.219	393	5500	10.4	40.3	268	2.29	463	1.95
a	320	88	8.0	14	14.0	7.0	48.513	38.083	475	7600	12.5	46.5	305	2.50	552	2.24
32*b*	320	90	10.0	14	14.0	7.0	54.913	43.107	509	8140	12.2	59.2	336	2.47	593	2.16
c	320	92	12.0	14	14.0	7.0	61.313	48.131	543	8690	11.9	52.6	374	2.47	643	2.09
a	360	96	9.0	16	16.0	8.0	60.910	47.814	660	11900	14.0	63.5	455	2.73	818	2.44
36*b*	360	98	11.0	16	16.0	8.0	68.110	53.466	703	12700	13.6	66.9	497	2.70	880	2.37
c	360	100	13.0	16	16.0	8.0	75.310	59.118	746	13400	13.4	70.0	536	2.67	948	2.34
a	400	100	10.5	18	18.0	9.0	75.068	58.928	879	17600	15.3	78.8	592	2.81	1070	2.49
40*b*	400	102	12.5	18	18.0	9.0	83.068	65.208	932	18600	15.0	82.5	640	2.78	1140	2.44
c	400	104	14.5	18	18.0	9.0	91.068	71.488	986	19700	14.7	86.2	688	2.75	1220	2.42

表2　热轧工字型铜(GB/T 706—2008)

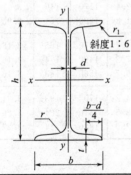

符号意义：h——高度；　　　　　r_1——腿端圆弧半径；
b——腿宽度；　　　　I——惯性矩；
d——腰厚度；　　　　W——抗弯截面系数；
t——平均腿厚度；　　i——惯性半径；
r——内圆弧半径；　　S——半截面的静力矩。

型号	尺寸/mm						截面面积/cm²	理论重量/(kg/m)	参考数值						
									x-x				y-y		
	h	b	d	t	r	r_1			I_x /cm⁴	W_x /cm³	i_x /cm	$I_x : S_x$ /cm	I_y /cm⁴	W_y /cm³	l_y /cm
10	100	68	4.5	7.6	6.5	3.3	14.345	11.261	245	49.0	4.14	8.59	33.0	9.72	1.52
12.6	126	74	5.0	8.4	7.0	3.5	18.118	14.223	488	77.5	5.20	10.8	46.9	12.7	1.61
14	140	80	5.5	9.1	7.5	3.8	21.516	16.890	712	102	5.76	12.0	64.4	16.1	1.73
16	160	88	6.0	9.9	8.0	4.0	26.131	20.513	1130	141	6.58	13.8	93.1	21.2	1.89
18	180	94	6.5	10.7	8.5	4.3	30.756	24.143	1660	185	7.36	15.4	122	26.0	2.00
20a	200	100	7.0	11.4	9.0	4.5	35.578	27.929	2370	237	8.15	17.2	158	31.5	2.12
20b	200	102	9.0	11.4	9.0	4.5	39.578	31.069	2500	250	7.96	16.9	169	33.1	2.06
22a	220	110	7.5	12.3	9.5	4.8	42.128	33.070	3400	309	8.99	18.9	225	40.9	2.31
22b	220	112	9.5	12.3	9.5	4.8	46.528	36.524	3570	325	8.78	18.7	239	42.7	2.27

型号	尺寸/mm						截面面积/cm²	理论重量/(kg/m)	参考数值						
									x-x				y-y		
	h	b	d	t	r	r_1			I_x/cm⁴	W_x/cm³	i_x/cm	$I_x : S_x$/cm	I_y/cm⁴	W_y/cm³	l_y/cm
25a	250	116	8.0	13.0	10.0	5.0	48.541	38.105	5020	402	10.2	21.6	280	48.3	2.40
25b	250	118	10.0	13.0	10.0	5.0	53.541	42.030	5280	423	9.94	21.3	309	52.4	2.40
28a	280	122	8.5	13.7	10.5	5.3	55.404	43.492	7110	508	11.3	24.6	345	56.6	2.50
28b	280	124	10.5	13.7	10.5	5.3	61.004	47.888	7480	534	11.1	24.2	379	61.2	2.49
32a	320	130	9.5	15.0	11.5	5.8	67.156	52.717	11100	692	12.8	27.5	460	70.8	2.62
32b	320	132	11.5	15.0	11.5	5.8	73.556	57.741	11600	726	12.6	27.1	502	76.0	2.61
32c	320	134	13.5	15.0	11.5	5.8	79.956	62.765	12200	760	12.3	26.3	544	81.2	2.61
36a	360	136	10.0	15.8	12.0	6.0	76.480	60.037	15800	875	14.4	30.7	552	81.2	2.69
36b	360	138	12.0	15.8	12.0	6.0	83.680	65.689	16500	919	14.1	30.3	582	84.3	2.64
36c	360	140	14.0	15.8	12.0	6.0	90.880	71.341	17300	962	13.8	29.9	612	87.4	2.60
40a	400	142	10.5	16.5	12.5	6.3	86.112	67.598	21700	1090	15.9	34.1	660	93.2	2.77
40b	400	144	12.5	16.5	12.5	6.3	94.112	73.878	22800	1140	16.5	33.6	692	96.2	2.71
40c	400	146	14.5	16.5	12.5	6.3	102.112	80.158	23900	1190	15.2	33.2	727	99.6	2.65
45a	450	150	11.5	18.0	13.5	6.8	102.446	80.420	32200	1430	17.7	38.6	855	114	2.89
45b	450	152	13.5	18.0	13.5	6.8	111.446	87.485	33800	1500	17.4	38.0	894	118	2.84
45c	450	154	15.5	18.0	13.5	6.8	120.446	94.550	35300	1570	17.1	37.6	938	122	2.79
50a	500	158	12.0	20.0	14.0	7.0	119.304	93.654	46500	1860	19.7	42.8	1120	142	3.07
50b	500	160	14.0	20.0	14.0	7.0	129.304	101.504	48600	1940	19.4	42.4	1170	146	3.01
50c	500	162	16.0	20.0	14.0	7.0	139.304	109.354	50600	2080	19.0	41.8	1220	151	2.96
56a	560	166	12.5	21.0	14.5	7.3	135.435	106.316	65600	2340	22.0	47.7	1370	165	3.18
56b	560	168	14.5	21.0	14.5	7.3	146.635	115.108	68500	2450	21.6	47.2	1490	174	3.16
56c	560	170	16.5	21.0	14.5	7.3	157.835	123.900	71400	2550	21.3	46.7	1560	183	3.16
63a	630	176	13.0	22.0	15.0	7.5	154.658	121.407	93900	2980	24.5	54.2	1700	193	3.31
63b	630	178	15.0	22.0	15.0	7.5	167.258	131.298	98100	3160	24.2	53.5	1810	204	3.29
63c	630	180	17.0	22.0	15.0	7.5	179.858	141.189	102000	3300	23.8	52.9	1920	214	3.27

注：截面图和表中标注的圆弧半径 r 和 r_1 值，用于孔型设计，不作为交货条件。

［1］ 孟庆东，钟云晴主编. 理论力学简明教程. 北京：机械工业出版社，2012.

［2］ 孟庆东主编. 材料力学简明教程 [M]. 北京：机械工业出版社，2011.

［3］ 杨洪林主编. 机械基础 [M]. 北京：机械工业出版社，2004.

［4］ 陈长生主编. 机械基础 [M]. 北京：机械工业出版社，2003.

［5］ 王宪伦，苏德胜主编. 机械设计基础 [M]. 北京：化学工业出版社，2009.

［6］ 张恩泽主编. 机械基础. 北京：化学工业出版社，2003.

［7］ 戴路玲主编. 机械基础. 北京：化学工业出版社，2008.

［8］ 周家泽主编. 机械设计基础. 北京：邮电出版社，2003.

［9］ 陈国桓主编. 机械基础. 北京：化学工业出版社，2001.

［10］ 周福义主编. 机械基础. 北京：中国纺织工业出版社，2001.

［11］ 张恩泽主编. 机械基础. 北京：化学工业出版社，2004.

［12］ 余以道主编. 机械概论. 北京：北京航空航天大学出版社，2012.

［13］ 冼健生. 机械设计基础学习指导书. 北京：中央广播电视大学出版社，2004.

［14］ 王海梅，苏德胜，刘巨栋. 机械设计+课程设计简明指导. 北京：化学工业出版社，2009.

［15］ 孟庆东主编. 机械设计简明教程. 西安：西北工业大学出版社，2014.

［16］ 王凤良，周克斌主编. 机械设计基础. 北京：机械工业出版社，2013.

［17］ 左健民主编. 液压与气压传动. 北京：机械工业出版社，2004.

［18］ 中国机械教育协会组编. 液压与气压传动. 北京：机械工业出版社，2001.

［19］ 李芝主编. 液压与气压传动. 北京：机械工业出版社，2004.

［20］ 徐灏主编.《机械设计手册》第四、五卷，第2版. 北京：机械工业出版社，2000.